Ahmet Çavdar

Mineral Katkılı Çimento Harçlarının Sülfatlı Ortam ve Aşınma Direnci

Ahmet Çavdar

Mineral Katkılı Çimento Harçlarının Sülfatlı Ortam ve Aşınma Direnci

Türkiye Alim Kitapları

Impressum / Yayınevi adı
Bibliografische Information der Deutschen Nationalbibliothek: Die Deutsche Nationalbibliothek verzeichnet diese Publikation in der Deutschen Nationalbibliografie; detaillierte bibliografische Daten sind im Internet über http://dnb.d-nb.de abrufbar.

Deutsche Nationalbibliothek tarafından yayınlanan bibliyografik bilgiler: Deutsche Nationalbibliothek, bu yayını Deutsche Nationalbibliografie'de listeler; detaylı bibliyografik bilgi İnternet'te http://dnb.d-nb.de sitesinde mevcuttur.

Coverbild / Kitap kapağı resmi: www.ingimage.com

Verlag / Yayıncı:
Türkiye Alim Kitapları
ist ein Imprint der / yayınevinin bir ticari markasıdır
OmniScriptum GmbH & Co. KG
Heinrich-Böcking-Str. 6-8, 66121 Saarbrücken, Deutschland / Almanya
Email / E-posta: info@turkiye-alim-kitaplary.com

Herstellung: siehe letzte Seite /
Basım yeri: son sayfaya bakın
ISBN: 978-3-639-67212-1

İÇİNDEKİLER

Sayfa No

ÖNSÖZ

Bu kitap, Karadeniz Teknik Üniversitesi (KTÜ), Fen Bilimleri Enstitüsü'nce 2008 yılında kabul edilen "Farklı Puzolanik Bileşime Ve Hamur Yapısına Sahip Çimento Harç Örneklerinin, Sülfat İçeren Ortam Ve/Veya Aşınma Etkilerine Karşı Dayanıklılığının İncelenmesi" başlıklı doktora tezinin Türkiye Alim Kitapları Yayınevi tarafından yeniden basılmaya değer bulunmasıyla gözden geçirilerek yayımlanmıştır.

Farklı çimento türleriyle üretilen harçların, sülfatlı ortamlara ve aşınma etkisine karşı dayanıklılığı incelenen bu çalışmayla, uygulanan yöntemler ve elde edilen sonuçlar ışığında hem evrensel bilime hem de ülke ve bölge ekonomisine katkılar sağlamayı amaçlamış bulunmaktayım.

Bu çalışmam sırasında kıymetli vakitlerini ve büyük desteklerini benden esirgemeyen, tezimin her aşamasında bilgi ve tecrübelerinden faydalandığım Danışman Hocam Sayın Doç. Dr. Şükrü YETGİN'e teşekkürlerimi bir borç bilirim.

Bu çalışmayı 2006.118.001.4 nolu proje çerçevesinde destekleyen KTÜ Bilimsel Araştırmalar Fonuna müteşekkir olduğumu da belirtmek isterim.

Çalışma kapsamında gerçekleştirilen deneyler sırasında, tüm laboratuvar imkanlarını seferber eden Aşkale Çimento Fabrikası (Trabzon) yöneticilerine ve bu deneylerin gerçekleştirilmesinde büyük katkılar sağlayan, üretim sorumlusu Sayın Kim. Müh. Halil SÜNGÜN'e burada minnet ve şükranlarımı sunarım.

Bu çalışmamı, hayatımın her anında olduğu gibi yoğun çalışmalarım sırasında da desteğini benden esirgemeyen eşim Doç. Dr. Özlem ÇAVDAR'a, çalışmalarım nedeniyle çoğu zaman kendilerine vakit ayıramadığım çocuklarım Betül, Meryem Azra ve Talha'ya ve her türlü zorluklara göğüs gererek ve hiçbir fedakarlıktan kaçınmayarak bu günlere gelmemi sağlayan anneme ve babama ithaf ediyorum.

Ahmet ÇAVDAR
Gümüşhane 2014

1. GENEL BİLGİLER

1.1. Giriş

Beton için dayanıklılık (durabilite) kavramı, zaman içinde değişmeyen kullanım koşullarına bağlı olarak, yapısal ve mimari özelliklerini koruyabilmesi anlamına gelmektedir (Massazza, 1989). ACI 201-2R (1992)'de ise hidrolik çimentodan üretilmiş betonun dayanıklılığı; hava etkilerine, kimyasal etkilere, aşınma veya diğer zararlı etkilere karşı direnç gösterebilme yeteneği olarak tanımlanmaktadır. Şu halde dayanıklılık, yalnız teknik bir ihtiyaç değil aynı zamanda sosyal ve ekonomik yönleri ile de anlamlandırılmış bulunan bir kavramdır. Mehta ve Monterio (1993), gelişmiş ülkelerde yapı sektöründeki toplam kaynakların %40'ının var olan yapıların bakım ve onarımına harcanırken, yalnız %60'ının yeni uygulama alanlarında kullanılmakta olduğunu ifade etmektedirler ve artık malzemelerin dayanıklılık özelliklerinin de tıpkı mekanik özellikler ve maliyetler gibi, yapının tasarım aşamasında dikkate alınması gereken önemli birer unsur olduğunu vurgulamaktadırlar.

Betonun ve çimento hamurunun dayanıklılığı iç ve dış kaynaklı birçok amilin etkisi altındadır. Bunlar fiziksel, kimyasal ve mekanik etkiler olabilmektedir. Kimyasal etkilerin en önemli kaynağını, çimento ve agregaların kimyasal bileşimleri ve betonun temas halinde bulunduğu ortamdaki gazların veya çözeltilerin yapısı oluşturmaktadır. Fiziksel etkenler olarak beton yapısının gözenekliliği, dış sıcaklık değişimleri, donma-çözülme etkileri başta sayılması gerekenlerdir. Mekanik etkenler ise aşınma ve yük altında zorlanma olaylarına bağlı olarak tanımlanabilmektedir. (Massazza, 1989).

Genel olarak betonda dayanıklılığı (durabilite) etkileyen faktörler şu şekilde sıralanabilir:

1. Kimyasal Etkiler

a. Sülfat etkisi
b. Deniz suyu etkisi
c. Asidik etki
d. Karbonatlaşma

2. Aşınma
3. Korozyon (donatılı betonlarda)
4. Donma çözülme etkisi
5. Agrega reaksiyonları

Bu etkiler kısaca incelenecek olursa;

1. Kimyasal etkiler: Su betonun kürü açısından önemli bir işleve sahip olsa da beton elemanların suyun etkisinde kalması, suyun betonun boşluklu (poroz) yapısı nedeniyle elaman içerisinde ilerlemesi ile önemli sorunlar ortaya çıkarabilmektedir (Gummerson, 1980). Betonun temas halinde olduğu su ve topraktaki bazı kimyasal maddeler betona nüfuz ederek zarar verebilmektedir. Bu nedenle, beton yüzeyin boşluk oranı, nüfuz etme derinliği gibi özellikler beton elemanlar için büyük öneme sahiptir. Ayrıca betonun bu etkilere karşı koyabilecek yeterli dayanıklılığa sahip olması da gerekmektedir. Bu kimyasal etkiler;

a. Sülfat etkisi: Doğal halde toprakta veya çözünmüş olarak yeraltı sularında bulunan sodyum, potasyum, kalsiyum ve magnezyum sülfatlarının hidratasyon sırasında, kalsiyum iyonlarıyla birleşerek jipsi (alçı) ve/veya kalsiyum aluminat iyonlarıyla birleşerek etrenjiti oluşturması şeklinde ortaya çıkabilmektedir. Bu tepkimeler betonda genleşmelere ve iç gerilmelere sebep olmaktadır. Sülfat etkisine karşı; düşük w/c oranı ve mineral katkılar kullanılarak daha sıkı yapılı ve daha nitelikli betonlar üretilmesi şeklinde çözüm yolları önerilmektedir.

b. Deniz suyu etkisi: Deniz suyu bazı çözünmüş tuzları içerebilmektedir. Deniz suyuna maruz bırakılan beton için iki farklı durum söz konusudur. Tamamen suyun içindeki kısmın, suyun yüzeyinde bir döngü halinde ıslanıp kuruyan kısımdan daha az zarar gördüğü doğrultusunda genel bir kanı hakimdir; bu da gözeneklerin içinde kalan tuzların sürekli su içinde bulunmayan beton kısmında kristalleşmesi sonucu şişmelerin ve iç gerilmelerin oluşmasından kaynaklanmaktadır. Su içinde kalan beton kısmında ise yine deniz suyunda çözünmüş çeşitli tuzların zararlı etkilerde bulunduğu bilinmektedir. Bu etkiye karşı, sülfat etkisine karşı olduğu gibi öncelikle sıkı yapılı beton tavsiye edilmektedir.

c. Asidik etki: Çeşitli ortamlarda ve uygulama alanlarında betonun maruz kaldığı çeşitli asitler betona zarar verebilmektedir. Bu asitler genellikle $Ca(OH)_2$ ile tepkimeye girmek suretiyle etkilerini göstermektedir. Yine bu etkilere maruz kalan betonlar için de öncelikle sıkı yapılı bir beton dokusu önerilmektedir. Özellikle silis dumanı, söz konusu bu ortamlarda etkili bir puzolan olarak kendini göstermektedir.

d. Karbonatlaşma: Beton veya harç, CO_2 etkisine maruz kaldığı zaman büzülme ile birlikte karbonat üreten tepkimeler başlar. Bu durum hem yararlı hem de zararlı sonuçlar doğurabilir. Yararlı etkileri dayanım ve sertlik özelliklerinin daha da iyileştirilmesi yönündedir. Zararlı etkileri ise pH değerini düşürerek başta yüzeye yakın yerlerdeki donatının zarar görmesi şeklinde ortaya çıkmaktadır. Ayrıca sertleşme sürecinde maruz kalınan karbondioksit etkisi, yüzeyde yumuşak ve aşınmaya dirençsiz bir tabaka oluşmasına sebep olur. Yine bunun da önüne geçmek için betonda boşluk oranının olabildiğince düşük olması önerilmektedir.

2. Aşınma: Statik yüklemeden çok, iki farklı malzemenin birbirine hareket halinde sürtünmesi veya hareket etmesi sonucu malzemeden küçük parçalar ya da parçacıkların kopması olayına aşınma denir. Beton için aşınma direnci, sürtünme ve ovalanma sonucu oluşan aşınmaya karşı gösterdiği direnç olarak tanımlanmaktadır. Aşınma olayı çok farklı olaylar için söz konusu olduğundan, aşınma direncini tespit için de farklı yöntemler geliştirilmiştir.

3. Korozyon: Bir metalin çevresi ile verdiği kimyasal ve/veya elektrokimyasal reaksiyonlar sonucu zarar görmesi olarak tanımlanabilir (Herbert, 1964). Ayrıca, korozyon yapay olarak elde edilen metallerin doğal durumuna dönmelerini sağlayan bir tabiat olayı olarak da görülebilir. Bazı özel haller dışında normal sıcaklıkta beton donatı çeliğinin korozyona uğrama biçimleri; (a) atmosfer korozyonu, (b) elektrolitik korozyon, (c) galvanik korozyon, (d) klorür iyonu korozyonudur.

4. Donma-çözülme etkisi: Özellikle soğuk iklim koşullarının hakim olduğu bölgelerde beton elemanlar, donma-çözülme etkisi sebebiyle dayanım kaybına uğramaktadırlar. Donan suyun genleştiği dikkate alınırsa, su içeren boşlukların doygunluk derecesi %91'in altında ise ve/veya bu boşlukların çevresinde 0.2 mm'den daha az mesafelerde mikro boşluklar mevcut ise beton donma-çözülmeye karşı dayanıklıdır denebilir (Mather, 1990). Betonun donma-çözülmeye karşı direncine karar verme konusunda diğer temel ölçüt de çimento hamurunun yapısı ile ilgili bulunmaktadır. Bunların dışında dayanım, elastisite modülü, betonun sünmesi de diğer önemli direnç unsurlarını teşkil etmektedir (Neville, 1987).

5. Agrega reaksiyonları: Bileşiminde belirli mineraller bulunan agregalar, betonda oluşan alkali hidroksitlerle reaksiyona girer. Reaksiyonun neden olduğu beton genleşmesi belirli ölçüleri aştığı takdirde beton içerisinde potansiyel bir tehlike oluşturur. Alkali agrega reaksiyonu, alkali silika reaksiyonu ve alkali karbonat reaksiyonu olmak üzere iki şekilde oluşabilir. Yaygın olarak kullanılan beton agregalarının yapısında reaktif silis mineralleri bulunma olasılığının daha yüksek olması sebebiyle alkali silika reaksiyonunun alkali karbonat reaksiyonuna göre karşılaşılma olasılığı daha yüksektir (Arslan, 2001).

ACI 318-08'de bu faktörler dört ana başlığa indirgenerek bir grafiksel gösterimle özetlenmektedir (Şekil 1). Ayrıca beton yapı elemanlarının maruz kaldığı çevresel etki kaynakları da Şekil 2'de örneklendirilmektedir.

F	**Donma Çözülme Etkisi**	**F0** (Uygulanamaz) – Donma-çözülme etkisine maruz kalmayan beton
		F1 (Orta derece) – Donma-çözülme etkisinde beton (Arasıra neme ve/veya buz çözücü kimyasallara maruz kalan beton.)
		F2 (Şiddetli) – Donma-çözülme etkisinde beton (Sürekli neme maruz kalan beton)
		F3 (Çok şiddetli) – Donma-çözülme etkisinde beton (Sürekli neme ve buz çözücü kimyasallara maruz kalan beton)
S	**Sülfat Etkisi**	**S0** (Uygulanamaz) – Toprak: $SO_4 < 0.10\%$ – Su: $SO_4 < 150$ ppm[1]
		S1 (Orta derece) – Toprak: $0.10\% \leq SO_4 < 0.20\%$ – Su: $150 \text{ ppm} \leq SO_4 < 1500$ ppm (ve deniz suyu)
		S2 (Şiddetli) – Toprak: $0.20\% \leq SO_4 < 2.0\%$ – Su: $1500 \text{ ppm} \leq SO_4 < 10{,}000$ ppm
		S3 (Çok şiddetli) – Toprak: $SO_4 > 2.0\%$ – Su: $SO_4 > 10{,}000$ ppm
C	**Korozyon**	**C0** (Uygulanamaz) – Kullanım süresince nemden korunan veya kuru kalacak beton
		C1 (Orta derece) – Kullanım süresince neme maruz kalıp dıştan gelen klorür etkisine maruz kalmayan beton
		C2 (Şiddetli) - Kullanım süresince neme ve dıştan gelen klorür etkisine maruz kalan beton
P	**Permeabilite**	**P0** (Uygulanamaz) – Geçirimliliği (permeabilite) bulunmayan beton
		P1 – Su etkisine karşı düşük geçirimliliğe sahip beton

[1] ppm (Parts Per Million): Milyonda bir birim. Örneğin burada mg/kg.

Şekil 1. ACI 318-08'e göre çevresel etki sınıfları

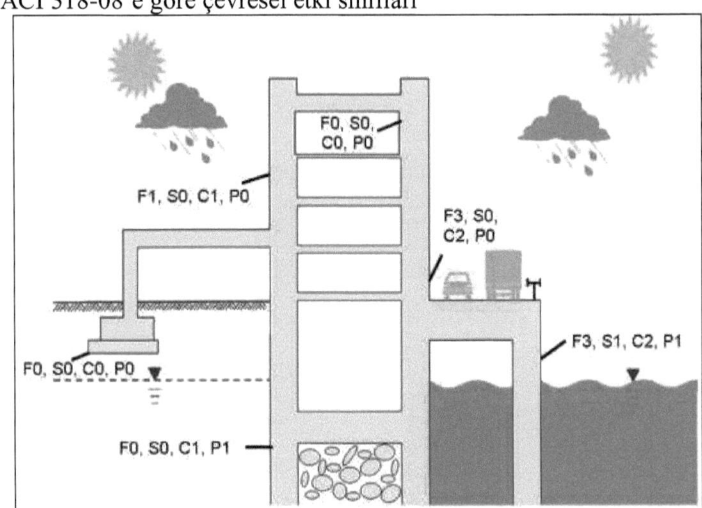

Şekil 2. Beton yapı elemanlarının maruz kaldıkları çevresel etkiler

Şu halde belirtilen etkenlerin beton (harç) örnekleri ve elemanları üzerinde betonun dayanıklılığı ile ilgili bozulmalar (Şekil 3-10) ortaya çıkardığı açık olarak bilinmektedir. Resimlerde görüldüğü üzere dayanıklılık, yapı tasarımında en az diğer tasarım ilkeleri kadar dikkate alınması gereken bir husustur.

Şekil 3. Sülfatlı ortam etkisine maruz kalan beton kiriş örnekleri (URL-1, 2008).

Şekil 4. Betonda alkali-silika reaksiyonu sebebiyle oluşan büyük çatlaklar (URL-1, 2008).

Şekil 5. Betonda donma-çözülme etkisiyle oluşan zararlar (URL-2, 2008).

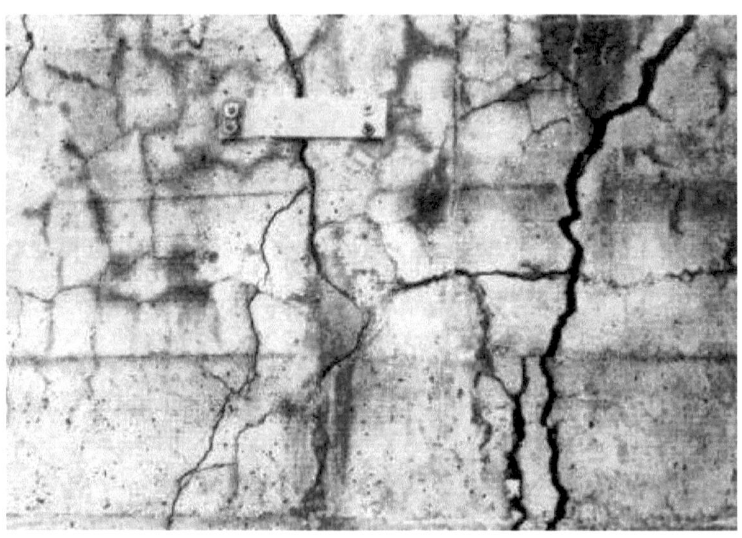

Şekil 6. Betonda alkali-agrega reaksiyonu sonucu oluşmuş derin çatlaklar (URL-3, 2008).

Şekil 7. Beton yolda aşınma ve korozyon etkisi (URL-4, 2008).

Şekil 8. Donatı korozyonu (URL-5, 2008).

Şekil 9. Farklı etkiler sonucu zarar görmüş köprü tabliyesi (URL-5, 2008).

Şekil 10. Aşınma, alkali silika reaksiyonu gibi etkiler sonucu bozulmuş beton yol (URL-6, 2008).

Bu çalışmada çimento hamurlarının, kimyasal çevre etkenlerinden sülfatlı ortamlara ve mekanik etkenlerden aşındırma etkilerine karşı dayanıklılığı inceleneceği için, ilerleyen bölümlerde sülfat etkisi ve aşınma direnci konuları hakkında daha önce yapılan çalışmalar ışığında genel bilgiler sunulacaktır. Ancak öncelikle sülfat etkisi ile cereyan eden kimyasal olayların daha iyi anlaşılabilmesi için kısaca çimento ve hidratasyonu konusunda bilgi verilecektir.

1.2. Problemin Ortaya Konulması

Sülfat etkisi üzerine yapılan çalışmalar bundan yaklaşık 70 yıl öncesine kadar dayanmaktadır. Ancak gerek reaksiyon mekanizması gerekse bunun sonucunda oluşan zarar (tahribat) mekanizması halen tam olarak ortaya konulamamıştır. Bu mekanizmalar seçilen malzemelere, karışım oranlarına ve sülfat direncini artırıcı önlem alınıp alınmamasına bağlı olarak değişebilmektedir. Ayrıca sülfatın etki mekanizması tam olarak bilinemediğinden, buna uygun deney süreçlerini geliştirmek ve sonuçları tam anlamıyla yorumlamak da oldukça güç olmaktadır (Xu vd., 1998). Toksik ve nükleer atıklar için yapılmış beton yer altı depoları gibi bazı özel yapılar içinse güvenlik açısından betonunun bozunma süresi büyük önem arz edebilir (Reinhardt, 1992; Ferrais vd., 1997). Her ne kadar standartlarda "sülfat dirençli çimento" gibi bazı özel sınıf çimentolar bulunsa da bunlar sülfat etkisine karşı gerçek anlamda direnç gösterememektedirler (Atkins vd., 1994; Santhanam, 2001).

Yapılan yerinde inceleme çalışmalarından çıkan genel sonuç, sülfat etkilerinin çok çeşitli çevresel koşullarda ortaya çıkabileceğidir. Beton bir yapı elemanı sülfat iyonlarıyla, yer altı suyunda, su kanallarında veya deniz suyunda çözülmüş halde karşılaşabilir. Sülfat iyonları dış çevreden betonun bünyesine girer, sertleşmiş çimento hamurunun bazı bileşenleriyle tepkime verir ve bazı durumlarda da yapıyı kullanılamaz hale getirebilecek derecede iç gerilmelere sebep olabilir. Sülfat etkisi kendini çatlama, kavlanma (spalling) ve genleşmeler şeklinde gösterebildiği gibi, kütle, aderans veya dayanım kaybı gibi etkilerle de ortaya çıkabilmektedir (Mehta ve Monteiro, 1993). Genel kanıya göre genleşme ve çatlaklar öncelikli olarak etrenjit oluşumu sebebiyle, kütle, aderans ve dayanım kaybı ise jips (alçı) oluşumu sebebiyle ortaya çıkmaktadır. Sülfat etkisi, kanallar, beton boru hatları, yayın istasyon kulesi temelleri, barajlar ve yollar gibi kamu yapılarından geniş konut alanlarına kadar birçok yapı çeşidinde kendini gösterebilmektedir.

Öte yandan döşeme ve kaplama çeşidi yüzey kullanımlı yapı elemanları üzerinde ise üretim işlemleri ve yaya – araç trafiği sebebiyle oluşan diğer bir zarar mekanizması da aşınmadır. Bu durum endüstriyel kaplamalar için de söz konusu olmaktadır. Su ve rüzgar yoluyla taşınan parçacıklar da beton yüzeyini aşındırabilmektedir. Bazen de aşınma yapısal olarak bir sorun teşkil etmemekle birlikte, etrafa yayılan toz önemli bir sorun oluşturabilir. Aşınma direnci, aşınmaya maruz kalabilecek bütün yüzeyler için önemli görülmektedir. Aşınma direnci, su/çimento oranına, yüzey işlemleri ve betonun bakım koşullarına bağlıdır. Ayrıca çimento hamurunun direnci, agreganın fiziksel özellikleri, agrega tane dağılımı da bu direnç üzerinde etkilidir (Shilstone ve Shilstone, 1993). Çoğu durumlarda beton yüzeyleri yıpranmaya maruzdur. Yıpranma, kayma, kazınma veya vurmadan kaynaklanan sürtünmelerle gerçekleşebilir (Prior, 1966). Beton yolların tasarımında büyük önem taşıyan kayma (skid) direnci de yüzey dayanımına ve dolayısıyla aşınma direncine bağlı olmaktadır. Benzer şekilde endüstriyel amaçlı kullanılan beton yüzeylerde ise diğer aşınma koşulları (wearability ve cleanability) söz konusu olabilmektedir. Beton yollar için yüzey betonunun dayanımını artırmanın aşınma direncini artırdığı ifade edilmektedir. Bu da ancak nitelikli malzeme kullanımı ve düşük su/bağlayıcı oranıyla sağlanabilir.

Daha önce birçok çalışma yapılmış olmasına rağmen halen özellikle sülfat etkisi ve aşınma direnci ile ilgili henüz cevaplanmamış birçok soru bulunmaktadır:

1. Hangi mekanizma ve hangi şartlar altında etrenjit oluşumu betonda genleşmelere sebep olmaktadır (Mehta, 1992)?

2. $Ca(OH)_2$ varlığı etrenjit oluşumunu ve genleşme mekanizmasını nasıl etkiliyor?
3. Jips (alçı) oluşumunun sülfat etkisiyle oluşan zararda rolü nedir (Santhanam vd., 2001)?
4. Çimento bileşimine ve su/çimento oranına bağlı olarak değişik sülfat tuzlarının etkisi nedir (Hime ve Mather, 1999)?
5. Değişik şartlar altındaki sülfat etkisini incelemede uygun deney parametreleri nelerdir (Hooton, 1998; Santhanam, 2001)?
6. Sülfat etkisine maruz kalan bir betonun kullanım ömrü nasıl tahmin edilebilir (Santhanam vd., 2001)?
7. Eldeki verilerle kütle taşınım özellikleri ve kimyasal dayanıklılık arasında genel bir modelleme nasıl oluşturulabilir (Skalny ve Marchand, 2001)?

Bu çalışmada cevabı aranacak olan şu sorular da ayrıca burada ilave edilebilir:

8. Çimento bileşiminin aşınma direnci üzerindeki etkileri neler olabilir?
9. Sülfat etkisinde bir kaplama betonunun aynı zamanda aşınmaya maruz kalması halinde, bu tür bir birleşik etki altında betonun ömrü nasıl değerlendirilebilir?
10. Yapılan çalışmalarda genellikle sıkı yapılı harçlar üretilmekte ve deneyler sonucunda çıkan olumlu etkilerin hamurun sıkı yapısından dolayı mı yoksa ilave edilen minerallerden dolayı mı ortaya çıktığı açıkça anlaşılamamaktadır; bu ayırım nasıl ortaya konulabilir?

1.3. Çimento

1.3.1. Çimento Türleri ve Mineral Katkılar

Yeni çimento standardı TS EN 197-1 (2002) "Genel çimentolar – Birleşim, özellikler ve uygunluk kriterleri" adlı standardın yürürlüğe girmesiyle çimento türleri, ülkemizde de Avrupa'daki sınıflandırmaya göre yapılmaktadır. Buna göre beş ana çimento türünden 27 farklı tür çimento üretilebilmektedir (Çizelge 1). Ayrıca eski standartlardan farklı olarak çimento türleri birden fazla katkıyı aynı anda içerebilmekte ve ihtiyaca göre daha esnek bir bileşimde çimento üretilebilmektedir.

Çimento çeşitliliği doğal ve yapay mineral katkı maddeleriyle sağlanmaktadır. Bunlar, bir kısmı bu çalışmada da kullanılan doğal puzolan, yüksek fırın cürufu, silis dumanı, uçucu kül, pişmiş şist ve kalkerden oluşmaktadır. Her puzolanın bileşimi ve mineralojik yapısı farklı olduğu için çimento üzerindeki etkileri de farklı olabilmektedir. Dolayısıyla üretilen çimentonun özelliği de değişmektedir. Farklı çevresel etkilere karşı daha dayanıklı bir beton -ve çimento- üretebilmek ve bu doğrultuda en uygun çimento bileşimini elde edebilme konusunda çalışmalar hala devam etmektedir.

Mineral katkıların çimentolarda kullanımı önemli ekonomik, çevresel ve teknik faydalar sağlamaktadır. Bunlara kabaca değinilecek olunursa; mineral katkılar genellikle klinker elde edildikten sonra ilave edilip öğütüldüğü için çimento üretiminde daha az hammadde (doğal kaynak) ve daha az enerji harcanmakta, dolayısıyla da ortaya daha az zararlı gazlar çıkmaktadır. Kullanılan katkı bir endüstriyel atık (uçucu kül, yüksek fırın cürufu vb.) ise çevresel yarar daha da artmış olacaktır (Yeğinobalı ve Ertün, 2007). Bu katkıların çimentoya kimyasal yönden sağladıkları yararlar ise çalışmanın ilerleyen bölümlerinde tartışılmaktadır.

Çizelge 1. Genel çimentolar grubuna ait 27 ürün (TS EN 197-1, 2002).

Ana Tipler	27 ürüne ait İşaret (Genel Çimento Tipteri)		Bileşim (kütlece % olarak)										
			Ana Bileşenler										Minör İlave
			Klinker	Yüksek Fırın Cürufu	Silis Dumanı	Puzolan		Uçucu Kül		Pişmiş şist	Kalker		
			K	S	D	Doğal P	Doğal Kal. edilmiş Q	Silissi V	Kalkersi W	T	L	LL	
CEM I	**Portland Çimento**	**CEM I**	95-100	-	-	-	-	-	-	-	-	-	0-5
CEM II	Portland-Cüruflu	CEM II/A-S	80-94	6-20	-	-	-	-	-	-	-	-	0-5
		CEM II/B-S	65-79	21-35	-	-	-	-	-	-	-	-	0-5
	Portland-Silis Dumanlı Çimento	CEM II/A-D	90-94	-	6-10	-	-	-	-	-	-	-	0-5
	Portland-Puzolanlı	CEM II/A-P	80-94	-	-	6-20	-	-	-	-	-	-	0-5
		CEM II/B-P	65-79	-	-	21-35	-	-	-	-	-	-	0-5
		CEM II/A-Q	80-94	-	-	-	6-20	-	-	-	-	-	0-5
		CEM II/B-O	65-79	-	-	-	21-35	-	-	-	-	-	0-5
	Portland-Uçucu	CEM II/A-V	80-94	-	-	-	-	6-20	-	-	-	-	0-5
		CEM II/B-V	65-79	-	-	-	-	21-35	-	-	-	-	0-5
		CEM II/A-VV	80-94	-	-	-	-	-	6-20	-	-	-	0-5
		CEM II/B-W	65-79	-	-	-	-	-	21-35	-	-	-	0-5
	Portland-Pişmiş	CEM II/A-T	80-94	-		-	-	-	-	6-20	-	-	0-5
		CEM II/B-T	65-79	-	-	-	-	-	-	21-35	-	-	0-5
	Portland-Kalkerli	CEM II/A-L	80-94	-	-	-	-	-	-	-	6-20	-	0-5
		CEM II/B-L	65-79	-	-	-	-	-	-	-	21-35	-	0-5
		CEM II/A-LL	80-94	-	-	-	-	-	-	-	-	6-20	0-5
		CEM II/B-LL	65-79	-	-	-	-	-	-	-	-	2t -3S	0-5
	Portland-Kompoze Çimento	**CEM II/A-M**	80-94	← 6-20 →									0-5
		CEM II/B-M	65-79	← 21-35 →									0-5
CEM III	Yüksek fırın	CEM III/A	35-64	36-65	-	-	-	-	-	-	-	-	0-5
		CEM III/B	20-34	66-80	-	-	-	-	-	-	-	-	0-5
		CEM III/C	5-19	81-95	-	-	-	-	-	-	-	-	0-5
CEM IV	**Puzolanik Çimento**	**CEM IV/A**	65-89	-	← 11-35 →					-	-	-	0-5
		CEM IV/B	45-64	-	← 36-55 →					-	-	-	0-5
CEMV	**Kompoze Çimento**	**CEM V/A**	40-64	18-30	-	← 18-30 →			-	-	-	-	0-5
		CEMV/B	20-38	31-50	-	← 31-50 →			-	-	-	-	0-5

Not: Koyu harflerle yazılmış çimento tipleri bu çalışmada üretilen tiplerdir.

1.3.2. Portland Çimentosunun Hidratasyonu

Çimento, su ile karıştırıldığında bir dizi tepkime meydana gelir. Su ile gerçekleşen bu tepkimelere hidratasyon denilmektedir. Hidratasyon sonucunda çimento katılaşıp sertleşmektedir. Katılaşma (priz) başlangıcında çimento hamuru kısmen yumuşaklık arz ettiği gibi, katılaşma sonunda da kısmen sertleşme evresine girmiş olmaktadır.

Çimentoyla suyun birleşmesi sonucu oldukça karmaşık tepkimeler meydana gelmektedir. Çimentonun her ana bileşeninin, su ile ayrı ayrı tepkime verdiği varsayılır. Bu tepkimeleri basit bir şekilde ifade etmek mümkündür:

Kalsiyum silikatlar (C_3S ve C_2S)[2] ile su (H) reaksiyona girerek kalsiyum–silikat–hidrat ($C_3\ S_2\ H_3$) ile birlikte kristal yapıdaki CH'yı meydana getirirler. $C_3\ S_2\ H_3$ ya da yaygın kısaltmasıyla C-S-H jelinin adı tobermorittir.

Kalsiyum silikat reaksiyonları,

$$2\ C_3S + 6H \rightarrow C_3S_2H_3 + 3CH \quad (1)$$

$$2\ C_2S + 4H \rightarrow C_3S_2H_3 + CH \quad (2)$$

Bu iki silikat tepkimesinin farkı, C_3S'nin C_2S'ye göre daha büyük miktarda kireç içermesi ve dolayısıyla C_3S'nin tepkime hızının, C_2S'nin tepkime hızından daha yüksek olması şeklinde ifade edilebilir.

Çimentonun bağlayıcılık özelliğine asıl etkiyen bileşenler ise yine kalsiyum silikat içeren bu iki bileşen olmaktadır. Her iki bileşen de çimentonun bağlayıcılık derecesini önemli ölçüde etkilemektedir. Ancak C_2S bileşeninin çimentonun bağlayıcılık özelliğine etkisinin ilk günlerde az, fakat daha sonraları çok yüksek

---

[2] Çimento kimyasıyla ilgili kısaltmalar: C=CaO, A=Al_2O_3, $\bar{S}$=SO_3, H=H_2O, S=SiO_2

mertebelere çıktığı bilinmektedir. C_3S'nin ise hem ilk günlerde hem de uzun vadede çimentonun bağlayıcılık özelliğine etkisi yüksektir.

C_3A'nın suyla reaksiyonu,

$$2C_3A + 21H \rightarrow C_4AH_{13} + C_2AH_8 \qquad (3)$$

kristalleşme özelliğinden dolayı çok hızlı gerçekleşmektedir:

Kalsiyum alimüno hidrat kararlı bir bileşik değildir ve erkenden kübik kristalli yapıya geçip kararlı hale (C_3AH_6) dönme eğilimindedir. Bu tepkime çok hızlıdır ve büyük miktarda ısı açığa çıkar. Bu yüzden de genellikle "yalancı priz" adıyla anılan ani katılaşma olayı gerçekleşmektedir. Bunu engellemek için pişirme sürecinden sonra, öğütme aşamasında klinkere bir miktar alçı (jips, CSH_2) katılır. Böylece C_3A ile alçı (jips) suyla ayrı ayrı tepkimeye girerek iğne yapısında, uzun (çubuksu) hekzagonal kristal yapıya sahip $C_6AS_3H_{30-32}$ bileşiğini (etrenjit) oluştururlar. Ancak, etrenjit ortamda yeterli sülfat varsa oluşmaktadır, aksi takdirde C_3A, plaka şeklinde kristal yapıya sahip C_4ASH_{12}'a (monosülfo alüminat) dönüşmektedir;

$$C_3A + 3\,C\bar{S}H_2 + 26H \rightarrow C_6A\bar{S}_3H_{32} \qquad (4)$$

$$3\,C_3A + C_6A\bar{S}_3H_{32} + 4H \rightarrow 3C_4A\bar{S}H_{12} \qquad (5)$$

Bu ürünler, özellikle $C_6A\bar{S}_3H_{32}$, sertleşmiş çimento ve betonda genleşmeye sebep olabilmektedir; çok miktarda bulunmaları halinde ise son derece tehlikeli hacim değişikliklerine yol açarlar. Ancak, sınırlı bir oranda alçı kullanılmasıyla zararlı olmayacak sonuçlar elde edilmekte ve C_3A sözü edilen tepkimeleri sürdürürken kalsiyum silikatların reaksiyonu ve C-S-H'nın oluşması da beklenilen biçimde devam edebilmektedir. C_3A ana bileşeni, ilk saatlerde ve ilk gün içerisinde çimentonun bağlayıcılık değerine küçük bir miktar katkıda bulunmakla birlikte çimento için en tehlikeli bileşen olabilmektedir.

C_4AF reaksiyonu, C_3A reaksiyonuna göre hem daha yavaş hem de daha az ısı açığa çıkarmaktadır. Ayrıca, C_4AF hızlı tepkime vermediğinden, C_3A gibi ani katılaşmaya (ani priz) da sebebiyet vermemektedir. Alçının, çabuk katılaşmayı geciktirmedeki etkisi, C_4AF üzerinde daha belirgindir.

C_4AF ile alçı arasındaki tepkimeyi aşağıdaki şekilde yazmak mümkündür;

$$C_4AF + 3\,C\bar{S}H_2 + 21\,H \rightarrow C_6(A,F)\,\bar{S}_3H_{32} + (A,F)H_3 \quad (6)$$

$$C_4AF + C_6(A,F)\,\bar{S}_3H_{32} + 7\,H \rightarrow 3\,C_6(A,F)\,\bar{S}_3H_{32} + (A,F)H_3 \quad (7)$$

Kısaca C_3A ve C_4AF bileşenleri, düşük oranda alçı ile karıştırıldıklarında çimentonun bağlayıcılık özelliğini başlangıçta az da olsa olumsuz etkilemektedir. Ancak, çimentonun asıl bağlayıcılık değeri ise C_3S ve C_2S bileşenleri tarafından sağlanmaktadır (Erdoğan, 1995).

1.4. Sülfat Tepkimeleri

Sülfat saldırısı hakkında bilinenlerin çoğu saf malzemelerle oluşturulmuş basit kimyasal sistemlerle kurgulanan laboratuar deneylerine dayanmaktadır. Ancak gerçekte durum çok daha karmaşıktır. Bu sebeple sülfat etkisi uzun süredir araştırılmasına rağmen, bugün tam anlamıyla anlaşılabilmiş değildir (DePuy, 1994). Sülfat etkisi aslında inşaat mühendisleri, kimyagerler ve zemin mühendislerinden kurulu bir ekibin yoğun arazi ve laboratuvar çalışmaları ile ancak ortaya koyabileceği karmaşık bir konudur. Bu denli kapsamlı bir çalışmanın ortaya konulmaması halinde, bireysel araştırmacılar kendi alanları dışına çıkarak yorum yapmak durumunda kalmakta ve böylece bu konuda birçok hata ve eksiklikler ortaya çıkmaktadır (Neville, 2004).

Sülfat etkisi konusunda iki temel görüş hakimdir. Birinci düşünceye göre tepki mekanizmasına bakılmaksızın ortamda sülfat bulunması sülfat saldırısını ifade etmektedir. İkinci düşüncede ise sülfat saldırısı, hidrate olmuş çimento hamuru ve sülfat iyonları arasında, çimento hamurunun kimyasal yapısını değiştirecek şekilde bir tepkime oluşması sonucuyla sınırlandırılmaktadır (Mehta, 2000).

Sülfat saldırısı kimyasal ve fiziksel olmak üzere ikiye ayrılabilir. Sülfat etkisiyle ortada sadece kimyasal bir değişim söz konusuysa bu kimyasal sülfat saldırısıdır. Ancak, tuzların kristalleşmesi sonucu oluşan ve fiziksel bir etki mekanizmasıyla zarar veren etki türüne de fiziksel sülfat saldırısı denmektedir. Dolayısıyla fiziksel etki diğer tuzlar için de söz konusu olabilmektedir. Ayrıca bu tür fiziksel zararlar betondan, tuğlalara ve kayaçlara kadar birçok malzeme bünyesinde ortaya çıkmaktadır. Fiziksel etkiler kendini daha çok yüzey kavlanması şeklinde gösterebilmektedir (Mehta, 2000).

Dış çevreden gelen sülfat iyonları sertleşmiş portland çimentosu hamuruyla reaksiyona girerek sık sık etrenjit (ettringite) ve jips oluşumuna sebebiyet vermektedir. Ayrıca bunların yanında thenardit (Na_2SO_4), mirabilit ($Na_2SO_4 \cdot 10H_2O$) ve tomasit (thaumasite, $CaSiO_3 \cdot CaCO_3 \cdot CaSO_4 \cdot 15H_2O$) minerallerinin oluşumuna da bazı araştırmalarda rastlanmıştır (Skalny ve Marchand, 2001). Bu çalışmalarda, bu oluşumların tıpkı magnezyum sülfat ($MgSO_4$) saldırısında olduğu gibi, kalsiyum hidroksitin çözünmesi ve kalsiyum hidroksitin ve/veya kalsiyum silikat hidrat bileşiklerinin bozulması ile birlikte gerçekleşmesinin mümkün olabileceği üzerinde durulmaktadır.

Özellikle, sülfat tuzlarının tekrarlı kristalleşmesi sonucu oluşan zarar, çimento hamuru ve sülfat iyonları arasındaki tepkimenin türünü ayırt etmede altı çizilerek ifade edilmesi gereken bir husustur. Sülfatça zengin ortamlarda, tekrarlı ıslanma ve kurumaya maruz kalan beton yapı elemanlarında, sülfat tuzlarının tekrarlı kristalleşmesi sebebiyle çatlama ve genleşmeler görülebilmektedir. Eğer bu kristalleşme betonda yüzeye yakın boşluklarda oluşursa daha büyük basınç oluşmakta ve daha büyük zararlara sebep olabilmektedir. Oluşan basınç, özellikle düşük nitelikli betonların çekme dayanımından çok daha yüksek olabilir, dolayısıyla kolaylıkla betonu çatlatabilir. Bu tür zararlar, doğrudan sülfat iyonları ve çimento hamuru arasındaki tepkime sonucu oluşmadığından, sebepleri itibariyle buna daha çok fiziksel sülfat etkisi denilmesi gerekmektedir. Aşağıda sülfatın tekrarlı kristalleşmesine sebep olan tepkimeler görülmektedir.

$$2\ Na^{1+} + SO_4^{2-} \xrightarrow{Buharlaşma} Na_2SO_4 \cdot 10\ H_2O \quad (8)$$

$$\underset{\text{mirabilit}}{Na_2SO_4 \cdot 10\ H_2O} \xleftrightarrow{\text{Tekrarlı kristalleşme}} \underset{\text{thenardit}}{Na_2SO_4} \quad (9)$$

Bu tepkime sonucu, thenarditin mirabilite dönüşmesi sırasında harç örneklerinde çevresel çekme gerilmesi 10-20 MPa dolayında artmaktadır. Bu artış da kaçınılmaz olarak beton numunelerin dağılmasına sebep olmaktadır. Betonun boşluk miktarı kristallerin büyümesinde önemli bir etkendir (Flatt, 2002).

Bazı araştırmacılar (Brown, 2002) ise fiziksel sülfat etkisini, sülfat saldırısından ayırarak tuz etkilerinin bir alt kolu olarak görmektedir. Bu araştırmacılara göre klasik sülfat saldırısı etrenjit ve/veya jips oluşumuyla birlikte değerlendirilmelidir. Fiziksel sülfat etkisinde ise sülfatın kristalleşmesi söz konusudur.

Magnezyum sülfat da sodyum sülfata benzer olarak betonda zarara sebep olmaktadır (Hime ve Mather, 1999). Bu tepki mekanizması (10) ve (11) numaralı kimyasal denklemlerde görülmektedir.

$$Mg^{2+} + SO_4^{-2} \rightarrow MgSO_4 \text{ (veya bu bileşiğin hidratları)} \quad (10)$$

Bu bileşenin su ile birleşmesi (hidrasyon) sonucu ise

$$MgSO_4 + H_2O \leftrightarrow \underset{\text{(kieserite)}}{MgSO_4 \cdot H_2O} + 5\ H_2O \leftrightarrow \underset{\text{(hexahydrate)}}{MgSO_4 \cdot 6\ H_2O} + H_2O \leftrightarrow \underset{\text{(epsomite)}}{MgSO_4 \cdot 7\ H_2O} \quad (11)$$

şeklinde büyük çaplı sülfat iyonları oluşumu ve bunların kristal değişimleri ortaya çıkmaktadır. Burada önemli bir husus ise, epsomitenin su bırakması (dehidrasyon) için 70 °C'den daha yüksek bir sıcaklığın gerekmesidir. Bu sebeple, dönüşümlü bir tepkimenin oluşması çoğu durumda düşük bir ihtimal olarak görülmektedir (Hime ve Mather, 1999).

Sülfat iyonları ile değişik fazlardaki hidrate olmuş çimento hamuru arasındaki kimyasal tepkime olarak tanımlanan sülfat etkisinin varlığının açık bir şekilde tanımlanması gerekmektedir. Tuzların tekrarlı kristalleşmesi ve asidik etkiyle oluşan mikro çatlaklar, sülfat etkisine karşı dirençli beton tasarımı yapan mühendisleri yanıltabilmektedir. Örneğin bazı çalışmalarda, sodyum klorit tuzları, nitratlar veya sülfatların, betonun yüzeyince emildiğinde ve su buharı gibi kristalize olduklarında yüksek kristalleşmeye veya osmotik basınca sebep olduğu ifade edilmektedir. Böyle bir süreç sülfat tuzlarıyla gerçekleşmemektedir. Dolayısıyla böyle bir durumda, sülfata dirençli çimento kullanmak gibi yollara başvurulması, tuz kristalleşmesini engellemeyeceği için gereksiz yere maliyeti artıracaktır. Bu sebeple yanlış teşhis koyup gereksiz önlemler almamak için bu tür tepkimelerin ayırt edici özelliklerinin tam anlamıyla ortaya konulması gerekmektedir (Hime ve Mather, 1999; 2000). Benzer şekilde, Harrison (1992) da yüksek sülfat içeriğinin her zaman zararlı sülfat saldırısına sebep olmayacağını ifade etmektedir. Yine Skalny vd. (2001) oluşan etrenjitin de yalnız başına sülfat saldırısı anlamına gelemeyeceğini, doğal olarak gözlenebilen bozulma olarak ifade ettiği çiçeklenme hadisesinin de başta sodyum sülfat olmak üzere, sodyum klorit, magnezyum sülfat ve diğer tuzların etkisinden ibaret olabileceğini ifade etmektedir. Mehta (2000) ve Neville (2004), çiçeklenmenin özel durumlar dışında bir zarar olarak ifade edilemeyeceğini söylemektedir.

Bununla birlikte bazı araştırmacılara göre (Brown ve Doerr, 2000), sülfat etkisinde doğrudan toprakla temas veya sızıntı suyu yoksa ancak çiçeklenme hadisesi meydana gelmişse bu sodyum ve sülfat iyonlarının betonun gözenekli yapısı içerisinde hareket halinde olduğunu göstermektedir. Böyle bir durumda sülfat saldırısı betonun içerisinde gerçekleşmektedir denilebilir.

1.4.1. Beton ve Harçlarda Sülfat Saldırısı Türleri

Sülfat saldırısı iç ve dış olmak üzere iki gruba ayrılabilir. Dış sülfat saldırısı, çözelti (örneğin yer altı suyunun) içindeki sülfatın emilmesi ile sülfatın betona dışarıdan girmesi şeklinde oluşurken, iç sülfat saldırısı ise beton karışımının oluşturulması sırasında çözünebilir malzemeler (agrega içerisindeki alçıtaşı gibi) etkisi ile ortaya çıkmaktadır.

1.4.1.1. Dış Sülfat Saldırısı

Bu tür sülfat etkisi en sık karşılaşılan sülfat saldırısı türüdür. Bu durum daha çok çözünmüş sülfat iyonları içeren suların beton içine girmesiyle oluşmaktadır. Bu tepkime en belirgin şekliyle parlatılmış kesitlerde görülmektedir. Başlangıçta beton yüzeyi normal veya normale yakın bir görünüş sergilerken daha sonra tepkime etkisiyle betonun bileşim ve mikro yapısı değişmektedir. Bu değişimin çok farklı türü ve şiddeti olmakla birlikte daha çok;

- yaygın çatlaklar,
- genleşme,
- çimento hamuru ve agrega arasında aderans kaybı,
- monosülfatın başlangıçta etrenjite ve daha sonraki aşamalarda ise jipse dönüşmesi şeklinde ortaya çıkan hamurun bileşimindeki ve diğer özelliklerindeki değişimdir. Burada fazladan gerekli olan kalsiyum ise çimento hamurundaki kalsiyum hidroksit ve kalsiyum silikat hidratlardan temin edilmektedir.

Bu değişimlerin tümü betonda önemli ölçüde dayanım kaybına da neden olmaktadır.

Yukarıda bahsi geçen etkiler daha çok sodyum sülfat veya potasyum sülfat etkisinden kaynaklanmaktadır. Magnezyum sülfat içeren çözeltilerde ise bu etki çok daha şiddetli olarak ortaya çıkmaktadır. Bu sınıfa giren kalsiyum tuzları ise genellikle jipsi kapsamaktadır.

Sülfat saldırısına sebep olan diğer kaynaklar ise:

- Deniz suyu,
- Beton elemanlara komşu killi zeminlerdeki sülfit minerallerinin oksidasyon etkisidir (bu tepkimeden betona zararlı sülfirik asit oluşmaktadır).
- Bakteriyel etkiler; anaerobik (oksijensiz yerde yaşayabilen) bakteriler sülfür dioksit üretir; daha sonra bu suda çözünüp oksitlenerek sülfirik asidi oluşturmaktadır.
- Yığma yapılarda ise tuğlada bulunan sülfatlar uzun süreçler sonucunda harca etki yapabilmektedir.

1.4.1.2. İç Sülfat Saldırısı

Bu tür sülfat saldırısı betonun karıştırılması sırasında sülfat içeren malzemelerin tepkimesiyle meydana gelmektedir; örneğin, sülfatça zengin agrega kullanımı, çimentodaki ilave alçının fazlalığı gibi durumlarda bu tür tepkimeler ortaya çıkmaktadır. Uygun gözlem ve deney yöntemleriyle bunun önüne kolayca geçilebilir.

Gecikmiş etrenjit oluşumu iç sülfat saldırısının özel bir halidir.

Gecikmiş etrenjit oluşumu birçok ülkede önemli bir sorun teşkil etmektedir. Bu etki türü daha çok yüksek sıcaklıktaki beton kürü (buhar kürü vb.) sırasında ortaya çıkmaktadır; nitekim bu durum ilk olarak buhar ile kürlenmiş demiryolu tabanlıklarında (travers) tespit edilmiştir. Yine bu durum kütle betonlarda ortaya çıkan yüksek hidratasyon ısısı sırasında da oluşabilmektedir.

Gecikmiş etrenjit, çimento hamurundaki etrenjit oluşumu ile başlayarak betonun genleşmesine ve böylece beton yapı elemanlarında ciddi hasarlara sebep olabilmektedir. Bu hasar yalnız sülfat fazlası bulunan beton veya çimento hamurlarında oluşmaz, aynı zamanda normal düzeyde sülfat içerenlerde de oluşabilir. Burada üzerinde durulması gereken en önemli husus gecikmiş etrenjit oluşumunun 70 °C üzerindeki sıcaklıklarda etkili olduğudur.

Genel olarak gecikmiş etrenjit oluşumunun gerçekleşme şartları;

- Yüksek sıcaklık (65-70 °C'den daha yüksek sıcaklıklar)
- Kür sonrası sülfata doygun su etkisi
- Genellikle alkali-silika reaksiyonu

ile birlikte ortaya çıkmaktadır.

Çimento bileşiminin bu tür sülfat saldırısı üzerine etkisi tam olarak anlaşılamamakla birlikte aşağıdaki koşulların etkili olduğu düşünülmektedir:

- Yüksek sülfat miktarı,
- Yüksek alkali miktarı,
- Yüksek MgO miktarı,
- Çimento inceliği,
- Yüksek C_3A oranı,
- Yüksek C_3S oranı.

1.4.2. Etrenjit Oluşumu

Dış ortamdan gelen sülfat iyonlarının, kalsiyum hidroksit ile birlikte, alümin taşıyan fazlardaki sertleşmiş çimento hamuruyla tepkimesi sonucu etrenjit (ettringite) oluşumu söz konusu olmaktadır. Bu oluşumun sülfat iyonları ve kalsiyum hidroksitin tepkimesi sonucu oluşan jips ile alümin taşıyan fazlar (C_3A) arasındaki reaksiyonlar sonucunda ortaya çıkmakta olduğu bilinmektedir:

$$C_3A + 3(C\bar{S}\cdot 2H) + 26H \rightarrow C_3A\cdot 3C\bar{S}\cdot 32H \quad (12)$$

$$C_3A\cdot C\bar{S}\cdot 12H + 2(C\bar{S}\cdot 2H) + 16H \rightarrow C_3A\cdot 3C\bar{S}\cdot 32H \quad (13)$$

Mineralojik açıdan değerlendirildiğinde ise etrenjit doğada bulunan bir mineral grubunun aile adıdır (Çizelge 2). Diğer bir deyişle, aslında etrenjit kelimesi kimyasal bileşimleri farklı ancak kristal yapıları benzer bir grup minerali tanımlamakla birlikte, sülfat içeren mineraller genel olarak etrenjit olarak adlandırılmaktadır (Tishmack, 1999). Etrenjit denilince aslında en duraylı etrenjit grubu minerali akla gelmektedir. Bu üç sülfat iyonu altı adet su molekülü içermektedir (Pollmann vd., 1989).

Etrenjitin kristal yapısı Moore ve Taylor (1970) tarafından tanımlanmıştır. Buna göre etrenjitin kristal yapısı hekzagonal prizmatiktir ve kristal büyümesi "C" ekseni boyuncadır (Şekil 11-13). Kristal yapısı kolon ve kanallardan müteşekkil olan etrenjitin bileşenleri tepkimelerle çok çabuk yer değiştirebilmektedir. Çizelge 2'de görüldüğü gibi etrenjit mineral grubundaki doğal mineraller, Al yerine Fe, Si, Mn veya Cr'nin ikamesiyle oluşmaktadır.

Etrenjit genleşmesi hem yararlı hem zararlı etkilere yol açabilir (Mehta, 1973). Faydalı etkiden kasıt genleşen çimentolardaki genleşme tepkimesidir. Bu da büzülme önleyici veya kendinden gerilmeli çimentolarda sınırlı olarak görülmektedir. Zararlı etkiler ise bilindiği üzere, sülfat etkisiyle betondaki genleşme ve oluşan çatlaklardır.

Çizelge 2. Etrenjit mineral grubunun uç üyeleri

Etrenjit	Ca_6Al_2	$(SO_4)_3$	$(OH)_{12}\cdot 26H_2O$
Charlesite	$Ca_6(Al,Si)_2$	$(SO_4)_2(B(OH)_4)$	$(OH,O)_{12}\cdot 26H_2O$
Sturmanite	$Ca_6(Fe,Al)_2$	$(SO_4)_2(B(OH)_4)$	$(OH)_{12}\cdot 26H_2O$
Tomasit	$Ca_6(Al,Si)_2$	$(SO_4)_2(CO_3)_2$	$(OH,O)_{12}\cdot 24H_2O$
Jourvaskite	$Ca_6Mn^{4-}{}_2$	$(SO_4)_2(CO_3)_2$	$(OH)_{12}\cdot 24H_2O$
Bentorite	$Ca_6(Cr,Al)_2$	$(SO_4)_2(CO_3)_2$	$(OH)_{12}\cdot 26H_2O$

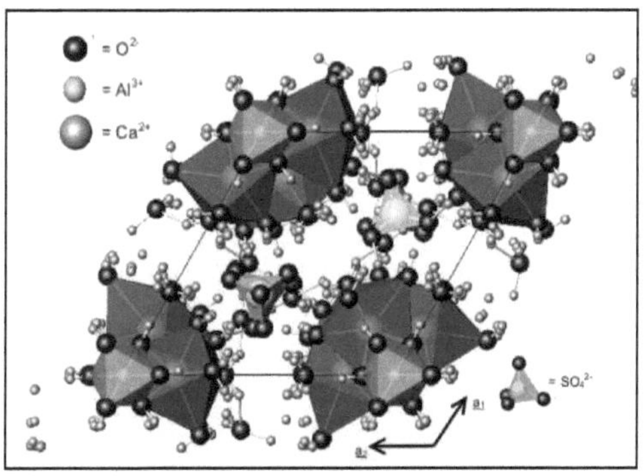

Şekil 11. Etrenjitinin kristal yapısı (URL-7, 2008).

Şekil 12. Doğada bulunan haliyle etrenjit minerali (URL-8, 2008).

Şekil 13. Betonda oluşan iğnemsi etrenjit kristallerinin SEM görüntüsü (URL-9, 2008).

Genleşen çimento üretilirken alçı ve alümin taşıyan fazlar arasındaki tepkimelerden yararlanılmaktadır. ASTM K tipi çimento $C_4A_3\bar{S}$, ASTM M tipi çimento ise CA içerir ve ASTM S tipi çimento da C_3A bileşenlerini içermektedir. Bu bileşenlerden erken hidratasyon evresinde etrenjit oluşturmaları nedeniyle olumlu anlamda yararlanılmaktadır. Aşağıda bu genleşme denklemleri ve bileşenlerin altında da cm^3 cinsinden molar hacimleri yer almaktadır (Mehta, 1972).

K tipi[3] çimentolarda;

$$C_4A_3\bar{S} + 8(C\bar{S}\cdot 2H) + 6C + 80H \rightarrow 3(C_3A_3\cdot 3C\bar{S}\cdot 32H) \quad (14)$$

235 594 101 1440 2175 (cm^3)

M tipi[4] çimentolarda;

$$CA + 3(C\bar{S}\cdot 2H) + 2C + 26H \rightarrow C_3A_3\cdot 3C\bar{S}\cdot 32H \quad (15)$$

53 223 34 468 725 (cm^3)

S tipi[5] çimentolarda;

$$C_3A + 3(C\bar{S}\cdot 2H) + 26H \rightarrow C_3A_3\cdot 3C\bar{S}\cdot 32H \quad (16)$$

89 223 468 725 (cm^3)

denklemlerden (14-16) görüldüğü gibi tepkimeye giren ürünlerin molar hacmi, çıkan ürünlerin molar hacminden büyüktür. Dolayısıyla ortaya çıkan genleşme bu denklemlerle tam olarak ifade edilememektedir.

---

[3] Susuz kalsiyum alümina sülfat ($4CaO.3Al_2O_3.SO_3O$) içeren genleşen çimento (ASTM C-845)

[4] Kalsiyum alümina ve kalsiyum sülfat içeren genleşen çimento (ASTM C-845)

[5] Trikalsiyum alüminat ve kalsiyum sülfat içeren genleşen çimento (ASTM C-845).

1.4.3. Jips Oluşumu

Jipsin (alçı, gypsum) oluşmasına sebep olan, bazı sülfat tuzları ve kalsiyum hidroksit veya kalsiyum silikat hidrat arasındaki tepkimeler aşağıda yer almaktadır (Mehta ve Monteiro, 1993);

$$Na_2SO_4 + Ca(OH)_2 + 2H_2O \rightarrow CaSO_4 \cdot 2H_2O + 2NaOH \quad (17)$$

$$MgSO_4 + Ca(OH)_2 + 2H_2O \rightarrow CaSO_4 \cdot 2H_2O + Mg(OH)_2 \quad (18)$$

$$3MgSO_4 + 3CaO \cdot 2SiO_2 \cdot 2H_2O + 8H_2O \rightarrow 3(CaSO_4 \cdot 2H_2O) + 3Mg(OH)2 + 2SiO2 \cdot 2H_2O \quad (19)$$

Suyun hareket halinde olup sodyum hidroksiti bünyeden uzaklaştırması durumunda sodyum sülfatın tepkimesi devam edebilmektedir. Magnezyum sülfat etkisinin söz konusu olduğu durumlarda ise magnezyum hidroksitin oluşumu, düşük çözünürlük ve çökelme sebebiyle gözenek çözeltilerinin pH değerinin düşmesine sebep olmaktadır. Bu da C-S-H için duraysız bir ortam oluşmasına sebep olmaktadır. Ayrıca magnezyum, C-S-H'daki kalsiyumun yerine geçerek bağlayıcı özelliği bulunmayan C-M-S-H veya M-S-H oluşumuna sebep olabildiğinden bu tür yer değiştirmeler dayanım ve aderans kaybına sebep olabilmektedir. Bu sebeple bazı araştırmacılar (Mehta ve Monteiro, 1993; Xu vd., 1998) magnezyum sülfatın, sodyum sülfattan daha tehlikeli olabileceğini düşünmektedirler. Öte yandan diğer bazı araştırmacılar ise (Hime ve Mather, 1999) yaptıkları çalışmalarda magnezyum sülfatın çökelme özelliğinden faydalanarak beton yüzeylerde bir tabaka oluşturmak suretiyle sülfat iyonlarının betona nüfuz etmesini engellemeyi amaçlamışlardır. Bensted (2002) ise yaptığı çalışmada Mg^{2+} iyonlarının silika fazlarında bulunması halinde termodinamik duraylılığı düşürdüğü ve bağlama kapasitesini bir miktar yükselttiği sonucuna varmıştır.

Sülfat etkisiyle oluşan zararlarda jipsin rolü henüz tam olarak anlaşılamamakla birlikte (Santhanam vd., 2001), genel bir kanı olarak jips oluşumunun, C-S-H miktarında azalmaya, aderans ve dayanımda düşüşe sebep olduğu düşünülmektedir (Mehta, 1983; Cohen ve Mather, 1991; Rasheeduzzafer, 1992).

Monoklinik bir kristal yapıya sahip jipsin (Şekil 14), doğada (Şekil 15) ve beton içerisindeki SEM (Şekil 16) görüntüleri aşağıda yer almaktadır.

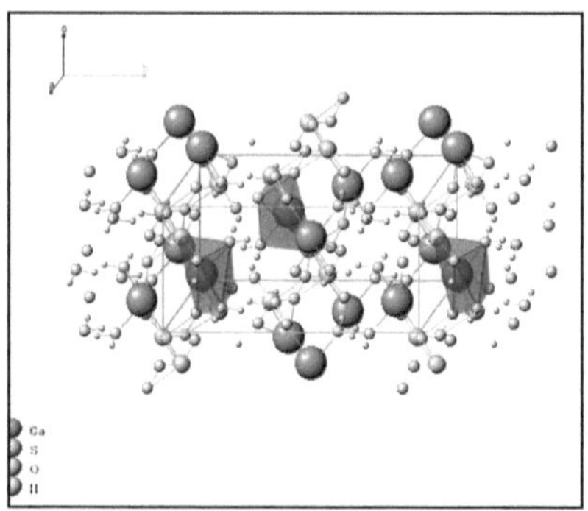

Şekil 14. Jips mineralinin kristal yapısı (URL-10, 2008).

Şekil 15. Doğada bulunan haliyle jips minerali (URL-11, 2008).

Şekil 16. Betonda oluşan jips (sulu) ve anhidrit (susuz) minerallerinin SEM görüntüsü (URL-12, 2008).

1.4.4. Etrenjitin Oluşma ve Genleşme Mekanizması

Etrenjit oluşumu çözelti-içi (through-solution) mekanizması ve topokimyasal (topochemical) mekanizma sonucunda olmak üzere iki farklı şekilde meydana gelebilmektedir (Şekil 17):

a) Çözelti-içi mekanizmasına göre kalsiyum hidroksit, sülfat iyonları ve alümin fazı gibi tepkimeye açık bileşenler boşluk içinde çözelti halinde bulunmaktadır. Bunlar çözelti içerisinde yeterli miktara ulaştıklarında, boşluğun herhangi bir yerinde etrenjit çekirdeğini oluştururlar ve bu çekirdek yavaş yavaş büyümeye başlar. Etrenjit kristalleri çözelti içerisinde büyüdüğü için buna çözelti-içi mekanizması denilmektedir. Bu çekirdek büyüyerek nihayet boşluk hacmine eşit bir hacme eriştiğinde, artık bu kristaller boşluk çeperlerine basınç uygulamaya başlar. Eğer bu gerilmeler, hamurun çekme gerilmesinden büyükse hamurda genleşmeler ve çatlaklar meydana gelir.

b) Topokimyasal büyüme mekanizmasına göre ise boşluk çözeltisindeki kalsiyum hidroksit ve sülfat iyonları, boşluk çeperlerindeki alümin fazları ile tepkimeye girer. Bunun sonucunda oluşan etrenjit çekirdeği, ince iğne şeklindeki kristaller halinde büyür. Bu iğne yapılı kristaller büyüdüğünde ise çözelti-içi mekanizmasına benzer olarak genleşme ve çatlaklarla sonuçlanan iç gerilmeler oluşturur.

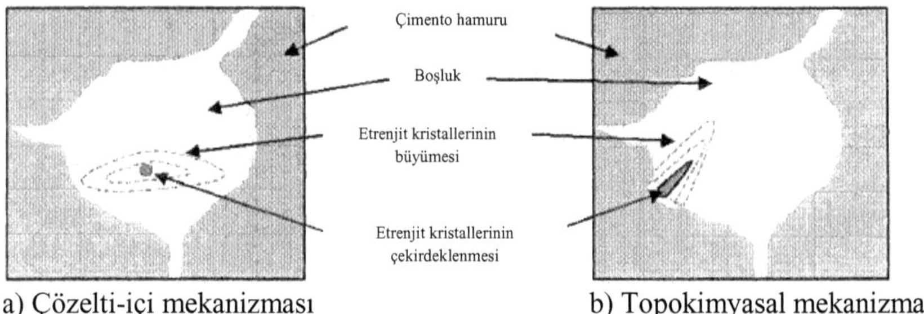

a) Çözelti-içi mekanizması b) Topokimyasal mekanizma

Şekil 17. Sülfat etkisine maruz kalan sertleşmiş çimento hamurundaki bir boşlukta etrenjit kristalinin çekirdeklenmesinin iki farklı mekanizmaya göre oluşumu (Naik, 2003).

Etrenjit kristalleri ayrıca ortamdan suyu emerek şişer ve bu şekilde de basınç etkisini artırmış olur. Etrenjit kristalleri hekzagonal prizmatik şekilleriyle moleküllerden daha büyüktür. Buna rağmen ancak elektron mikroskoplarıyla görülebilirler. Kesin olarak bilinememekle birlikte bu kristallerin 10^{-7} - 10^{-5} cm arasında değişen boyutlara sahip olduğu kabul edilmektedir (Naik, 2003).

1.4.5. Sülfat Saldırısını Etkileyen Unsurlar

Sülfat saldırısı, sülfatlı ortam koşullarına ve betonun niteliklerine göre değişim göstermektedir. Sülfat ortamı ve saldırının şiddeti, malzeme seçimini ve karışım tasarımını yönlendirmede etkili olmaktadır. Sülfatlı ortam, sülfat iyonu derişimi, sülfat iyonlarıyla birleşen katyon türü, sülfat çözeltisinin pH değerleri ve etki çeşidi ile ifade edilebilmektedir. Portland çimentosu betonunun sülfata karşı direnci ise çimento bileşimine, su/çimento oranına ve agregaların miktar, tür ve boyutlarına bağlı olarak tanımlanmaktadır. Bu yönde diğer bazı önemli etkenler ise mineral ve kimyasal katkı kullanımı, bakım şartları ve yapım tecrübesidir (Naik, 2003).

1.4.5.1. Sülfat İyonu Derişimi

Sülfat iyonu derişimi sülfat saldırısının şiddetini göstermek için kullanılan birincil ölçüttür. Sülfatlı ortama maruz kalan betonlarda su ve toprak için sülfat oranı sınırları çeşitli ülkelerde farklı kurumlarca (EN, ACI vb.) belirlenmiştir. Ülkemizde ve Avrupa'da uygulanan sınırlar Çizelge 3'te, Amerikan Beton Enstitüsü (ACI) tarafından belirlenen sınırlar ise Çizelge 4'te görülmektedir.

Bu çizelgelerden görüldüğü gibi EN 206 (2002)'ya göre sıradan bir beton için su içinde en şiddetli sülfat ortamı 6000 ppm sülfat iyonu derişimi ile tanımlanırken; bu oran ACI 201.2R (1992)'de 10000 ppm olarak verilmektedir.

Sülfat saldırısı mekanizmasının daha iyi anlaşılması için sülfat iyonu derişimi fonksiyonlarının anlaşılması gerekmektedir. Sodyum ve magnezyum sülfatın değişik orandaki derişimleriyle farklı sülfat saldırısı mekanizmaları ortaya çıkarmaktadır (Cohen ve Mather, 1991). Örneğin bir beton kolonun farklı cepheleri ıslanma kuruma döngüsüne maruz kalıyorsa, sülfat derişiminin değişimi tehlikeli bir etki sınırına ulaşmış olabilir (Santhanam vd., 2002).

Sülfat iyonu derişimi arttıkça, sülfat saldırısı öncelikli olarak jips oluşumu şeklinde ortaya çıkmaktadır. Ancak, sodyum sülfat çözeltileri için sülfat iyonu derişimi 1000 ppm'nin altındaysa veya magnezyum sülfat çözeltileri için 3200 ppm'nin altındaysa ortaya çıkan bozulma, etrenjit genleşmesiyle gerçekleşmiş olmaktadır (Biczok, 1967). Magnezyum sülfat içerisindeki sülfat iyonu miktarı 6000 ppm'nin üzerinde ise verilen zarar jips oluşumundan kaynaklanmaktadır. Xu vd. (1998) ise sodyum sülfat derişiminin, yüksek oranda bulunması durumunda, alümin taşıyan faz ile etrenjit oluşturmak üzere tepkime vereceğini ifade etmektedir. Gonzalez ve Irasar (1997), etrenjit oluşumunun geç bir aşamada ortaya çıktığını ifade etmektedirler. Hidrate olmamış C_4AF fazı ve diğer hidratasyon ürünleri tepkime vererek etrenjiti oluşturmaktadırlar. Bu sebeple, ortamda alümin taşıyan faz ve sülfat iyonları bulunsa dahi C_4AF'nin düşük tepkime isteğinden dolayı etrenjit oluşumu ancak çok geç bir aşamada belirginleşmektedir.

Çizelge 3. Doğal zeminler ve yeraltı sularından kaynaklanan kimyasal etkiler için etki sınıflarının sınır değerleri (TS EN 206, 2002).

Kimyasal özellik	Örnek deney yöntemi	XA1	XA2	XA3
Yeraltı suyu				
SO_4^{2-} mg/L	EN 196-2	> 200 ve < 600	> 600 ve < 3000	> 3000 ve < 6000
pH	ISO 4316	< 6,5 ve >5,5	< 5,5 ve > 4,5	< 4,5 ve > 4,0
CO_2 mg/L (zararlı etkiye sahip)	prEN 13577: 1999	> 15 ve < 40	> 40 ve < 100	> 100 den doygun hale gelinceye kadar
NH_4^+ mg/L	ISO 7150-1 veya ISO 7150-2	> 15 ve < 30	> 30 ve < 60	> 60 ve < 100
Mg^{2+} mg/L	ISO 7980	> 300 ve < 1000	> 1000 ve < 3000	> 3000 den doygun hale gelinceye kadar
Zemin				
SO_4^{2-} mg/kg[a] (toplam)	EN 196-2[c]	> 2000 ve < 3000[c]	> 3000[c] ve < 12000	> 12000 ve < 24000
Asitlik mL/kg	DIN 4030-2	> 200 Baumann Gully	Uygulamada dikkate alınmaz	

[a] Geçirgenliği (permeabilitesi) 10^{-5} m/s'den daha düşük olan kil zeminler bir aşağı sınıfa geçirilebilirler.
[b] Deney metodunda, SO_4 'ün hidroklorik asitle ekstraksiyonu tarif edilmiştir; Alternatif olarak, betonun kullanılacağı yerde yapılıyorsa, su ile açığa çıkarma metodu da kullanılabilir.
[c] Islanma kuruma döngüleri veya kılcal emme nedeniyle, betonda sülfat iyonu birikimi tehlikesi olan yerlerde 3000 mg/kg olan sınır 2000 mg/kg'a indirilir.
* Zararlı kimyasal ortamların aşağıda verilen sınıflaması, doğal zemin ve yer altı suyunun 5°C ilâ 25°C arasında sıcaklığa sahip olması ve su akış hızının durguna yakın derecede yavaş olması esas alınarak yapılmıştır. Kimyasal özelliğe ait en baskın herhangi tek değer, sınıfı belirler. İki veya daha fazla zararlı kimyasal özelliğin aynı sınıfı belirtmesi durumunda çevre, bir sonraki daha yüksek sınıfa dahil olarak alınmalıdır. Ancak bu özel durum için yapılan çalışmanın bir üst sınıf seçmenin gerekli olmadığını göstermesi durumunda bu işlem uygulanmaz.

Çeşitli kaynaklarda (Gollop ve Taylor, 1995) ifade edildiği gibi, daha fazla sodyum sülfat içeren çözeltilerde kür edilen betonlarda, daha az içerene göre daha çok etrenjit oluşmakla birlikte, oluşan etrenjit ile genleşme arasında doğrudan bir ilişki ortaya konulmamıştır.

Çizelge 4. Sülfata maruz kalan normal betonlar için sınırlar (ACI 201.2R, 1992).

Şiddet	Topraktaki, suda çözünebilen sülfat* (SO_4) miktarı (%)	Sudaki sülfat* (SO_4), ppm
Hafif	0.00-0.10	0-150
Orta	0.10-0.20	150-1500
Şiddetli	0.20-2.00	1500-10000
Çok şiddetli	>2.00	>10000

* SO_4 olarak ifade edilen sülfat ile SO_3 olarak ifade edilen sülfat arasında $SO_3 \times 1.2 = SO_4$ ilişkisi vardır.

Özetle, sülfat iyonu derişimi sülfat saldırısının şiddeti konusunda belirleyici bir büyüklüktür, diğer bir deyişle daha fazla sülfat içeren ortamda daha çok zarar meydana gelmektedir. Sülfat iyonu derişimi, oluşacak ürünleri de etkilemektedir; düşük derişimde etrenjit oluşurken, yüksek derişimde jips oluşmaktadır.

1.4.5.2. Katyon Türü

Birçok sülfat saldırısı kalsiyum sülfat kaynağından hareketle gerçekleşir. Kalsiyum sülfattan oluşan çözelti 0.2 g/l bileşikle doygun hale gelirken, sodyum ve magnezyum sülfatlar için bu oran 10-70 g/l arasında değişmektedir. Bu sebeple "sülfat çözeltileri zayıf çözeltilerdir" genel ifadesinin haklılık payı bulunmamaktadır. Çünkü sodyum ve magnezyum sülfat saldırıları gayet şiddetli olabilmektedir.

Yine yapılan araştırmalarda (Clark ve Brown, 1999; 2000) sodyum iyonlarının, kalsiyum iyonlarının çözünürlüğünü azaltırken, magnezyum iyonlarının ise kalsiyum iyonlarının çözünürlüğünü artırdığı görülmüştür.

Sodyum sülfat saldırısında (Denklem 10), sodyum iyonlarının varlığı $Ca(OH)_2$'in çözünürlüğünü (25 °C'de 0.02 mol/l) yavaşlatmakta, $CaSO_4 \cdot 2H_2O$'nun çözünürlüğünü (25 °C'de 0.01 mol/l) ise artırmaktadır (Xu vd., 1998). Sodyum iyonlarının varlığının, $Ca(OH)_2$'in süzülmesini yavaşlatmakla birlikte, hidratasyon ürünlerinin özellikle de dayanıma en önemli katkı sağlayan C-S-H'ın duraylılığını yükselttiği görülmektedir. $Ca(OH)_2$'in ayrışma sürecinin, beton elemanın etrafındaki sudaki sodyum iyonlarının derişimi artmadığı sürece devam ettiği görülmektedir. Böyle bir ortamın oluşabilmesi için sülfatlı suyun ortamda akış halinde olması gerekmektedir (Xu vd., 1998). Böylece yapının yüzeye yakın yerleri sodyum iyonlarından önemli ölçüde arındırılmış olmaktadır. Akış halindeki su ayrıca süzülmeyi ve boşluk çözeltisinin pH değerinin düşmesini hızlandırmaktadır. Nitekim Clark ve Brown (1999), C_3A / jips karışımının hidratasyon reaksiyonlarını, değişik derişimde sodyum hidroksit çözeltisinde bekleterek incelemişler ve çözünen alçı miktarının sodyum derişiminin artışıyla arttığını tespit etmişlerdir.

Magnezyum iyonlarına değinilecek olursa (Denklem 11 - 12), bunlar düşük çözünürlükleri sebebiyle (0.0002 mol/l) $Mg(OH)_2$ şeklinde çökelmektedirler. Boşluk çözeltisinin pH düzeyindeki düşüş sebebiyle C-S-H iyonları da ayrışabilmektedir. Ayrıca daha önce de değinildiği gibi Mg^{2+} iyonu Ca^{+2} ile yer değiştirerek C-S-H yerine, C-M-S-H veya M-S-H oluşmasına sebep olabilmektedir (Xu vd., 1998). Kesin olarak bir yargıya varmak mümkün olamasa da bazı durumlarda magnezyum sülfat etkisi, sodyum sülfat etkisiyle kıyaslandığında C-S-H, adezyon ve kütle kayıpları sebebiyle betonun dayanımını düşürmesinden dolayı daha zararlıdır denebilir.

1.4.5.3. Çimento Bileşimi

Çimento bileşimi, beton ve diğer çimento esaslı malzemelerin sülfat direncini etkileyen en önemli unsurlardan biridir. Betonların sülfat direnci değerlendirilirken, çimento bileşimini, su/bağlayıcı oranını ve geçirgenliği birlikte ele almak gerekmektedir. Ancak burada konuya sadece portland çimentosu ele alınarak yaklaşılacaktır. Genel olarak C_3A oranı düşük çimentolar etrenjit sebebiyle oluşan genleşmelerden kaynaklanan zararlara daha az maruz kalırlar ve dolayısıyla sülfata karşı daha dirençlidirler (Harboe, 1982; Rasheeduzzafar, 1992; Gollop ve Taylor, 1994). Gollop ve Taylor (1994), hidrate olmuş alümina ve ferrit fazlarından sadece birincisinin sülfat çözeltisiyle tepkime vererek etrenjit oluşturduğunu tespit etmişler ve ASTM Type V türü çimentolarda C_3A oranının %5'in altında olduğu için oluşan etrenjit miktarının fazla çıkmadığını görmüşlerdir. C_3A oranı yaklaşık %5 ve üzerinde ise katılaşma sürelerini ayarlamak için çimentoya yaklaşık %3 oranında alçı ilave edilmektedir. C_4AF ise sülfat çözeltisinde daha yavaş hidrate olmakta ve C_3A ile kıyaslandığında daha az ısı enerjisi açığa çıkarmaktadır (Clark ve Brown, 2000). Lea (1970) ise C_3A'yı C_4AF'nin yerine ikame etmeyi önermektedir. Ancak bazı araştırmacılar yüksek oranda C_4AF içeren çimentoların, C_3A oranının düşmesiyle yüksek sülfat direncine sahip olabileceği anlamına gelmeyeceğini düşünmektedirler. Örneğin, C_3A içermeyen fakat farklı oranlarda C_3S içeren çimento hamuru örnekleriyle yaptıkları çalışmada Gonzalez ve Irassar (1997), C_4AF'nin ilerleyen yaşlarda etrenjit oluşumuna ortam hazırladığını, yüksek miktarda C_3S'nin ise benzeri tepkimeler sonucunda genleşmelere neden olduğunu tespit etmişlerdir.

Yüksek C_3S/C_2S oranı beton yapısında sülfat etkisini artırmada tehlikeli sayılmaktadır (Rasheeduzaffar, 1992). C_3S/C_2S oranı hidratasyon sırasında üretilen $Ca(OH)_2$ miktarını etkilemektedir (Denklem 1-2). Kimyasal denge hesaplarına göre, C_3S, C_2S'ye göre 2.2 kat daha fazla $Ca(OH)_2$ üretmektedir. Daha önce de ifade edildiği üzere, Rasheeduzaffar (1992) kireç fazlalığının olduğu ortamlarda sülfat etkisinin daha şiddetli oluştuğunu ve büyük genleşmelerin meydana geldiğini ifade etmektedir. Buna gerekçe olarak da kireç bakımından zengin ortamlarda, hidrate olmuş kalsiyum alüminatların topokimyasal etrenjit büyümelerine sebep olabileceğini göstermektedir. Şu halde, $Ca(OH)_2$ oranındaki artış, jips oluşumunda da bir artışa sebep olmaktadır; bu da beton için dayanım ve rijitlik kaybı anlamına gelmektedir.

Sonuç olarak, sertleşmiş çimento hamurundaki alümin taşıyan fazların türü ve alümin/sülfat oranı, oluşan etrenjit miktarını etkilemektedir. C_3S/C_2S oranı ise CH oranını ve sülfat saldırısı sebebiyle oluşan jips miktarını etkilemektedir.

1.4.5.4. Su / Çimento Oranı

Su/Çimento oranı sertleşmiş betonun geçirimliliğini etkilemektedir. Yüksek W/C oranı yüksek geçirimlilik anlamına geldiği gibi, sülfat iyonlarını içeren dış etkenlere karşı da düşük direnç anlamına gelmektedir. Birçok değişik kaynakça da ifade edildiği üzere sülfat etkisine karşı dirençli beton üretiminde W/C oranı ve çimento bileşimi birlikte değerlendirilmelidir. Örneğin ACI 201.2R (1992), şiddetli sülfat saldırısına maruz kalan betonların direnci için ASTM V tipi çimento (C_3A oranı %5'ten düşük) ve en çok 0.45 oranında W/C oranını önermektedir.

Monteiro ve Kurtis (2003) yaptıkları uzun soluklu bir çalışmada sülfat etkisinin W/C oranı ve çimentonun C_3A oranından etkilendiğini tespit etmişlerdir. İki özellik de arttığında bozulma süresi kısalmaktadır. C_3A oranı %8'e kadar çıkarıldığında ise W/C oranını 0.45'in altına çekmek betonun başarımını artırmıştır. Mehta (1992) ise sülfat etkisi yönünden, betonun geçirimliliğinin betonun mineralojisinden daha önemli bir etken olduğu kanaatindedir.

1.4.5.5. Agrega Mevcudiyeti

Çimento hamurunda agreganın varlığı iki yönüyle sülfat direncini etkileyebilmektedir. İlk aşamada, çimento hamuru ile agrega tanesi arasındaki dokunma yüzeyi ele alınacak olursa, bu bölgedeki hidrat yapılanmalarının, çimento matrisinden farklı olarak daha düşük yoğunluğa sahip olduğu ve bu özelliği ile gerilmeler altında, ısıl ve mekanik uyumsuzluklar sonucu daha erken çatlamalara uğramış olacağı kabul edilmektedir. İkinci olarak da bu ara geçiş bölgesindeki kalsiyum hidroksit kristallerinin çokluğu, sülfat etkisinde jips oluşumu kolaylaştırmakta ve böylece genleşmeyi artırmaktadır (Gonzalez ve Irassar, 1997).

Betondaki agrega oranı arttıkça, agrega taneleri arasındaki mesafenin de düştüğü görülür. Belirli bir hacimdeki agrega taneleri ele alındığında ise bunların geçiş bölgeleri birbirleriyle kesişecektir. Çünkü bu geçiş bölgeleri, hidratasyon ürünlerinin düşük yoğunluğundan, artan boşluk oranından ve mikro çatlak miktarındaki artıştan doğrudan etkilenmektedir. Her ne kadar agregaların birbirlerine dokunmadığı, aralarının dolu olduğu kabul edilse de artan geçirgenliğe bağlı olarak da geçiş boşlukları oluşabilmektedir. Yapılan çalışmalarda agrega mevcudiyetinin bu geçiş yollarını (bağlantılı boşluklar) artırdığı tespit edilmiştir.

Sülfat etkisine maruz kalan bir ortamda gerçekleştirdikleri çalışmalarında Gonzalez ve Irassar (1997) yüksek oranda C_3S içeren çimentolarda, agrega etrafındaki geçiş bölgelerinde jips yığılmaları oluştuğunu ve bu yığılmaların da sülfat oluşumunda duyarlılığı artırdığını tespit etmişlerdir.

1.4.6. Sülfatın Taşınma ve Zarar Mekanizması

Sülfat saldırısı konusundaki en önemli sorunlardan biri de bu saldırının belirlenme yöntemi ile ilgili olup, laboratuar deneyleriyle gerçek uygulama gözlemleri arasındaki uyuşmazlıktan kaynaklanmaktadır. Uygulamada karşılaşılan sülfat oranı genellikle düşük düzeydedir (<1000 mg SO_3 veya <1200 mg SO_4^{2-}/L) (Cohen ve Mather, 1991). Bu sebeple uygulamada etrenjit oluşumuyla karşılaşılması ihtimali daha yüksek gözükmektedir. Buna karşın, Mehta (1992) mevcut binalar üzerinde yaptığı uzun soluklu bir araştırmada laboratuar verilerinin aksine uygulamada sülfat saldırısının kendini genleşme ve çatlaklar ile değil de dayanım ve aderans kaybı şeklinde ortaya koyduğunu söylemektedir. Laboratuvar ve arazi çalışmaları arasındaki bu farkın sebebi ise kesin olarak ortaya konulamamaktadır. Yine Haynes (2002) yaptığı laboratuar ve arazi çalışmalarında, laboratuvar ortamında betonun sülfat etkisine karşı çok duyarlı davranmasına karşın, arazide toprak içinde sülfat etkisinde betonların çok nadiren zarar görmekte olduğunu ifade etmiştir. Laboratuvar ve arazi çalışmaları arasındaki çelişkilerin sebebi aşağıda belirtilen dört gerekçeye dayandırılabilmektedir:

- Özellikle son on yılda, sülfatça zengin araziler üzerinde yapılan yapılarda, düşük C_3A içeren sülfat dirençli çimentoların kullanımı ve düşük W/C oranına sahip beton üretimindeki artış bu yapıların sülfat etkisiyle çatlama ve genleşmelerini azaltmış olabilir.
- Yine son yıllarda üretilen betonların kalitesinin yükseltilmiş olması yüksek dayanımı da beraberinde getirmiştir. Bu yüksek dayanımın betonun ve / veya çimento hamurunun içinde etrenjit ve / veya jips oluşumundan dolayı meydana gelen iç gerilmeleri karşılayabilecek düzeyde olduğu ve böylece sülfat etkisinden dolayı çatlaklar ve beton yüzeyinde belirgin bozulmaların ortaya çıkmadığı görülmektedir.
- Birçok laboratuvar deneyinde, örnekler sodyum sülfat veya magnezyum sülfat çözeltilerine ayrı ayrı maruz bırakılmaktadırlar ve ayrıca bu deneyler genellikle pH denetimi altında gerçekleştirilmektedir. Çoğu çalışmaların amacı da sadece sülfat saldırılarını anlamaya yöneliktir. Bu çalışmalardan çok azı katyon türünün etkisini de hesaba katmaktadır. Yine çok az çalışmada sülfat tuzlarının yanı sıra diğer zararlı maddelerin de etkisi dikkate alınmıştır. Aslında uygulamada beton, karbonat iyonları, klorit iyonları, asitler ve çok çeşitli sülfat tuzlarına maruz kalabilmektedir. Bu amillerin birleşik saldırıları, sülfat iyon derişimi düşük olsa dahi kalsiyum hidroksitin bünyeden uzaklaşması ve C-S-H'ın kirecinin ayrılması ile sonuçlanabilmektedir. Kullanımdaki yapılarda zararlı çözeltiler sürekli yenilenirken özellikle pH denetimi olmayan laboratuvar deneylerinde böyle bir yenilenme söz konusu olmadığı için gerçek ortamlarda daha şiddetli bir saldırı söz konusu olabilmektedir. Bu iki ortam arasında oluşan fark sorununu aşmanın bir yolu pH denetimi sağlamaktır. Bir diğer yöntem de bağlayıcı malzemeleri ayrı ayrı sülfat etkisine maruz bırakmak olabilir; ancak bu yöntemin de uzun soluklu bir uygulama olacağını önceden hesap etmek gerekmektedir. Ayrıca bu tür yaklaşımlarla elde edilen özgün sonuçlardan hareketle genel bir kanıya varmak yine de doğru olmayabilir.

- Düşük derişimdeki sülfat iyonları başlangıçta etrenjit oluşumuna sebep olabilmekte ve derişim miktarı arttıkça çatlama ve / veya kavlanmalarla sonuçlanabilecek hasarlar ortaya çıkmaktadır. Bazen sülfatla oluşan zararların sebebi yetersiz inşaat uygulamalarından (yetersiz yerleştirme, sıkıştırma, perdahlama ve kürleme vb.) ya da diğer bir ifadeyle kusursuz (çatlaksız) bir inşaat uygulaması yapamamaktan kaynaklanabilmektedir. Yüksek oranda sülfat etkisine maruz kalan yerlerde, C-S-H duraylılığını bozarak aderans ve dayanım kayıplarına yol açabilmektedir.

1.4.7. Deney Yöntemleri

Sülfat saldırısına atfedilen kusurların bazıları gerçekte yanlış yapı uygulamalarından ziyade, yanlış seçilen malzeme ve karışım tasarımından kaynaklanabilmektedir (Cohen ve Mather, 1991). Bu da sırasıyla betonun sülfat etkisine karşı başarımını ve zaman-bozunum özelliklerini standart deney ve modellere dayandıramamaktan kaynaklanmaktadır. Halbuki betonun sülfata karşı direncini belirlemede, isabetli seçilen modellere göre tasarlanan beton yapılar, yüzlerce hatta binlerce yıl bozulmadan kalabilmelidir. Bu denli güvenilir modelleri geliştirebilmek için de sistematik, uzun süreli ve tekrarlı deneyler yapmak gerekmektedir. Amerikan standartları arasında portland çimentosu harçlarının sülfatlı ortamlara karşı dayanıklılığını sınamada iki yöntem bulunmaktadır. Bunlar, ASTM C452 (Sülfat etkisine maruz kalan portland çimentosu harçlarının potansiyel genleşmeleri için standart test yöntemi) ve ASTM 1012 (Sülfat çözeltisine maruz kalan hidrolik çimento harçlarının boy değişimi için standart test yöntemi)'dir. ASTM C452, karıştırma ve kürleme sırasında harçlara sülfat ilavesi yapılarak gerçekleştirilen bir deney yöntemini sunmaktadır. Bu da standart prizmatik harç numunelerinin genleşmelerinden hareketle, sülfat etkisini değerlendiren bir yöntemdir. Ancak bu harçlar puzolanik katkılar (silis dumanı, uçucu kül vb.)

içeriyorsa bu yaklaşım tatmin edici sonuçlar vermemektedir. Çünkü puzolanik malzemeler portland çimentosuna göre daha uzun süre kürlenmeye ihtiyaç duymaktadır. Örneğin bir harç numunesi yeterince kürleme yapılmadan sülfat etkisine maruz bırakılırsa, genleşmeler plastik bir harç içinde oluşacağından, genleşmeyle meydana gelen hasarları tespit etmek zorlaşmaktadır. ASTM 1012 ise yeterince kür edilmiş harç çubuklarının uzaması üzerinden bir sonuca varılması için geliştirilmiştir. Şu halde bu yöntemde harç örneklerinin önce yeterince kürlenmesi ve daha sonra yüksek derişimdeki (50000 ppm sodyum sülfat) sülfat çözeltisine maruz bırakılması gerekir.

Diğer yandan sülfat etkisine maruz bırakılan çimento harcı veya betonların başarımını anlayabilmek için geliştirilen hızlandırılmış deney yöntemleri üzerine kuşku ve tartışmalar devam etmektedir. Buenfeld ve Hassanein (1996) bu deneylerin, sülfat sebebiyle oluşan zarar mekanizmasını anlamada yardımcı olsalar da aşağıdaki sebeplerden dolayı hasarın zamanını kavramada kuşkular oluşturduğunu düşünmektedirler:

1. Yüksek oranda sülfat kullanılarak, sülfat zarar mekanizmasının hızlandırılması, bu mekanizmayı doğal etki ortamıyla karşılaştırmada bazı güçlükler ortaya çıkarmaktadır.
2. Kısa süreli laboratuvar deneyleriyle yapılan çalışmalar, puzolanik malzemelerin boşluk yapısı ayıklaması (filtrelemesi) gibi bazı uzun süren süreçlerden sonra ortaya çıkabilecek sonuçları vermemektedir.
3. Isı ve nem döngüleri gibi uygulamada karşılaşılan sorunları aşmada kullanılan yöntemleri her zaman laboratuvar ortamında modelleyebilmek mümkün olamamaktadır.
4. Bu hızlandırılmış deney yöntemlerinin mevcut stratejileri, çözeltinin sülfat derişimini veya ısıyı artırmak ya da diğer çeşitli döngülere maruz bırakmak şeklindedir. Oysa bu yöntemler hem tepkime hızını, hem de ortaya çıkan zararın sorumlusu olan ürünlerin oluşumunu ve mekanizmasını etkileyebilmektedir.

Doğru bir deney yönteminin geliştirilebilmesi için ise gerek zarar mekanizmalarının gerekse bu zarar mekanizmalarını etkileyen unsurların iyi bilinmesi gerekmektedir.

Cohen ve Mather (1991), sülfat etkisine maruz bırakılan beton ve harçların incelemesi amacıyla geliştirilen yöntemler için beş temel koşul öne sürmektedir:

1. Hızlandırılmış bir sülfat saldırısı modeli oluşturmak,
2. Uygun ölçüm yöntemleri kullanmak,
3. Bir bozulma koşulu ortaya koymak,
4. Hipotezler geliştirebilmek ve sistematik analizler yapabilmek için standart bir yöntem oluşturmak,
5. Harç ve beton dayanıklılığı arasında bir ilişki kurmak.

1.4.7.1. Zarar Göstergeleri (Belirtileri)

Zarar göstergeleri ifadesinden kasıt genleşmeler, eğilme ve basınç dayanımları gibi zararı ifade etmede kullanılan ölçütlerdir. Sülfat etkisi kendini farklı şekillerde gösterebilir. Geliştirilen deney yönteminde kullanılan zarar belirtilerinin, zararın sorumlusunu açık olarak ortaya koyduğundan emin olunmalıdır. Buna göre değişik ölçüt veya belirtiler çeşitli ipuçları verebilmektedir.

Sülfat etkisini ortaya koyacak evrensel bir deney yöntemi, birden fazla ölçütün ışığında ortak bir sonuca götürmelidir. Yalnız başına genleşmeler veya yalnız başına dayanım kayıpları sülfat zararını ortaya koymada yeterli olmamaktadır (Santhanam vd., 2001). ASTM C1012, portland ve katkılı çimentoların sülfat dirençlerini değerlendirmede en çok başvurulan yöntemin kaynağıdır. Fakat bazı araştırmacılar (Mehta ve Lesnikoff, 1973) farklı çimento örnekleri ile yaptıkları çalışmalar sonucunda genleşmelerle etrenjitin XRD sonuçları arasında doğrudan bir ilişki olmadığı kanaatine varmışlardır.

C_3S hamurları üzerine yapılan bir çalışmada (Tian ve Cohen, 2000) ise, portland çimentosunda meydana gelen genleşme ve çatlakların yalnızca etrenjit oluşumuna bağlanmaması gerektiği üzerinde durulmaktadır. Bu çalışmadaki örnekler 360 güne kadar %5 Na_2SO_4 ortamı etkisine maruz bırakılmış, ancak bu süre zarfında bir genleşme tespit edilememiştir. Bu süre aşıldıktan sonra ise önemli miktarda genleşmelerin oluştuğu tespit edilmiştir. Ancak yapılan çalışmada bu sonuca bir açıklık getirilmemiştir.

Bazı araştırmacılar ise basınç dayanımını sülfat etkisinin boyutunu ifade etmek için bir gösterge olarak kullanmışlardır. Kurtis vd. (2001), etrenjit veya jips oluşumuyla ortaya çıkan çatlaklar vb. belirtileri basınç dayanımının düşüşüne bir gerekçe olarak göstermişlerdir. Cohen ve Bentur (1988) ise basınç ve eğilme dayanımının bir gösterge olarak yeterli olduğu fikrine kısmen katılırken bunların, erken soyulma ve yumuşama gibi sülfat saldırını ise tam olarak yansıtmadığını düşünmektedirler. Aslında C-S-H'ın sertleşmiş çimento hamuruna dayanım kazandıran ana unsur olduğu düşünülürse, basınç dayanımı kaybının, C-S-H kaybının bir göstergesi olması gerekmektedir. Ayrıca yazarlar, ilerleyen sülfat etkisinin çimento hamurundaki boşlukları dolduracağından hareket ederek, bundan dolayı basınç dayanımının da bir miktar artırabileceğini de ifade etmektedirler.

Harboe (1982) ise yaptığı inceleme çalışmasında, bir baraj betonundaki sülfat etkisini incelemiş ve basınç dayanımında bir düşüş olmamasına karşın çekme dayanımının ve elastisite modülünün düştüğünü gözlemlemiştir. Buradan hareketle araştırmacı, basınç dayanımının tek başına bir etki göstergesi olmadığı kanaatine varmıştır.

Eğilme dayanımı da sülfat saldırısından etkilenen bir diğer özelliktir (Irassar, 1990). Diğer yandan çekme dayanımının, eğilme kapasitesi, elastisite modülü ve basınç dayanımından çok, çatlaklardan etkilendiği bilinmektedir. Sülfat saldırısı sırasında kalsiyum hidroksitin çözünmesi, eğilme etkisi altındaki betonun çatlamasını artırdığı sayısal çözümlerle ifade edilmiştir (Marchand vd., 1998).

Sülfat saldırısının diğer bir göstergesi de kütle kaybıdır. Genleşme, çatlama veya aderans kaybı ile kendini gösteren sülfat saldırısı, kütle kaybıyla sonuçlanmaktadır. Bazı kaynaklara göre kütle kaybı; boy değişimi, basınç dayanımı kaybı ve fotoğraflama teknikleri sonuçlarına göre daha güvenli bir gösterge olabilmektedir (Cohen ve Mather, 1991).

Örneklerin mikro yapısını görüntüleme de ayrıca mühendislik özelliklerinin belirlenmesinde önemli bir yer tutmaktadır. Bu görüntüleme yöntemlerinin sülfat etkisini belirlemedeki etkinliği tam olarak ortaya konulamamıştır. Bu yöntemlerden en çok kullanılanı SEM (Scanning Electron Microscopy) ve optik petrografi yöntemleri olmasına rağmen, bu yöntemlerin sülfat etkisini göstermede kullanılması üzerine standartlaşmış bir teknik bulunmamaktadır. Bunların yanında X-ışınları mikroskobisi, X-ışınları tomografisi ve X-ışınları kırınımı yöntemleri de çimento incelemelerinde kullanılagelen diğer yöntemlerdir. Bu yöntemlerin sadece araştırmalarda kullanılmasının yanında, aynı zamanda standart yöntemler haline getirilmesi de bir gereklilik arz etmektedir. Bonen ve Cohen (1992-1) de bu duruma gönderme yaparak bu tür çalışmalarda boy değişimi, kütle, dayanım ve rijitlik kaybı özelliklerinin yanında mikro yapıdaki değişimlerin de gözlemlenmesi gerektiğini vurgulamaktadırlar.

1.4.7.2. Yetersizlik (Başarısızlık) Ölçütleri

Betonda, sülfat saldırısı değişik nedenlerle ortaya çıkan hasarlardan, kolay olmasa da ayırt edilebilmektedir. Örneğin, jips oluşumu ile tetiklenen bir saldırıda betonun basınç dayanımında bir düşüş muhtemeldir, hatta bununla birlikte bir genleşme de görülebilir. Bunun yanında, saldırı bir etrenjit oluşumuna dayalı olarak ortaya çıkmışsa, bu durumda da daha çok genleşme ve çatlak oluşumu beklenmelidir. Değişik koşullar altında değişik etkileri tam olarak anlayabilmek için geniş kapsamlı özellikler belirlenmeli ve bir arada değerlendirilmelidir. Cohen ve Mather (1991) bu konuda bazı ölçütler önermişlerdir. Bu öneriler evrensel düzeyde uygulanamasa da en azından bu yönde kat edilen bir gelişme olarak görülmelidir;

- Deney araçlarının yapısı,
- Kütle, uzunluk, hacim, yığın (bulk) yoğunluğu ve toplam boşluklarda (porozite) görülen değişimler,
- Basınç dayanımı, eğilme dayanımı ve elastisite modülündeki değişmeler.

Bu yetersizlik ölçütleri çimento, harç ve beton için de farklılıklar arz etmektedir. Çimento hamuru için deneylere dayandırılarak bulunmuş bazı ölçütler Cohen ve Bentur (1988) tarafından ortaya atılmıştır. Buna göre bu sınırların altındaki değerler, örneğin sülfat etkisine karşı yeterli direnci işaret ederken, daha yüksek değerler bu anlamda bir yetersizliğin göstergesi olarak görülmektedir. Karşılaştırılan sınır değerleri:

- Kütle kaybı prizmatik kiriş örnekleri için en fazla %5, küp örnekleri için en fazla %2.5,
- Genleşme en fazla %0.4,
- Dayanım düşüşü en fazla %25,

olarak belirlenmiş bulunmaktadır.

Prizma şeklindeki kirişler ve küp örnekleri arasındaki kütle kaybı farkı ise sülfat etkisine maruz bırakılan yüzey/hacim oranı farkından kaynaklanmaktadır.

Diğer araştırmacılar ise bu sınırları, hacim genleşmesi için; Mather (1982) en fazla %0.1, Monteiro ve Kurtis (2003) en fazla %0.5 olarak önermişlerdir. Ayrıca basınç dayanımı kaybını ise Kurtis vd. (2001) değişken oranlarla (%25-30) ifade etmişlerdir.

1.4.7.3. Numune Geometrisi

Yukarıda da ifade edildiği üzere Cohen ve Bentur (1988) farklı geometrideki numuneler için farklı kütle kaybı sınırlamaları getirmişlerdir. Bu ayırımın temel sebebi numunenin birim hacmine ait bir yüzeyin ne kadarının sülfat etkisine maruz kaldığıdır. Ne kadar büyük bir alanla numune sülfat etkisine maruz bırakılırsa her birim hacme de o kadar daha fazla sülfat etki etmektedir. Aynı sebeple, numune geometrisinin de zararın büyüklüğü bakımından o kadar etkili olduğu düşünülmektedir. Özellikle numunenin köşelerinde ve ayrıtlarında bu etki daha fazla ortaya çıkmaktadır, çünkü bu bölgelerde birim hacim başına oranla sülfat etkisine maruz kalan yüzey daha fazla olduğundan bu bölgelere sülfat daha çok nüfuz etmektedir. Dolayısıyla diğer yüzeylerde bu etki bu bölgelere (köşe ve ayrıtlar) göre daha yavaş ve sınırlı olarak ortaya çıkmaktadır (Kurtis vd., 2001).

1.4.7.4. Sülfat İyonu Derişimi

Bu konuda ayrıntılı bir inceleme sonucu 1.4.5.1 bölümünde yer almaktadır. Genellikle sülfat iyonu derişimi toprakta ve yer altı suyunda 1000 ppm'den daha azdır (Cohen ve Mather, 1991). Ancak laboratuvar koşullarında bu derişim oranıyla çalışmak işe yarar sonuçlar vermemektedir. Çünkü betonda oluşan zararlar ancak çok uzun süre sonucunda tespit edilebilmektedir. Bu sebeple betonun sülfat etkisine karşı başarımını görmek için hızlandırılmış laboratuvar deneyleri uygulanmaktadır. Bu hızlandırılmış laboratuvar deneylerinde uyulan ilk koşul, doğada bulunandan daha fazla sülfat derişimi ile işe başlamaktır. Burada farklı oranlarda uygulanan sülfat iyonu derişiminin zarar mekanizmasının da farklı olacağı ortadadır; bu sebeple laboratuvar gözlemleriyle arazi gözlemleri arasında bir farklılık ortaya çıkabilmektedir. Mesela Bonen ve Cohen (1992-1, 1992-2) farklı oranlarda (%2.1 ve %4.2) magnezyum sülfat kullanarak kür ettikleri numunelerde oluşan jips yapılanması bölgelerinin farklı derinlik gösterdiğini tespit etmişlerdir. Bu da farklı oranlardaki iyon derişiminin farklı mekanizmalarla ortaya çıktığını göstermektedir.

1.4.7.5. pH Denetini

Doğada sülfatlı ortamlar biraz da asidik özellik göstermektedir (Kurtis vd., 2001). Ayrıca su sürekli devri daim halinde olduğu için genellikle pH derişimi sabit sayılabilecek seviyelerde kalmaktadır. Fakat laboratuvar şartlarındaki daldırma deneylerinde pH derişiminin sabit kalmasını sağlamak ancak güçlükle mümkün olabilmektedir.

Çimento temelli numuneler laboratuvar ortamında daldırma yöntemiyle sülfat etkisine maruz bırakıldıktan sonra zamanla sülfat iyonu derişimi değişmektedir. Burada üç farklı sorun ortaya çıkmaktadır. Öncelikle, sülfat iyonunun tüketilmesinin, kullanılan çimento çeşidine bağlı bulunduğunu belirtmek gerekir. Bu durum çok değişkenlik arz ettiğinden kıyaslama yapmak da o denli zor olmaktadır. İkinci olarak, farklı örnekler için başlangıç sülfat derişim oranları farklı düzeylerde seçilmiş olsa dahi, çözeltinin pH değeri, kısa sürede kalsiyum hidroksitin belirleyici olduğu pH değerine yaklaşmaktadır. Böylece, uygulamada karşılaşılan pH değerleri birbirinden üç ila beş derece arasında faklılık arz etmektedir. Üçüncü olarak ise, ortamdaki sülfat oranı sürekli düştüğünden numunenin bundan ne ölçüde zarar gördüğünü belirlemek uzun zaman almaktadır. Diğer yandan pH değeri sabit tutularak yapılan deneylerin daha belirgin sonuçlar verdiği görülmektedir. Brown (1982) yaptığı çalışmada pH değerinin sabit tutulduğu kür ortamında genleşmelerin daha büyük ölçülerde çıktığını tespit etmiştir.

1.4.7.6. Çözelti Yenileme Sıklığı

ASTM C1012'ye göre çözelti hacmi/numune hacmi oranı 4.0 olmalıdır. Çözelti hacminin, numune yüzey alanına oranı şeklinde bir değerlendirme yapıldığında ise bu değer yaklaşık 2.4 ml/cm^2 olarak ortaya çıkmaktadır. Bu yönteme göre her hafta yapılan boy değişiminden sonra sülfat çözeltisinin yenilenmesi gerekmektedir. Ancak daha sonra bu koşul deneyi yapan kişinin kişisel düzenlemelerine bırakılmıştır. Dolayısıyla çözelti/yüzey alanı oranı ve çözelti yenileme sıklığı konularında tam anlamıyla bir yargı yöntemi bulunmamaktadır. Bu yaklaşımın deney sonuçlarını etkileyeceği de ortadadır.

Asitli su etkisinde bağlayıcı malzemelerin aşınmasını inceleyen çalışmasında Herold (1997), daldırma testlerinde yani akışın olmadığı koşullarda uygulanan yöntemlerde, çözelti değişim sıklığının ve/veya çözelti hacmi/yüzey alanı oranının büyük önem taşıdığını vurgulamaktadır. Ancak bu oranın hangi değerler arasında olması gerektiği konusunda, bahsi geçen çalışmada bir bilgi bulunmadığı gibi doğrudan bu konuyla ilgili sistematik bir çalışma da mevcut değildir.

Bonen ve Cohen (1992-1) çalışmalarında çözeltiyi her hafta değiştirmiştir. Brown (1982) çözelti hacmi/numune hacmi oranını 3 olarak seçmiştir. Tian ve Cohen ise (2000) çözelti suyunu ilk ay için de her hafta değiştirmiş, daha sonra ise 2 ayda bir değiştirmiştir. Yapılan birçok çalışmada ise bu çözelti değişim sıklığı ve çözelti oranları konusuna değinilmemiştir.

1.5. Aşınma

Genel olarak, çeşitli etkiler sonucunda malzeme yüzeyinde meydana gelen yıpranmalar (wear) incelenirken bunların hava etkileri, kimyasal etkiler ve sürtünme etkisi ile ortaya çıktığı görülmektedir. Buradan hareketle, aşınma (abrasion) yüzeyde oluşan bozulmaların bir türü olarak ortaya çıkmaktadır. Bu kavram tedrici ve/veya sistematik bir biçimde bazı mekanik araç ve yük etkisiyle yüzey malzemesindeki kaybın oluşması anlamına gelmektedir. Birbirine sürtünen iki cismin sertlik farklarının düşük olması halinde oluşan aşınmaya adezif aşınma, sertlik farklarının yüksek olması durumunda oluşan aşınmaya abresif aşınma, cisimler arasında su veya kimyasalların bulunması halinde tepkime sonucu oluşan aşınmaya korozif aşınma, birbirleriyle tekrarlı yükleme etkisinde bağlantılı bulunan cisimlerin maruz kaldıkları yorulma sonucu meydana gelen aşınmaya ise yorulma aşınması denmektedir.

Yaklaşık yüzyıldan beri aşınma direncini belirlemek için test yöntemleri geliştirilmektedir. 1844 yılında Almanya'da Bauschinger bir hızlandırılmış aşınma makinesi yapmışken, benzer bir makineyi Shoop 1915 yılında Amerika'da kullanmıştır. Öte yandan, aşınmanın birçok sebebi olduğundan, bu büyüklüğün tek yöntemle ifade edilmesi yeterince gerçekçi bulunmamaktadır. Bu kapsamda aşınmanın dört farklı alanda ortaya çıktığı gözlemlenmektedir:

1. Taban ve döşeme yapılarındaki aşınma.
2. Beton yollarda özellikle ağır araçların, çivili veya zincirli tekerli araçların neden olduğu aşındırma. Bu tür aşınmalar, yıpranma (attrition), kazınma (scraping), vurma (percussion) etkileriyle ortaya çıkmaktadır.
3. Barajlarda, su kanallarında, köprü ayakları gibi su yapılarında suyun taşıdığı malzemelerin darbe ve sürtünme etkisiyle meydana getirdiği erozyon türü aşınma.
4. Yine su yapılarında suyun hızı ve negatif basınç sebebiyle oluşan kavitasyon yoluyla ortaya çıkan aşınma.

Aşınma direnci beton zeminler ve kaplamalar (taban ve döşemeler) için en önemli özelliklerden biridir. Farklı yüzeyler için çok farklı aşındırıcı etkenler söz konusu olabilmektedir. Özellikle endüstriyel beton zeminlerin aşınma etkilerine karşı direnç göstererek tozlaşmaması ve yüzeylerinin düzgün kalması gerekmektedir. Bu tür zeminlerde karşılaşılan aşındırıcı etkiler; dönen çelik tekerler, keskin kenarlı paletler, sehpa türü araçların ayakları, kepçe veya çatal tipi taşıyıcıların çelik dişli ağızları veya çok farklı nesnelerin darbe etkileri olabilmektedir. Beton parkeler ise bunlardan farklı olarak, bir yüzeyinde kum diğer yüzeyinde araç lastiği veya yaya trafiği etkisinde aşınmaya uğramaktadırlar.

1.5.1. Aşınma Direncini Etkileyen Unsurlar

Genel olarak betonun aşınma direncini belirlemede 10 etkenin varlığından söz edilmektedir (Papenfus, 2002):

1. Basınç dayanımı
2. Çimento hamurunun yapısı
3. Boşlukların yapısı ve oranı
4. Agrega özellikleri
5. Hamur / agrega ara yüzeyi
6. Yüzey işlemleri
7. Lif katkısı
8. Kür koşulları
9. Yüzey çatlakları
10. Aşındırıcı mekanizmanın ve deney yöntemi etkisi

1.5.1.1. Basınç Dayanımı

Betonun dayanıklılığını belirleyen en önemli iki etken su / bağlayıcı oranı ve çimento miktarı olmaktadır. Bu iki etken betonun aşınma direnci ve basınç dayanımı üzerinde de aynı oranda etkili olmaktadır. Gerçekten de örneğin trafik yüküne maruz kalan bir betonun yeterli basınç dayanımına sahip olması halinde aynı zamanda yeterli aşınma direnci göstereceği ortadadır. Buna karşın basınç dayanımı düşük betonlar da özel perdahlama işlemleriyle (yüzey işlemleri) aşınmaya karşı dirençli hale getirilebilmektedirler. Diğer yandan tersi bir durum olarak, basınç dayanımı yüksek bir beton, yanlış uygulamalarla yüzeyi aşınmaya karşı dirençsiz hale getirilebilir. Tüm bu gerekçelere rağmen basınç dayanımı, betonun en önemli nitelik göstergesi olarak ortaya çıkmaktadır.

Betonun aşınma direnci hala araştırılan bir konudur. Öncelikle aşınma direncinin aşınan yüzeyin dayanımıyla doğrudan ilişkili olduğunu belirtmek gerekmektedir. Bu direnç, yerleştirme, perdahlama tekniği ve kür koşullarıyla iyileştirilebilmektedir. Beton kaplamalarında aşınmaya karşı dirençli olması gereken en önemli kısmın yüzeydeki 3 mm'lik tabaka olduğu bilinmektedir (Humpola, 1996).

Yapılan çalışmalar, basınç dayanımının aşınma direncinin çok önemli bir göstergesi olduğunu ortaya koymaktadır. Diğer yandan aşınma, yüzeyde meydana geldiği için bu tabakanın basınç dayanımının yüksek olması gerekmektedir. Ancak, yalnız yüksek basınç dayanımı ile yetinilmemeli, bunun yanında yerleştirme ve perdahlama işlemlerine de azami önem verilmelidir.

Verilen bir beton karışımı için yüzey tabakasının basınç dayanımı aşağıda belirtilen yöntemlerle geliştirilebilir (ACI 201.2R, 1992):

1) Ayrışmadan (segregasyon) kaçınılmalı,
2) Su kusma önlenmeli,
3) Perdahlama zamanlaması doğru seçilmeli,
4) Su/Çimento oranı en aza indirgenmeli ve rahat perdahlama yapmak amacıyla su ilavesi yapılmamalı,
5) Yüzey yavaş kurutulmalı,
6) Uygun kür şartları sağlanmalı.

Biraz da aşınmalardaki kırılma mekanizmasına değinilecek olunursa; abresif aşınmaların, uygulanan aşınma yükünün, normal ve teğet gerilmeler oluşturması suretiyle orta derece aşınmalarla sonuçlanan kalıcı şekil değiştirmelere (plastik deformasyon) sebep olduğu bilinmektedir. Ancak, aşınma yükünün artmasıyla küçük bölgesel çatlakların da arttığı ve böylece daha büyük boyutlu aşınmaların oluştuğu görülür. Bu çatlaklar beton basınç dayanımı deneyi sırasında numunenin kırılmasından önce ortaya çıkan küçük çatlakları andırmaktadır. Burada ayrıca, orta dereceli aşınmaların 1 mm derinliği aşmayan sığ tabaka kaybıyla sonuçlandığını, şiddetli aşınmalar sonucunda ise 5 mm'yi aşabilen derin soyulmaların ortaya çıkabildiğini belirtmek gerekmektedir. Bu aşınma oluşumlarına bağlı olarak aşınmayı, yüzey ve çekirdek aşınmaları adları altında ikiye ayırmak mümkündür. Bu durum bir beton tabakanın yüzey ve içte kalan kısmının çeşitli sertleştirme yöntemleri ve/veya kür koşullarıyla farklı aşınma direncine sahip olması sebebiyle ortaya çıkmaktadır.

Şekil 18'de betonun yüzey aşınma direncini etkileyen unsurlar görülmektedir. Bu akış şeması üzerinden izlendiği üzere sonuç itibariyle yüzey aşınma direnci, agrega/hamur aderansına ve bunların sertliğine bağlı olarak gelişmektedir. Öte yandan, çekirdek aşınma direncinde (Şekil 19) ise basınç dayanımı başlıca etken bir özellik olarak ortaya çıkmaktadır.

Betonun aşınma direnci ile basınç dayanımı arasındaki ilişkiyi inceleyen çalışmalara değinilecek olunursa; Siddique vd. (2007) betona %35 ile %65 arasında değişen oranda uçucu kül katmak suretiyle yaptıkları çalışmada aşınma direnci ile basınç dayanımı arasında çok güçlü bir ilişki olduğunu tespit etmişlerdir.

Dhir vd. (1991) de yine betona uçucu kül ilavesiyle yaptıkları çalışmada, diğer bazı etkenlere de bağlı olmakla birlikte aşınma direncinin basınç dayanımı ile doğrudan ilişkili olduğunu belirlemişlerdir.

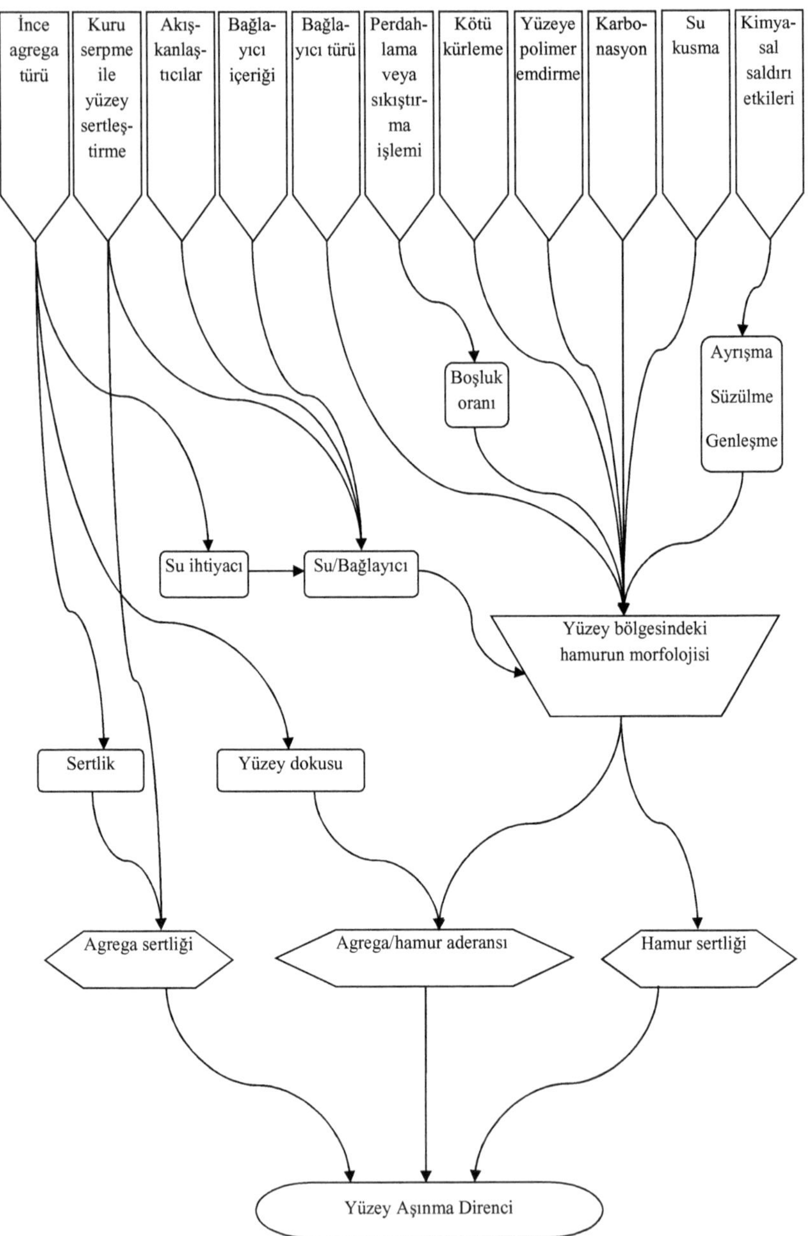

Şekil 18. Yüzey aşınmasına etkiyen unsurlar

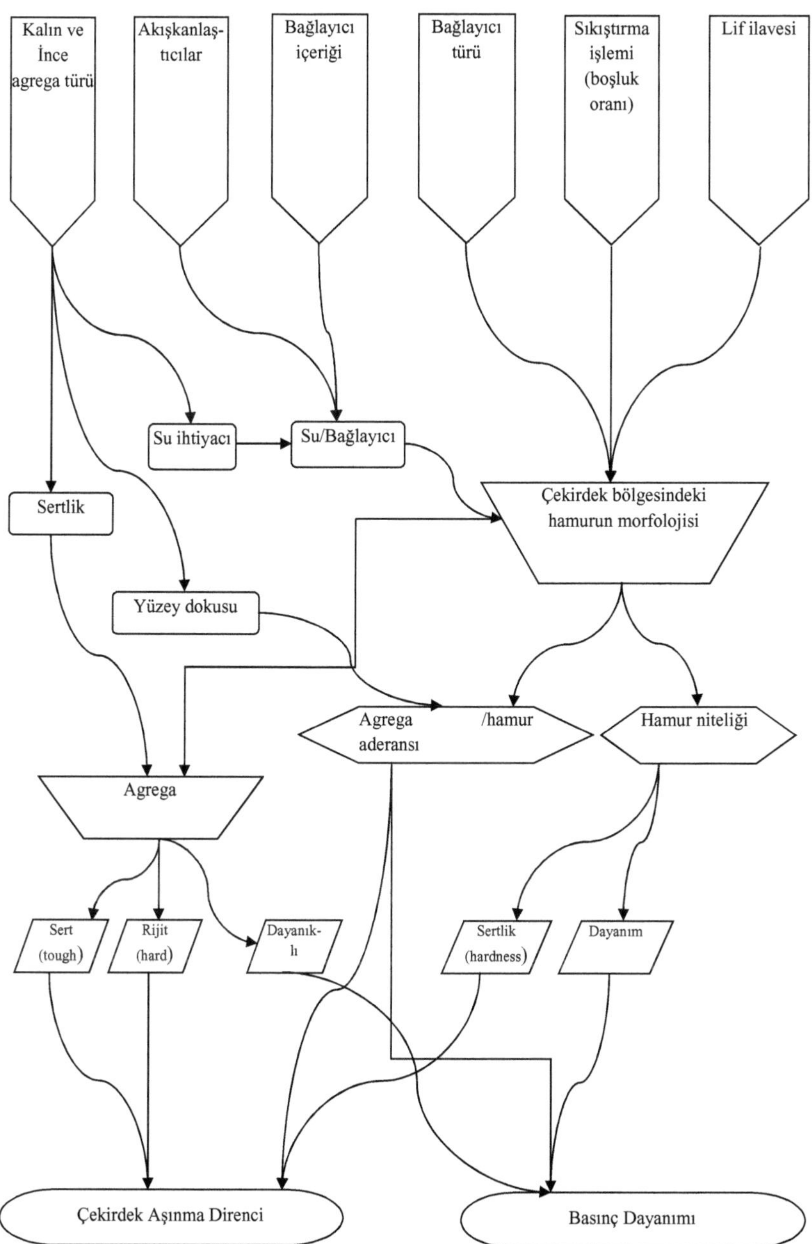

Şekil 19. Çekirdek aşınma direnci ve basınç dayanımını etkileyen unsurlar

Kullanıma erken açılan beton kaplamalar üzerinde yaptıkları çalışmalarında ise Ghafoori ve Tays (2007), betonun basınç dayanımı ile aşınma direnci arasında güçlü bir ilişki olduğunu belirtmektedirler.

Atiş ve Çelik (2002) ise hazırladıkları teknik raporda, uçucu kül içeren betonlarda aşınma direnci ile basınç dayanımı arasında yüksek korelasyonlu bir ilişki olmakla birlikte, eğilme dayanımının aşınma direnciyle ilişkisinin daha güçlü olduğunu ifade etmektedirler.

Yine Aslantaş (2004) basınç dayanımı ile aşınma direnci arasındaki doğrusal ilişkiyi, oluşturdukları 13 farklı beton örneği üzerinde gerçekleştirdikleri deneylerle ortaya koymaktadırlar.

Lateks ilavesiyle oluşturdukları beton numunelere aşınma ve diğer bazı duraylılık deneyleri uygulayan Shaker vd. (1997), bu uygulamayla betonun basınç dayanımını ve buna koşut olarak aşınma direncini artırdıklarını ortaya koymuşlardır.

Naik vd. (1994), uçucu kül ilavesiyle sırasıyla %0, %50 ve %70 kütle oranlarında numune üretmişler ve bunları, ASTM C944 (1999) yöntemine göre aşınma deneyine tabi tutmuşlardır. Bu üç farklı bileşim için sırasıyla 43 MPa, 32 MPa ve 18 MPa ortalama beton basınç dayanımları elde etmişler ve bu değerlere karşılık sırasıyla 2.1 mm, 2.8 mm ve 3.6 mm aşınma derinlikleri elde etmişlerdir. Dolayısıyla buradan da görüldüğü gibi araştırmacılar, beton basınç dayanımıyla aşınma direncinin doğrudan ilişkili olduğunu ve betonun basınç dayanımı arttıkça aşınma direncinin de arttığını ortaya koymuşlardır.

Yine yukarıdaki örneğe benzer şekilde Liu (1981), ASTM C1138 (1997)'ye göre yaptığı çalışmanın sonucunda belirli bir agrega türü için, betonun basınç dayanımı azaldıkça aşınma derinliğinin arttığını ve dolayısıyla aşınma direncinin betonun basınç dayanımının ve agrega türünün bir alt fonksiyonu olduğunu ortaya koymuşlardır.

Buraya kadar genel olarak aşınma direnci ile basınç dayanımı arasında çok yakın bir ilişki olduğu anlatılmış oldu. Ancak bunun yanında, bu iki özellik arasındaki söz konusu ilişkinin zayıf olduğunu ifade eden araştırmacılar da bulunmaktadır.

Naik vd. (2002) betona uçucu kül (%40-60) katarak bir çalışma yapmış ve betonun aşınma direncinin basınç dayanımı ile ters orantılı olduğunu tespit etmişlerdir. Çalışmalarında ASTM C944 yöntemini kullanan yazarlar, bu sonuca anlaşılır bir gerekçe sunmamışlardır.

Ribeiro (1998) sıkıştırılmış betonlarla yaptığı çalışmada aşınma direnci ile basınç dayanımı arasında bir ilişki kuramamıştır. Ancak Ribeiro'ya göre aşınma direnci daha çok agrega türünün bir fonksiyonudur.

Humpola vd. (1996) farklı kür uygulamalarına maruz bıraktıkları beton kaplamalar üzerinde yaptıkları 6 ay süreli bir çalışmanın sonucuna göre aşınma direncinin basınç dayanımının bir fonksiyonu olmadığını ifade etmektedirler.

1.5.1.2. Hamur Yapısı

Betonun basınç dayanımı, boşluk oranı ve su / bağlayıcı oranına bağlı olan hamurun dayanımıyla güçlü bir ilişki içerisindedir. Ayrıca bir önceki bölümde ifade edildiği üzere betonların aşınma direnci de basınç dayanımıyla ilişkili olduğu için, hamur yapısı aşınma direncini de etkileyen başlıca etkenler arasında gösterilmektedir.

Aşınma bir yüzey olgusudur. Bu yüzden özellikle yüzeydeki betonun niteliği, aşınma olgusu üzerinde en büyük etki kaynağını oluşturmaktadır. Bu bölgedeki hamur ise özellikle perdahlama ve kürleme işlemleriyle nitelik kazanmaktadır. Ayrıca bu hamurun yapısı karbonatlaşma, çözülme, süzülme ve genleşme gibi çeşitli çevresel etkiler altında da kalmaktadır.

Temel olarak beton, kaba agrega, ince agrega, bağlayıcı ve su bileşenlerinden oluşmaktadır. Hamur veya pasta ise çimento ve su karışımından ibarettir. Hamur, karıştırma sırasında agrega tanelerini sararak bir matris oluşturmakta ve katılaşma sonrasında ise agrega iskeletini bir arada tutmaktadır.

Şu halde hamurun dayanımı aşınma direnci üzerinde önemli bir rol oynamaktadır. Kaplama betonunun hamuru zayıfsa, bu betonun kolayca aşındığı görülür. Ayrıca bu tür zayıf bağlı hamurların, agregaları bir arada tutma yetenekleri de düşük olacağından, ince ve kaba agregalar çabucak hamurdan sökülür ve böylece aşınma derinliği artar. Hamurun, orta derecede dayanımlı olduğu durumlarda, hamurun aşınarak, hamur altında kalmış agreganın yüzeye çıkma süresince, hamur, aşınma direnci üzerinde etkili olmakta, bu aşamadan sonra ise agrega özellikleri daha çok ön plana çıkmaktadır. Göreceli daha yüksek dayanıma sahip bir hamur söz konusu olduğunda ise, hamur her ne kadar agregaya göre düşük dayanıma sahip olsa da betonun aşınma direnci üzerinde agregaların (yumuşak agregalar hariç) öncelikli bir işlev üstlendiğini söylemek mümkün gözükmemektedir. Diğer bir deyişle, agregaları örten hamurun aşınma sürecinin uzaması, bu öğenin aşınmada agreganın önüne geçebilecek derecede belirleyici önceliğe sahip olabileceği anlamına gelmektedir.

1.5.1.2.1. Sertleşmiş Hamurun Mikro-Yapısı

Bir önceki bölümde çimento hamurunun aşınma direnci üzerinde oynadığı rol tartışılmış ve bu rolün de hamurun dayanımına bağlı bulunduğu ifade edilmiştir. Hamur dayanımını etkileyen en önemli unsur ise hamurun mikro-yapısıdır. Temel olarak su/bağlayıcı oranı ve bunun yanında boşluk oranı, hamurun mikro-yapısını belirleyen etkenler olduğu bilinmektedir.

Sertleşmiş hamurun mikro-yapısı dört değişkenin fonksiyonu durumundadır;

1. Su/bağlayıcı oranı
2. Boşluk oranı (%)
3. Bağlayıcı türü
4. Kür koşulları

Öte yandan bu değişkenler yalnız hamurun değil aynı zamanda betonun da özelliklerini yönlendirmektedir.

Su / bağlayıcı oranının aşınma direnci üzerindeki etkisi hakkında yapılan çalışmalar, bu alanda hala bazı noktalar üzerinde tartışmaların yapılması gerektiğini göstermiştir. Araştırmacıların birçoğu W/C oranındaki düşüşün aşınma direncini artırdığını ifade ederken, bu düşüşün aşınma direncini etkilemediğini ifade eden araştırmacılar da bulunmaktadır.

Laplante vd. (1991), ASTM C779'a göre gerçekleştirdikleri deneylerde W/C oranındaki düşüşün aşınma direncini artırdığını ifade etmektedirler.

ASTM C1138 deney düzeneğiyle yaptığı aşındırma deneyleri sonucunda Liu (1981) aşınma direncinin W/C oranındaki düşüşle arttığını belirtmektedir.

Fwa (1990) ise W/C oranı 0.65 olan küp numunenin %80 oranında kütle kaybına uğrarken, %45 W/C'ye sahip küp numunenin kütlece %66 oranında bir kayba uğradığını gözlemlemiştir. Yazar çalışmasında Los Angeles aşındırma düzeneğini kullanmıştır.

Çimento (bağlayıcı) çeşidinin hamur yapısına etkisi değerlendirildiğinde ise, farklı türden katkılar içeren bağlayıcıların fiziksel özelliklerinin de değişkenlik arz ettiği görülür. Dolayısıyla çimento çeşidi de bir ölçüde aşınma direnci üzerinde etkili olmaktadır. Bu bağlamda puzolanik katkıların çimentoların aşınma direnci üzerindeki etkisine kısaca değinilecek olunursa; (Papenfus, 2002), % 30 kütle oranına kadar uçucu kül içeren betonların 28 gün sonunda karşılaştırma numuneleriyle aynı sonuçlar verdiğini, kür süresi uzayıp da uçucu külün etkileri devreye girdiğinde ise aşınma direncinin de arttığı gözlemlenmiştir. Yüksek fırın cürufunun aşınma direnci üzerindeki etkisi ise açık olarak ortaya konamamakla birlikte, puzolanik etkilerinden dolayı uzun vadede basınç dayanımındaki artışa olan etkisiyle aşınma direncini de artırabileceği söylenebilir. Genel olarak, diğer puzolanik katkılardan farklı özelliklere sahip olan silis dumanı için ise aşınma direncine sağladığı katkı itibariyle farklı bir etkileşimden söz etmek gerekir. Basınç dayanımı üzerinde daha çok 28 güne kadar etkili olan ve betonlarda erken dayanım özelliğiyle ön plana çıkan silis dumanının, aşınma direnci bakımından da yine aynı sürede etkili olacağı düşünülmektedir.

Kür şartları da hamur yapısı ve dolayısıyla aşınma direnci üzerinde oldukça etkilidir. Kür süresi özellikle erken yaşlarda beton için ne kadar elzemse aşınma direnci üzerinde de o kadar etkili olmaktadır. Kısaca, uzun süre kür işleminden geçirilen beton numuneleri, daha üstün başarım göstereceğinden bunların aşınma dirençleri de o nispette artacak demektir.

Bunların dışında beton kaplama ve parkelerin kayma dirençleri yüzey dokularına bağlı olarak değerlendirilmektedir. İki tür yüzey dokusu mevcuttur (ACI 201.2R, 1992):

1. Yapım aşamasında yüzeyde oluşan düzensizliklere bağlı olarak yapılanan makro doku.
2. Sertleşme sırasında ve ince agrega türüne bağlı olarak oluşan mikro doku.

Beton parkelerin kayma direnci öncelikli olarak yüzey tabakasının dokusuna bağlıdır. Zamanla, taşıt tekerlekleri bu tabakayı aşındırarak makro dokuyu bozar ve böylece, agrega tanecikleri açığa çıkar. Dolayısıyla kayma direnci yüzey tabakasının derinliğine ve agregalarının kayaç türüne bağlı olmaktadır.

Kuvars taneciklerinden oluşan küçük çaplı agregalar aşınma hızını azaltabilir ve zarar gören mikro yapıyı korumaya yardımcı olur. Kireç taşı, dolomitler ve serpantinler gibi bazı belirli kayaç türleri ne kadar ince bir dokuya sahip olurlarsa o kadar çabuk cilalanırlar (aşınırlar). Dolayısıyla bu tür kayaçlardan oluşan ince ve kaba agregalar beton satıhlarda kullanıldığı zaman, kayma direncini daha çabuk kaybetmelerine neden olurlar.

1.5.1.2.2. Çevresel Etkiler Altındaki Hamur

Çevresel etkiler aşındırıcı bir etkiden ziyade öncelikle fiziksel ve kimyasal olarak hamurun bozulmasına sebep olabilmektedir. Ancak bu etkilerle bozulmuş hamurun diğer bazı özellikleri gibi aşınma direncinde de düşüş görülür. Çevresel etkiye maruz kalan bir betonun aynı zamanda aşınma etkisine de maruz kalmasıyla bir etki bileşkesi söz konusu olmaktadır. Bu tez kapsamındaki numuneler de bu anlamda bir bileşik etkiye maruz bırakılmış ve sonuçlar ilerleyen bölümlerde ayrıntılı olarak tartışılmıştır.

Çevresel etkilere maruz kalan beton yüzeylerin bütünlüğü kayba uğramakta ve genellikle aşınma derinliği de bu sayede artmaktadır. Sırasıyla bazı çevresel etkilerin aşınma direnci üzerindeki etkisi kısaca incelenecek olursa şu sonuçların ortaya çıktığı görülür (Papenfus, 2002);

Asit saldırıları hamur yapısının boşluklu hale gelmesine ve zayıflamasına sebep olmaktadır. Asitli ortam etkisine maruz bırakılan betonda kesit derinliği boyunca boşluk sıvılarının pH derecesi artmaktadır. Bu sırada asit etkisine maruz kalan bölge ile daha içeride kalan kısım arasında bir sınır (tampon) bölge oluşmakta ve asitli taraf hızla bozulmaktadır. Örneğin bu bölge aynı zamanda aşınma etkisine de maruz kalırsa, aşınma ilerledikçe sınır bölge içe doğru kayacak ve betonun daha derin bölgeleri de asitli ortamdan zarar görecektir. Yani kısaca aşınma etkisi aynı zamanda asit saldırısını hızlandırmaktadır. Tersinden bakıldığında ise, benzer şekilde asit saldırısı da aşınmayı hızlandırmaktadır. Asitten zarar gören ve zayıflayan kısım kolayca aşınacaktır. Hamur, özelliğini yitireceği için agrega tanecikleri de kolayca bünyeden sökülüp uzaklaşacaktır.

Su, kalsiyum hidroksiti çözerek bünyeden uzaklaştırır, iyon değişimini ve ilavesini hızlandırır. Böylece hamur zayıflar. Zayıflayan tabaka tıpkı asit etkisinde olduğu gibi bir sınır bölgesi gibi davranış gösterir. Yine aşınma etkisiyle bu tabaka da incelir ve bu döngü betonu bozmaya devam eder. Diğer bir deyişle, aşındırıcı etkiler, aynı zamanda suyun sebep olduğu çözülme etkisini artırmaktadır.

Donma-çözülme döngüleri de yüzeydeki hamuru zayıflatmaktadır. Donma-çözülme etkisiyle yüzeydeki beton dayanım kaybetmektedir. Hidrolik gerilmeler sonucu öncelikle hamurda bazı mikro-çatlaklar oluşmakta ve bu da bu kısmın kolayca aşınmasına neden olmaktadır. Ayrıca taşıt trafiğine maruz kalan betonda bu etkiler ortaya çıkmışsa, o sırada serbest kalan çok sert kum tanecikleri ayrıca aşındırıcı etki yapabilmektedir.

Karbonatlaşma (karbonasyon), karbondioksit etkisiyle betondaki kalsiyumun karbonatlaşması ve sertleşmesi olarak ortaya çıktığı için betonda dayanımın ve sertliğin yükselmesine sebep olmaktadır. Diğer yandan, doğrudan karbondioksit etkisine maruz kalan yüzeyde kolayca aşınmaya karşı dirençsiz bir bölge oluşur. Ancak bu tabakanın alt kısmı aşınmaya karşı daha dirençlidir denebilir. Bu bakımdan karbonatlaşmanın aşınma direnci bakımından bir ölçüde yararlı olduğu da söylenebilir. Ancak yüzey aşındıkça karbonatlaşma derinliğinin de devam edeceği ve böylece bilinen diğer bozulma oluşumlarının ortaya çıkacağı da unutulmamalıdır.

1.5.1.3. Boşlukların Yapısı ve Oranı

Genel olarak çimento içerisinde boşluklar iki şekilde bulunur;

1. Çok küçük jel boşlukları
2. Göreceli daha büyük olan fakat jelle veya başka bir katı bileşikle dolu olmayan kılcal boşluklar.

Ayrıca bunların dışında mikroskobik düzeyden 10 mm çap ölçüsüne kadar büyüyebilen boşluklar da yine beton içerisinde yer alabilmektedir. Bunlar beton içinde hapsolmuş hava sebebiyle oluşan boşluklardır ve yerleştirme sırasında iyi sıkılaştırma yapılarak bu boşluklar azaltılabilir. Bir de çeşitli kimyasallar yardımıyla beton içerisine sürüklenen hava sebebiyle oluşan boşluklar bulunmaktadır. Bunlar birbirinden bağımsız çok küçük hava baloncuklarından oluşmakta ve betona özellikle donma-çözülme ve tuzların kristalleşme sürecinde gerekli olan genleşme serbestliğini sağlamaktadırlar.

Genel olarak betondaki hava miktarı artışının betonun basınç dayanımını azalttığı bilinmektedir. Bu da aynı zamanda aşınma direncinde de azalma olacağının bir işareti olmaktadır.

Bağlayıcı miktarı (B), su miktarı (W) ile hapsolmuş hava miktarı (HH) ve kılcal boşluklar (KB)'ın aşınma direnci (AD) üzerindeki etkisi basitçe modellenecek olunursa;

$$\uparrow B + \downarrow W \rightarrow \downarrow\downarrow HH + \downarrow\downarrow KB \rightarrow \uparrow\uparrow AD \qquad (20)$$

$$\uparrow B + \uparrow W \rightarrow \downarrow\downarrow HH + \leftrightarrow KB \rightarrow \leftrightarrow AD \qquad (21)$$

$$\downarrow B + \uparrow W \rightarrow \leftrightarrow HH + \uparrow KB \rightarrow \downarrow AD \qquad (22)$$

$$\downarrow B + \downarrow W \rightarrow \uparrow\uparrow HH + \leftrightarrow KB \rightarrow \downarrow\downarrow AD \qquad (23)$$

eşitlikleriyle söz konusu bileşenlerin işlemleri de daha açık biçimde anlaşılmış olur.

20 numaralı ifadede bağlayıcı oranının artırılıp su miktarının düşürülmesi sonucu W/C oranı da düşmekte ve daha sıkı yapılı bir hamur ortaya çıkmaktadır. Bu da hem hapsolmuş havanın hem de kılcal boşlukların azalacağı anlamına gelmektedir. Dolayısıyla aşınma direnci de basınç dayanımı gibi artmaktadır.

21 numaralı ifade de ise su miktarıyla birlikte çimento miktarı da arttığı için hapsolmuş hava oranı düşebilir ancak W/C oranı da arttığından su etkisiyle kılcal boşluk oranı artmaktadır. Hapsolmuş hava miktarının düşük, kılcal boşlukların ise yüksek oranda olduğu bu durumda ise ortalama bir aşınma direnci elde edilebilir.

Bağlayıcı miktarının azaltılması (Denklem 22), hamuru yavanlaştıracağı ve göreceli su miktarını artıracağı için hamur özelliklerine olumsuz etki yapacaktır. Ancak suyun artması sebebiyle işlenebilirlik de iyileştirilmiş olacağı için hapsolmuş hava miktarı konusunda kesin bir yargıya varılamaz. Bununla birlikte kılcal boşlukların artacağı muhtemeldir. Bu durumda aşınma direncinin azalması kaçınılmaz olmaktadır.

Çok az bağlayıcı ve çok az su içeriği, işlenebilirlik açısından önemsenmesi gereken olumsuzluklar doğurduğu için, hapsolmuş hava miktarındaki artışla birlikte aşınma direncinde düşüşe neden olmaktadır (Denklem 23).

Buradaki açıklamalar (Denklem 20 – 23) hamurlara uygulanan sıkıştırma işlemlerinin değişmediği düşüncesine dayandırılmaktadır. Diğer şartlar sabit kalmak kaydıyla, hapsolmuş hava miktarı sıkıştırma işlemlerindeki iyileştirmelerle azaltılabilmektedir.

1.5.1.4. Agrega

İktisatlılık koşulu da dikkate alınarak, betonda istenilen basınç dayanımı düzeyi, düşük su/çimento oranı ve uygun bir agrega tane boyutu dağılımı ile sağlanabilir. Yüzeye yakın yerlerde kullanılan agregalar bu açıdan nitelikli olmalıdır. Örneğin, çelik gibi malzemeler depolanan veya ağır yük taşıyan araçların giriş çıkış yaptığı depo benzeri yerlerde kullanılan agregaların, sert ve sağlam yapılı olmasına dikkat edilmelidir. Bazı durumlarda yüksek nitelikli agrega kullanımı yerine yüksek dayanımlı yüzey malzemesiyle kaplama uygulaması da tercih edilebilir. Özellikle mekanik etki sonucu aşınma söz konusu ise sertlik derecesi yüksek kuvars, volkanik kayaçlar ya da zımpara taşı kullanılmalıdır. Aşınma ve darbe etkisine maruz tabanlarda iki tabakalı bir yapı uygulamasına da gidilebilir; ya da daha iktisatlı olması bakımından bunun yerine metalik agrega ve portland çimentosundan oluşan bir yüzey iyileştirmesi yapılabilir (ACI 201.2R, 1992).

Öte yandan, ince ve kaba agregaların aşınma direnci üzerindeki etkilerinin farklı olduğu düşünülmektedir. Bu konu aşağıda iki alt başlık halinde ayrı ayrı incelenmektedir.

1.5.1.4.1. İnce Agrega

İnce agregaların sertliği (hardness), türü, sağlamlığı (soundness), dağılımı, şekli ve dokusu aşınma direnci üzerinde etkilidir. Bu konulara kısaca değinilecek olursa (Papenfus, 2002);

İki durum hariç ince agreganın sertliği (hardness), aşınma direnci üzerinde etkili olmaktadır. Bunlardan birincisi, agrega veya hamurun parçalanma derecesinde şiddetli bir mekanik etkiye maruz kalmasıdır. Ancak sert agrega yapısının kırılganlığı artırdığı da ayrı bir gerçektir. Kırılan agregalar kolayca hamurdan ayrılmaktadır. İkinci durumda ise betonun basınç dayanımının ve rijitliğinin çok yüksek olduğu durumlarda bireysel olarak agrega etkinliğinden çok, uygulanan beton başlı başına aşınma direnci üzerinde etkili olmaktadır.

Beton karışımında kullanılan agregaların sağlamlıkları (soundness), diğer bir anlatımla dayanım ve dayanıklılıkları yeterli olmadığı takdirde mekanik ve diğer dış etkenler altında daha erken zarar göreceklerdir. Özellikle kırma kumlar mekanik etkilerden (trafik) çabuk zarar görmekte ve parçalanarak beton kütlesinden ayrılmaktadırlar.

Tane boyutu dağılımının (granülometri) ve agrega boyutunun aşınma direncine etkisi incelenecek olursa, şimdiye kadar yapılan çalışmaların sonucunda incelik veya kalınlığın etkisinin tam olarak ortaya konulmamış olduğu görülür. Nitekim bu konudaki çalışmalar birbirine zıt sonuçlar ortaya koymaktadır.

Şekil ve doku yönünden bakıldığında ise kırmataş agregaların keskin köşe ve ayrıtlara sahip olduğu görülür. Agregaların köşeli yapıya sahip olması su ihtiyacını etkileyebilir ve bu da basınç dayanımı yönünden bazı sakıncalar doğurabilir. Kırmataş agregalar sert ve sağlam kayalardan üretildiği takdirde, bu yapısal özellikleri nedeniyle aşınmaya karşı dirençli olabilmektedirler. Ancak bazı hallerde bu malzemelerin kaynağı sağlam olmayan kayaçlara dayanırsa, beklenilenin tam tersi bir etkiyle karşılaşmak da mümkün olabilir. Buradan hareketle aşınma direnci özelliği üzerinde agreganın sertlik ve sağlamlığının, doku ve şeklinden daha önemli olabileceği söylenebilir.

1.5.1.4.2. Kaba Agrega

İnce agregaya benzer şekilde kaba agreganın da sertliği (hardness), türü, sağlamlığı (soundness), tane dağılımı, şekli ve dokusu aşınma direnci üzerinde etkilidir (Papenfus, 2002).

Kaba agrega sertliği ölçüsünde aşınma direncine katkıda bulunmakta ve bu dirençle orantılı olarak betonun yüzeyinden derinliklerine kadar etkili olmaktadır. Şiddetli aşındırma etkisine maruz bırakılan beton yüzeylerde kaba agreganın önemi ortaya çıkmaktadır. Kaba agreganın söz konusu aşınma direnci, özellikle düşük dayanımlı betonlarda daha çok anlam kazanmaktadır. Aşınma ve darbenin birlikte etkili olduğu yüzeylerde ise agrega sertliği ve dayanıklılığı daha da aranır olmaktadır.

Kaba agregaların dayanımı genellikle hamurun dayanımından daha yüksek olmaktadır. Dolayısıyla sürekli tane dağılımına sahip karışımlarda, agrega sertliği dayanım üzerinde oldukça etkili olmaktadır. Bu yönüyle tane dağılımının da aşınma direnci üzerinde etkili olduğu açık bir şekilde görülmektedir.

Kaba agregaların boyutları için iki durum söz konusudur. Geniş agrega taneleri, betonun biraz daha derinliğine ulaştıkları için bunları matristen koparmak zor olmaktadır. Her zaman doğru olmamakla birlikte bu durum betonun aşınma direncine yükseltici etkide bulunmaktadır. Ancak çok yassı agregalar betonda bazı süreksizliklere sebep oldukları için aşınmaya karşı da duyarlı bir yapı oluşmasına neden olmaktadırlar. Öte yandan küçük agrega taneleri hacimlerine göre göreceli daha büyük yüzey alanına sahip oldukları için hamura daha iyi tutunmuş olurlar. Ancak çok küçüldüklerinde ise kolayca hamurdan sökülmektedirler.

Kaba agrega miktarının artırılmasıyla aşınma direncinin yükseltilmesi aşağıdaki koşullara bağlı olmaktadır;

- Betonun sertliği agrega sertliğine bağlı olarak yükseltilebilmektedir,
- Kaba agrega miktarı arttıkça, su ihtiyacı ve dolayısıyla su / bağlayıcı oranı düşmektedir,
- Büyük parçalar genellikle beton matrisince daha güçlü sarılmaktadır.

Bununla birlikte kaba agrega miktarındaki artışla aşağıdaki durumlar da ortaya çıkabilmektedir;

- Kaba agrega miktarının göreceli artırılmasıyla tane dağılımındaki süreksizlik nedeniyle boşluk oranı da artacağından aşınma direnci düşebilmektedir.
- Kaba agrega yumuşak türden ise, miktarındaki artışla aşınma direncinde yine düşüş görülür.

1.5.1.5. Hamur Agrega Ara Yüzeyi

Beton dayanımı birbiriyle ilişkili üç ayrı değişkene bağlı bulunmaktadır; agrega dayanımı, hamur dayanımı ve hamur-agrega ara yüzeyi. Bu zincirin en zayıf halkası genellikle agrega-hamur ara yüzeyidir. Bu 20 ila 50 μm kalınlığındaki kaynaşma bölgesine geçiş bölgesi de denmektedir. Bu bölgede meydana gelen kusurlar hem beton dayanımına hem de aşınma direncine etki etmektedir.

Söz konusu bu geçiş bölgesinin işlevi göz önünde bulundurulursa dayanımının da betonun aşınma direnci üzerinde etkili olacağı açıktır. Çünkü geçiş bölgesinin dayanımının zayıf olması, agreganın kolayca hamurdan kopması ve dolayısıyla betonun aşınma direncinin düşmesi anlamına gelmektedir. Ancak yine de geçiş bölgesi, genel olarak dayanım üzerinde etkili olduğu kadar aşınma direnci üzerinde etkili olmamaktadır. Bunun yanında agrega çeşidi de geçiş bölgesinin niteliği üzerinde etkili olmaktadır.

Sonuç olarak bazı katkı maddelerinin kullanımı ve mineral malzeme ilavesi geçiş bölgesinin mekanik davranışını iyileştirmekte ve böylelikle hem geçiş bölgesinin dayanımı hem de aşınma direnci yükselmektedir.

1.5.1.6. Yüzey İşlemleri

Aşınma direnci kavramı farklı kullanım alanlarına göre farklı algılanabilmektedir. Örneğin, bazı endüstriyel beton zeminler için 1-2 mm aşınma derinliği şiddetli aşınma olarak kabul edilirken, tank, dozer vb. paletli araçların kullanımına açık beton yüzeylerde aşınma derinliği daha büyük ölçü aralıklarıyla anılmaktadır.

Aşınmanın bir yüzey problemi olduğuna daha önce de değinilmişti. Buradan hareketle yalnız yüzeyleri aşınmalara karşı dirençli hale getirmek de bazen yeterli olabilmektedir. Bu direnç ise beton elemanlara yüzey işlemleriyle kazandırılabilmektedir. Yüzey işlemleri, kuru serpme, beton kaplama, parkeleme, sıvı yüzey sertleştiriciler uygulama, polimer uygulaması ve yüzey taşlaması şeklinde olabilmektedir.

Kuru serpme, metalik, metalik alaşım ve metalik olmayan malzemelerle uygulanan bir yöntemdir. Bu uygulamada toz inceliğinde olan malzeme taze betonun yüzeyinde bulunan ıslaklıkla ya da su kusma neticesinde toplanan su fazlalıklarıyla tepkimeye girerek sertleşmektedir. Ancak bu yöntem, özellikle düzleştirme bıçağıyla gerçekleştirilen perdahlama yönteminin uygulandığı ve bu işlemin tek başına yüzey sertliği kazandırmak için öngörüldüğü koşullarda yeterli olmayabilir. Ayrıca kuru serpme yöntemiyle beton yüzeye sadece birkaç mm derinliğe kadar etkili olabilecek, sığ bir aşınma direnci sağlanabileceği de göz önünde bulundurulmalıdır.

Taze kaplama veya tekparça kaplama olarak adlandırılan yöntemde ise aşınma direnci artırılan tabaka 10 ila 40 mm kalınlığa erişebilmektedir. TR34 (1994) bu yöntemi, yüzey betonu döküldükten birkaç saat sonra, üzerine 500 kg/m^3 bağlayıcıya bir bağlayıcı ölçeğinde doğal kum ve iki bağlayıcı ölçeğinde 10 mm kalınlığında kaba agrega ilavesiyle oluşturulan karışımın kaplama şeklinde uygulanması olarak tanımlamaktadır. Bu kaplama işleminden sonra tabaka yüzeyi motorlu perdahlama bıçağıyla düzeltilmelidir. Böylece kuru serpme yöntemine göre aşınmaya karşı daha dirençli bir kaplama yüzeyi oluşmaktadır. Ancak bu yöntemin olumsuz bir yanı, uygulama hatası sonucunda tabakalaşma olayının ortaya çıkmasıdır. Buna göre sonradan uygulanan koruyucu tabaka taşıyıcı tabakayla yeterince kaynaşmamış olmaktadır.

Yine benzer şekilde 35 ile 80 mm kalınlığı arasında değişen, bağlayıcı oranı ve aşınma direnci yüksek agregalarla oluşturulmuş beton kaplamalar da aşınmaya dirençli yüzey uygulamasında önerilmektedir.

Beton yüzeylere aşınma direnci yüksek parke döşenmesi ise günümüzde de uygulanan eski bir yöntemdir. Parkeler küçük boyutlu elemanlar olduğu için üzerlerinde eğilme kuvveti etkisinden dolayı tahrip edici yerdeğişmeler oluşmamaktadır. Ayrıca sınırlı boyutlarıyla bölgesel olarak yenilenmeleri de kolay gerçekleşmektedir.

Sıvı yüzey sertleştiriciler, bazı koşullarda aşınma direncini yükseltebilmektedir. Magnezyum veya çinko fluosilikat veya sodyum silikat en çok kullanılan yüzey sertleştiricileridir. Bunların temel işlevleri mikro-parçalanmaları (tozlaşmayı) önlemeleri olarak bilinmektedir. Ayrıca bazı petrol ürünlerinin ve kimyasalların zararlı etkilerine karşı bir dirençleri de söz konusu olabilmektedir. Yeterli bakım yapılmaması ve/veya su kusma sebebiyle yüzey niteliği düşük betonların aşınma dirençlerini ve tozlaşmalarını engellemede kullanılan en önemli malzeme sıvı yüzey sertleştiricilerdir. Bunlar doğru uygulandığında, beton yüzeylerin kullanım ömrünü de artırmaktadırlar. Ancak çok az tozlaşmanın dahi zarar verebileceği enerji istasyonları gibi yapılar hariç, iyi kür edilmiş yeni satıhlarda bu işleme gerek olmayabilir. Sıvı sertleştiriciler henüz 28 günlük sertleşme süresini tamamlamamış satıhlara uygulanmamalıdır. Çünkü bunların bileşimindeki maddeler beton yüzeyinde oluşan $Ca(OH)_2$ ile tepkimeye girmekte ve bu nedenle yüzeyin boşluklu olmasına yol açmaktadırlar. Beton satıhlar ilk 7 gün süresince kür edilmeli ve daha sonra açık hava etkisiyle kurumaya bırakılmalıdır. Sıvı sertleştiriciler uygulandıktan sonra sulama işlemine devam edilmemelidir; çünkü bu durumda sertleştiricinin emilimi önemli ölçüde engellenmiş olmaktadır. Bu nedenle sıvı sertleştiricilerin özellikleri ve uygulama koşulları iyi bilinmelidir (ACI 201.2R, 1992).

Sıvı yüzey kaplamaları ise polyester reçinesi, epoksi reçinesi ve metil metakriletleri kapsamaktadır. Ancak son zamanlarda esnekleştirilmiş epoksi bileşiklerinin daha sık kullanıldığı görülmektedir. Bu kaplamalar yüzeyde geçirimsiz bir tabaka oluşturmakta ve böylece betonu korumakla birlikte yüzeyi de aşınmalara karşı dirençli hale getirmektedir.

Benzer şekilde polimer emdirilmiş betonlar da betondaki kılcallığı azaltarak hamuru iyileştirmektedir. Bu da yine aşınma direncine katkı sağlamış olmaktadır.

Tüm bunların dışında daha çok İskandinav ülkelerinde uygulanan yüzey taşlaması olarak bilinen bir yöntem bulunmaktadır. Bıçakla perdahlama gibi yöntemlerin yerine kullanılan bu yöntem, betonun yeterli sertleşme sürecinden sonra, yüzeyi taşlanarak üzerindeki birkaç milimetrelik zayıf tabakanın uzaklaştırılmasından ibarettir. Böylece bu yöntemde özel araçlarla perdahlama ve bozulmalara karşı yeniden özel koruyucu malzemelerle kaplamaya gerek kalmamaktadır.

1.5.1.7. Lif Katkısı

Aşınma vakalarının ortaya çıkmasında genellikle çatlak oluşumu önemli bir yer tutmaktadır. Bu sebeple betonun çekme dayanımını yükseltmek amacıyla lif katılmasının yararlı olacağı düşünülmektedir. Öte yandan, lifler sıyrılıp çıkarak bünyeden kolayca ayrıldığı için beklenilen sonucun elde edilemediği de olmaktadır. Derin olmayan aşınmalarda ise öncelikle bir çatlak oluşumu ile karşılaşılmadığı için lif katkısının da bir yarar sağlamadığı görülür. Ancak çelik, karbon, cam gibi bazı lif katkıları betonun yüzey sertliğini artırdıkları için aşınmaya karşı da etkili olabilmektedirler. Sonuç olarak, liflerin beton yüzeylerin aşınma dirençlerine katkıları, fiziksel özelliklerine (katılım oranı, uç yapıları, şekilleri vb.), malzeme çeşidine (çelik, karbon vb.) ve aşınma türüne bağlı olarak değişkenlik arz etmektedir.

1.4.1.8. Kür Koşulları

Nitelikli bir beton tabanın inşası için en önemli koşullardan biri kuşkusuz kür uygulamasıdır. Yüzeyde yüksek aşınma direnci elde edebilmek için perdahlama işleminin zamanlaması, niteliği ve gerekli bakım koşulları özdeş bir duyarlılıkla sağlanmış olmalıdır.

Özellikle döşeme türü yapı elemanlarında en etkili kür yöntemi, beton yüzeyini sürekli nemli tutmakla mümkün olmaktadır. Ancak bu kolay uygulanan bir yöntem olmayabilir. Çünkü yüzeyde su tutucu, buharlaşmayı önleyici önlemlerin alınması da kaçınılmaz olabilmektedir.

Su kürü püskürtme yöntemiyle veya su tutucu çeşitli bezlerle uygulanabilmektedir. Su püskürtme işleminden sonra beton yüzey üzerine su geçirmeyen türden çeşitli bezler de serilebilir. Diğer yandan kür işlemi sırasında beton satıh trafiğe maruz kalacaksa ayrıca aşınmaya dirençli tabakalar da su tutucu bezlerin üzerine konulmalıdır.

Islak kürleme yöntemi, düşük W/C oranına sahip betonlar için özellikle hidratasyon suyunu sağlamak için gerekli görülmektedir. Ayrıca, yüzey soğutması istenen yerlerde ve sıvı sertleştiricilerin kullanılacağı yerlerde de ıslak kürleme uygulanabilir bir yöntem olmaktadır. Soğuk havadaki beton döküm işlemleri sırasında CO_2 yayan ısıtıcılar ise kullanılmamalıdır. Yine CO_2 gazı yayan başka araçlar da varsa ortamın havalandırılması ile bu gazın birikmesi önlenmelidir. Çünkü CO_2 gazı, taze beton yüzeyinde karbonatlaşma yoğunluğuna ve derinliğine bağlı olarak betonun aşınma direncine zarar vermektedir (ACI 201.2R, 1992).

1.5.1.9. Yüzey Çatlakları

Çatlaklar çekme gerilmelerinin süreksizliğe uğradığı aralıklardır. Böylece gerilmeler yüzeydeki diğer bölgelere dağılmaktadır. Aşındırıcı bir yükleme, yüzeyde bulunan çatlaklı bölge üzerinde artan bir basınç veya kesme etkisi oluşturabilir. Böylece çatlakların daha da genişlemesi veya betonun pullanarak dökülmesi söz konusu olabilmektedir. Bu nedenle aşınmaya maruz kalan yüzeylerde oluşan çatlaklarda zamanla artış görülmektedir. Buradan, aşınma etkisiyle oluşan çatlakların, yalnız önceden oluşmuş çatlakların bulunduğu yüzeylerde meydana gelebileceği sonucu çıkarılmamalıdır. Önceden çatlak bulunmayan yüzeylerde de aşınma sebebiyle çatlamalar oluşabilmektedir. Aşındırıcı yük etkisiyle meydana gelen gerilmeler beton kesitin basınç ve/veya kesme dayanımlarını aşıyorsa çatlaklar oluşmaktadır.

1.5.1.10. Aşındırıcı Mekanizmanın ve Deney Yönteminin Etkisi

Aşınma direncini belirlemeye yönelik olarak birçok deney yöntemi bulunmaktadır. Bu yöntemler çeşitli ülke standartlarında yer almaktadır. Bu yöntemlerin aşındırma mekanizmasına bağlı olarak farklı sonuçların elde edilebileceği ortadadır.

Bu bağlamda, farklı aşındırıcı etkileri bulunan çivili lastikler ve zincirlere de değinmek gerekmektedir. Her ne kadar betonun yüzey sertliği ve genel olarak nitelikleri yüksek olsa da zincirli ve çivili lastik tekerleklerin aşındırma etkilerinden zarar görebilir. Kum gibi aşındırıcı malzemeler sıklıkla kaygan yollara uygulanmakta ve böylece tekerleklerin söz konusu koşullarda güvenle yola tutunmaları amaçlanmaktadır. Ancak edinilen tecrübelere göre kışın yollara serilen kumlar, aşınma direnci yüksek sayılabilecek beton yüzeylerinde dahi sınırlı ölçülerde de olsa aşındırmaya neden olmaktadırlar.

Zincirli tekerleklerin aşındırma mekanizması, dövme ve sürtünme etkisine benzer olarak cereyan etmektedir. Çivili lastikler ise özellikle dinamik darbe etkisiyle beton yüzeylere önemli ölçüde zararlar vermektedir. Yine bu tür aşındırıcı etkilere karşı da yukarıda sözü edilen ya da benzeri önlemlere başvurmak gerekmektedir.

1.5.2. Aşınma Direncini Artırmaya Yönelik Öneriler

Yukarıda ele alınan 1.5.1 bölümünde, aşınma direncine etkiyen unsurlar büyük ölçüde ayrıntılarıyla tartışılmıştır. Bunlara ek olarak ACI 201.2R (1992)'de yer alan önerilere de burada yer verilmesi gerekmektedir.

1. Uygun kıvam ve dayanım seçilmeli. Ancak bu dayanımı sağlamak için aşağıda gösterilen yollara uymak gerekir.
   a) Beton yüzeylerde düşük W/C oranı seçilmeli. Bu da su indirgeyici katkıların kullanılması, su kusmayı önleyecek şekilde bir bileşimin hazırlanması, perdahlama yapılırken zamanlamanın doğru seçilmesi ve perdahlama kolaylığı sağlamak için su ilavesinden kaçınılması ve ayrıca fazla suyun vakumlanması işlem ve önlemleriyle sağlanabilir.
   b) Uygun ince ve kaba agrega tane dağılımı (A çizgisine yakın) sağlanmalı. En büyük tane çapı, en uygun işlenebilirlik ve en düşük karma suyu gereksinimine göre belirlenmeli.
   c) Uygun yerleştirme ve sıkıştırma koşulları sağlanmalı ve bunun göstergesi olarak da en düşük serbest çökme kıvamı (koyu kıvam) seçilmeli.
   d) Hava içeriği çevre şartları da dikkate alınarak belirlenmeli. Kapalı mekanlardaki taban betonları, donma-çözülme etkisine maruz kalmayacağı için bunların boşluk içeriği %3 oranında veya daha düşük olarak seçilebilir. Diğer yandan perdahlama işlemi doğru bir zamanlama ile gerçekleştirilmezse betonun dayanımını düşüren fazladan hava kabarcıkları oluşabilir. Kuru serpme yönteminin uygulanması durumunda ise ek önlemler alınmadan betona hava sürüklenmemelidir.
2. İki tabakalı beton uygulamalarında, yüzey betonunun dayanımının 40 MPa sınırının üzerinde seçilmesi, aşınma dayanımını önemli ölçüde yükseltmektedir. Bu alanda uygulanan beton agregasının tane üst boyutu ise genellikle 12.5 mm olarak alınmalıdır.

3. Özel beton agregaları; verilen bir W/C oranı için, belirlenen agrega türü ve tane dağılımı, aynı zamanda aşınma direncini de artırmaktadır. Bu çeşit yüksek dayanım ve sertlik özelliğine sahip agregalar kuru serpme ve yüksek dayanımlı yüzey uygulamalarında kullanılmaktadır.
4. Uygun perdahlama süreci; beton yüzeyi üzerinde biriken suyun emilmesine ve bu sebeple oluşan parlaklığın kaybolmasına kadar, öngörülen malalama ve perdahlama işlemi geciktirilmelidir. Aksi halde bu suyla birlikte malalama ve perdahlama işlemi yapılırsa beton yüzeyinde bozulmalar ve dayanım düşüşleri görülür. Bu geciktirme sırasında havanın sıcaklığı, nemi ve hareketi de dikkate alınmalıdır.
5. Yüzey suyunu emdirme yöntemi; bu yöntem, betonun yerleştirilmeden hemen sonra yüzeyde biriken suyun alınması anlamına gelmektedir. Bu işlem yüzey betonunun W/C oranını düşürmekle birlikte, şu halde bu sakıncanın önüne geçmek için perdahlama işleminin zamanlaması başta olmak üzere diğer adımların doğru atılmasına özen gösterilmelidir. Ayrıca vakum aracının kenarlarına doğru da özdeş ölçüde su emme sağlanmalıdır.
6. Özel kuru serpme ve aşınma tabakası oluşturma; şiddetli aşınma durumu söz konusu olduğu takdirde bu yöntemlere başvurulabilir.
7. Uygun bakım süreci; bu süreç uygun bir yöntemle sürdürülmeli ve tamamlanmalıdır. Bu kapsamda özellikle ıslak kür ve su kürü uygulamasına yer verilmelidir.

1.6. Çalışmanın Amacı ve Kapsamı

Bu çalışmanın temel amacı TS EN 197-1'de tanımlanan farklı puzolanik bileşime sahip çimento türlerinin, TS EN 206'da belirtilen çevresel etki sınıflarından kimyasal (XA) ve/veya mekanik (XM) etkilere karşı dayanıklılıklarının incelenmesidir. Çalışma, bu amaca yönelik olarak üç aşamadan oluşmakta ve buna göre 5 farklı puzolanik bileşenin değişik oranlarda kullanılmasıyla üretilen 7 farklı çimento türünden elde edilen harçlar, hava sürükleyici katkı malzemesi ilavesi ile de çeşitlendirilerek bir yıl boyunca 7 farklı kür süresinde, esas olarak basınç, eğilme ve aşınma deneylerine tabi tutulmuşlardır. Sülfat etkisiyle meydana gelen bozulma ve değişimler ise ayrıca petrografik (ince kesit) incelemeler ve XRPD ölçümleriyle gözlemlenmiş bulunmaktadır. Üç yüzü aşkın harç numunesi kullanılan bu çalışmada izlenen üç deney ve gözlem aşaması ise aşağıdaki gibidir:

1. Çimento harç örneklerinin sülfatlı ortamda dayanıklılıklarının belirlenmesi,
2. Çimento harç örneklerinin aşınma etkisi altında dayanıklılıklarının belirlenmesi,
3. Çimento harç örneklerinin önce sülfatlı ortama maruz bırakılıp daha sonra aşınma etkisi altında dayanıklılıklarının belirlenmesi.

Bu çalışmayı diğer çalışmalardan ayırması düşünülen en önemli üç husus ise;

1. Şimdiye kadar yapılan çalışmalarda genellikle sıkı yapılı harçlar üretilmekte ve deneyler sonucunda çıkan olumlu etkilerin hamurun sıkı yapısından mı yoksa ilave edilen minerallerin etkisiyle mi ortaya çıktığı açıkça anlaşılamamaktadır. Buna mukabil bu çalışmada nispeten yüksek boşluk oranına sahip harç örnekleri deneyleri tabi tutulmuş bulunmaktadır.
2. Yapılan kaynak araştırması sonucunda kimyasal (sülfatlı) etkilere maruz bırakılan betonun (harcın) aşınma direncini belirlemeye yönelik bir çalışmaya rastlanmamıştır. Bu çalışmada belirli süre sülfatlı ortam etkisine maruz kalan harç örneklerinin aşınma dirençlerinin de belirlenmesi amaçlanmaktadır.
3. Bu kapsamda çimento bileşiminin, çimento harcının aşınma direncine etkisi de ayrıca tartışılmaktadır.

2. DENEYSEL ÇALIŞMALAR, YÖNTEM VE MALZEME ÖZELLİKLERİ

2.1. Deney Yönergesi

Bu çalışmanın temel amacı, çimento harçlarının sülfatlı ortamlara ve/veya aşınmaya karşı göstereceği direnç üzerindeki etkenlerin belirlenmesine ve bu etkenlere karşı direncin artırılmasına yönelik alınması gereken bazı önlemleri ortaya koymaktır. Bu amaca uygun olarak 7 farklı çimento türü hazırlanarak, bunlardan 2 farklı boşluk oranına sahip harç üretilmiş ve bu örnekler sülfat içeren ve içermeyen olmak üzere 2 farklı kür ortamına maruz bırakılmıştır. Numunelerin kür süreleri 2, 7, 28, 90, 180, 270 ve 360 gün olarak seçilmiştir. Günü gelen numuneler ilgili standartlara uygun olarak eğilme, basınç ve Böhme aşındırma deneylerine tabi tutulmuşlardır.

Bunun yanında sülfat etkisine maruz bırakılan ve suda kür edilen numuneler, içyapılarındaki kimyasal ve mineralojik değişimlerin karşılaştırmalı olarak tespiti için, ince kesit ve toz yöntemiyle X-ışınları kırınımı incelemelerine tabi tutulmuştur. Bu bölümde genel olarak yapılan deneysel çalışmalar ve bu çalışmalar sırasında uygulanan yöntemler tanıtılmış olacaktır. Bu kapsamda Şekil 20'de her bir çimento örneği için ayrı ayrı uygulanan deney yöntemleri sıralanmaktadır. İlerleyen bölümlerde ise bu yöntemlerin uygulanması ayrıntılarıyla tartışılacaktır.

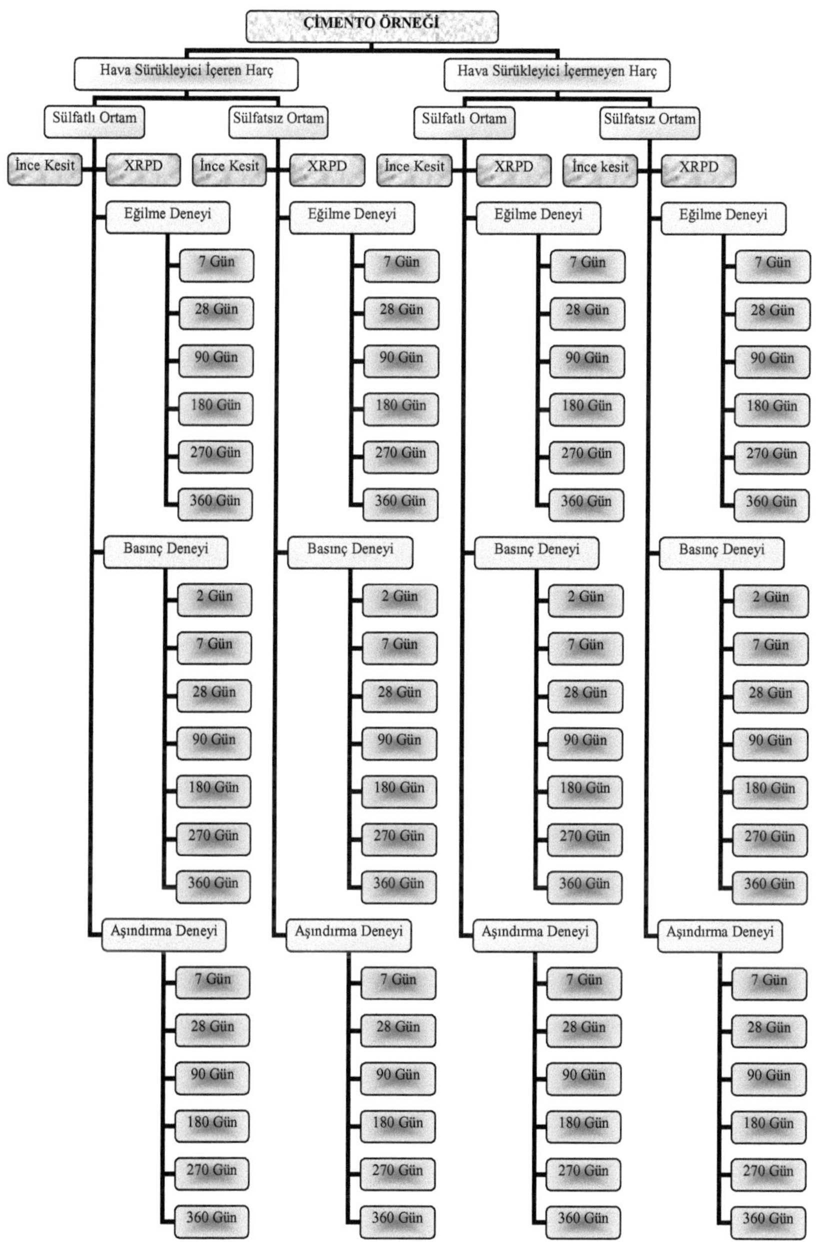

Şekil 20. Deney yönergesi (yedi çeşit çimento örneği için ayrı ayrı uygulanmıştır)

2.2. Yöntem

2.2.1. Çimento Harçlarının Hazırlanması

Deneyler için hazırlanan çimento harç numuneleri, TS EN 196-1 "Çimento deney metodları" standardına uygun olarak Aşkale Trabzon Çimento Fabrikası laboratuvarlarında üretilmiştir. Buna göre numuneler, boyutları 160 mm × 40 mm × 40 mm olacak biçimde tasarlanmış üçlü prizma kalıplara dökülmüştür.

Harcın bileşim oranları kütlece bir kısım çimento, üç kısım standart kum ve ½ kısım su (su/çimento oranı 0.50) şeklindedir. Buna göre üç deney prizmasına yetecek her kalıp takımı için öngörülen karışım 450 g çimento, 1350 g kum ve 225 g sudan ibaret olmaktadır. Daha sonra bu bileşim, adı geçen standarda uygun olarak, özel karıştırıcı (Şekil 21) içerisinde 2 dakika 30 sn süreyle karıştırılır.

Deney programında yer aldığı üzere, bazı numunelere nispeten daha boşluklu bir yapı kazandırmak amacıyla hava sürükleyici katkı maddesi ilave edilmiştir. Buna göre 450 g çimento için 0.4 g (yalnız CEM I örneğinde 0.5 g) hava sürükleyici katkı maddesi, kullanım kılavuzuna uygun olarak karma suyunun kalan yarısına ilave edilerek uygulanmıştır. Hava sürükleyici madde içeren harçlarda beklenildiği gibi kabarma ve hacim artışı tespit edilmiştir.

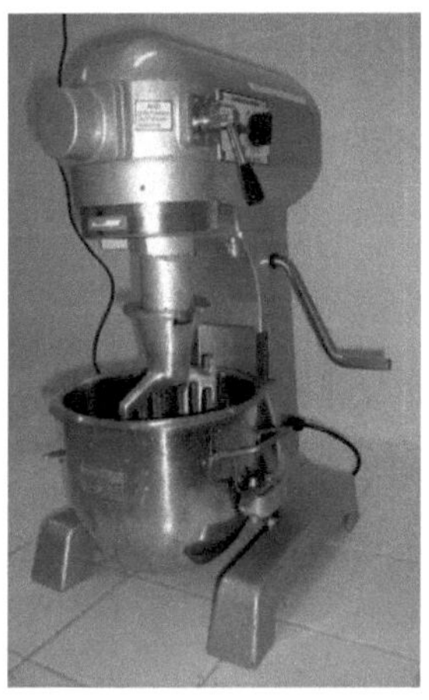

Şekil 21. Özel tasarım çimento harç karıştırıcısı

Hazırlanan harç bekletilmeden kalıplara doldurulup sıkıştırılır. Bu işlem iki aşamada gerçekleştirilir. İlk aşamada bir miktar harç üçlü prizma kalıba konulup kalıba yayılarak, yine aynı standarda uygun olarak tasarlanmış sarsma cihazına (Şekil 22) yerleştirildikten sonra 60 sarsma uygulaması ile sıkıştırılır. Kapta geri kalan harç, kalıpların yakası hizasına kadar doldurulup üzeri düzlenerek yeniden 60 sarsma uygulamasına tabi tutulur. Daha sonra yaka kaldırılıp (Şekil 23), kalıbın yüzeyi sıyrılarak, düzeltilir (Şekil 24).

Şekil 22. Özel tasarlanmış sarsma cihazı (şok masası)

a)Hava sürükleyici içermeyen harç numunesi

b)Hava sürükleyici içeren numunedeki kabarma

Şekil 23. Hava sürükleyici içeren ve içermeyen harç numunelerin sarsma işlemi sonrası durumları

Şekil 24. Kalıpta üzeri düzeltilmiş harç numuneleri

2.2.2. Numunelerin Deneylere Hazırlanması

Sarsma düzeneğinden alınan kalıplar, üzerlerine cam bir plaka yerleştirildikten sonra, standarda uygun nem ortamına bırakılır (Şekil 25). Numuneler nem ortamında 24 saat bekletildikten sonra kalıpları sökülüp, sudan etkilenmeyen kalemle isimlendirilerek kür havuzuna konur (Şekil 26). Suyun sıcaklığı 20±1 °C olmalıdır. Numuneler kür havuzundan çıkarıldıktan sonra en geç 15 dakika içerisinde deneylere tabi tutulmalıdır.

Şekil 25. Özel tasarlanmış nem dolabı

Şekil 26. Kür havuzu

2.2.3. Sülfatlı Kür Ortamı

Deney programına uygun olarak numunelerin bir kısmı sülfatlı ortam etkisine maruz bırakılması gerekmektedir. Bu sülfatlı kür ortamı TS EN 206 (2002)'de yer alan çevresel etki sınıflarındaki sülfat içeriğine göre düzenlenmiş olup bu standartta ifade edilen "XA3, çok zararlı kimyasal ortam" tanımına uygun şekilde terkip edilmiştir. Buna göre, söz konusu ortam musluk suyuna 6000 mg/kg oranında $Na(SO)_4$ eklemek suretiyle oluşturulmuştur. Bu sülfatlı su ortamı, bir yıllık deney süresi boyunca aylık dönemlerle yenilenmiştir.

Musluk suyunun pH değeri yaklaşık 7.5 iken, yukarıda ifade edilen oranda $Na(SO)_4$ ilavesiyle bu değer 8.5 düzeyine çıkmıştır. Belirtilen zaman aralıklarında kür suları değiştirilirken pH değerleri de 10.5 ila 12.0 arasında değişen değerlere çıktığı gözlemlenmiştir. Bu da harç numunelerinin, sülfatlı ortamda tepkimeye girerek ortamın pH değerini düşürdüğünü ve ortamı bazik özellikli duruma getirdiğini göstermektedir. Çalışma sırasında ortamın asitlik derecesini sabit tutacak bir önleme (asit ilavesi gibi) başvurulmamıştır.

2.2.4. Kimyasal Bileşenlerin Tayini

Kimyasal bileşenlerin tayini TS EN 196-2 (2002)'ye göre yapılmıştır. Kimyasal analiz sonuçları Aşkale Trabzon Çimento Fabrikası, Kimyasal Analiz Laboratuvarlarında gerçekleştirilen deneyler sonunda elde edilmiştir.

2.2.5. Deneylerin Uygulanması

Kür havuzunda bekleyen numuneler başlıca üç deneye tabi tutulmuştur. Bunlar eğilme dayanımı, basınç dayanımı ve Böhme yüzeysel aşındırma deneyleridir.

2.2.5.1. Eğilme Dayanımı Deneyi

Boyutları 40 mm × 40 mm × 160 mm olan prizma numuneler deney aletine (Şekil 27) yan yüzeylerden biri üzerine ve uzunluğuna, ekseni mesnet silindirlerinin eksenine dik olacak şekilde yerleştirilir. Yükleme, yükleyici silindir aracılığı ile prizmanın karşı yan yüzünden eksenine dik olarak uygulanır ve 50 ± 10 N/s hızında artırılarak numune kırılıncaya kadar sürdürülür. İki parçaya bölünmüş olan yarım prizmalar basınç dayanım deneyine kadar ıslak bir bezle sarılarak muhafaza edilir.
Eğilme dayanımı R_f, N/mm^2 olarak aşağıdaki eşitlik yardımıyla hesaplanır.

$$R_f = \frac{1.5 \times F_f \times l}{b^3} \qquad (24)$$

Burada;

R_f: Eğilme dayanımı (N/mm^2),

b : Prizma kare kesitinin kenar uzunluğu (mm),

F_f: Prizmanın kırıldığı anda ortasına uygulanan en büyük yük kuvveti (N),

l : Mesnet silindirleri arasındaki uzaklık (mm)'dır.

2.2.5.2. Basınç Dayanımı Deneyi

Eğilme dayanımı sonrası kırılan numunenin iki yarım parçası ayrı ayrı basınç dayanımına tabi tutulurlar. Böylece bir seferde üç kalıp halinde dökülen bir harç numunesinden altı farklı değer elde edilmiş olur.

Yarım prizmalar, cihazın plâkaları arasına ± 0.5 mm'den fazla taşmayacak şekilde merkezlenerek ve prizmanın arka yüzü plakadan veya yardımcı plakalardan 10 mm taşacak şekilde uzunlamasına yerleştirilir.

Basınç aletinin çene alanı 40 mm × 40 mm'dir (Şekil 27). Yükleme 2400 ± 200 N/s hızla, prizma kırılıncaya kadar artırılarak sürdürülür.

Basınç dayanımı R_c, aşağıdaki eşitlik yardımıyla hesaplanır:

$$R_c = \frac{F_c}{1600} \qquad (25)$$

Burada;

R_c: Basınç dayanımı (N/mm^2),

F : Kırılma anındaki en büyük yük kuvveti (N),

1600 : Plâkaların veya yardımcı plâkaların (40 mm × 40 mm) alanı (mm^2)'dır.

a) Eğilme başlığı b) Basınç başlığı

Şekil 27. Eğilme ve basınç dayanımı cihazı

2.2.5.3. Böhme Yüzeysel Aşınma Deneyi

Böhme yüzeysel aşındırma düzeneği, döner bir aşındırma tablası ile deney numunesinin yerleştirildiği ve numuneyi dönen tabla üzerine belirli bir basınç ile bastıracak donanımdan oluşan bir düzenektir (Şekil 28). Düzenekte, yaklaşık 750 mm çapındaki tablanın, çalıştırıldığında 30 ± 1 devir/da hızla dönmesini sağlayan ve devir sayısını gösteren bir sayaç ve her 22 devir tamamlandığında, aleti otomatik olarak durduracak bir tertibat da mevcut bulunmaktadır. Döner tablanın üzerinde, düşey dönme eksenine 120 mm - 320 mm uzaklıkta, halka biçiminde 200 mm genişliğinde dökme demirden yapılmış, gerektiğinde çıkarılıp değiştirilebilecek bir sürtünme şeridi bulunmaktadır. Sürtünme şeridinin yapıldığı dökme demirde fosfor miktarının kütlece %0.35'den fazla, karbon miktarının ise % 3'den az olmaması şart koşulmaktadır. Sürtünme şeridinin Brinell sertlik değeri 1900 N/mm^2 - 2200 N/mm^2 arasında olmalıdır. Alette, deney numunesinin yerleştirilebileceği yaklaşık 40 mm yükseklikte, bir tarafı açık dökme demir veya çelikten yapılmış bir tutucu çerçeve de ayrıca bulunmaktadır.

Kolu üzerinde bir denge kütlesi bulunan çelikten bir manivela, deney numunesine 300 ± 3 N kadar yük etki edecek şekilde düzenlenmiştir (Şekil 28). Deneyler sırasında büyük oranda korunddan (Al_2O_3) oluşan zımpara tozu aşındırma amacıyla kullanılmaktadır.

Böhme yüzey aşındırma deneyi, deney sonunda numunelerin kalınlıklarında veya hacimlerinde meydana gelen azalmanın ölçülmesi ve değerlendirilmesiyle tamamlanmış olur. Aşınma kaybı, kalınlıktaki azalmanın ölçülmesi yolu ile tayin edilmek istendiğinde, hazırlanmış olan deney numunelerinin her birinin kalınlıkları 0.01 mm hassasiyetle ölçülerek belirlenir. Bu çalışmada da sonuçlar kalınlıkların ölçülmesi suretiyle değerlendirilmiştir.

Yukarıda açıklandığı şekilde kalınlığı veya hacmi belirlenmiş olan deney numuneleri, en az 48 saat süre ile oda sıcaklığında ve % 40 - % 60 bağıl nemli ortamında bekletilmek suretiyle ve havada kurutulduktan sonra, Böhme yüzey aşındırma aletinin deney numunesi tutucu çerçevesi içine yerleştirilir. Bu aşamada sürtünme şeridi üzerine 20 ± 0.5 g zımpara tozu serpilir. Deney numunesine çelik manivela aracılığı ile 300 ± 3 N'luk kuvvet uygulanarak numunenin sürtünme şeridine bastırılması sağlandıktan sonra alet çalıştırılıp disk harekete geçirilir. Tablanın dönme hareketi sırasında sürtünme şeridi dışına çıkan zımpara tozlarının uygun bir düzenek ile tekrar sürtünme şeridi üzerinde toplanması sağlanır.

Her 22 devir sonunda otomatik olarak duran tabla üzerindeki zımpara tozları ve aşınma ile deney numunesinden ayrılan parçalar uygun bir fırça ile temizlenir ve sürtünme şeridi üzerine yeniden 20 ± 0.5 g zımpara tozu serpilir. Böylece her biri 22'şer devirlik 20 kez tekrarla toplam 440 devir tamamlanmış olur.

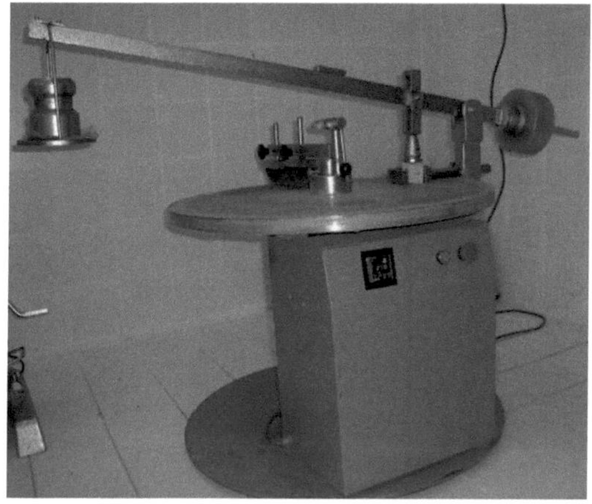

Şekil 28. Böhme yüzeysel aşınma cihazı

Deney numunesi, 440 aşındırma devrinden sonra, sert bir fırça ile iyice temizlenir ve numune kalınlığı aşındırma boyutu doğrultusunda 0.01 mm hassasiyetle ölçülür. Bu çok noktalı ölçümlerin aritmetik ortalaması alınarak numunenin deneyden sonraki kalınlığı bulunur. Böylece ilk boy ile son boy arasındaki fark aşınma miktarı olarak belirlenmiş olur.

TS 699 (1987)'da bu deney için numune boyutları 71 mm × 71 mm × 71 mm olarak verilmektedir. Ancak bu çalışmada harç kalıpları 40 mm × 40 mm × 160 mm boyutlarında olduğu için, bu prizma numunelerden 40 mm × 40 mm × 50 mm boyutlarında parçalar kesilerek 40 mm × 40 mm'lik bir yüzeyi aşındırma etkisine tabi olacak şekilde deney aletine yerleştirilmiştir.

2.2.6. İnce Kesit Örneklerinin Hazırlanması ve İncelenmesi

Sertleşmiş harç örneklerinin mineralojik incelemeleri, KTÜ Gümüşhane Mühendislik Fakültesi, "Taş Kesme ve Parlatma Laboratuarı"nda ve "Optik Mineraloji Laboratuvarı"nda gerçekleştirilmiştir. Hazırlanan 0.02 mm kalınlığındaki ince kesit örnekleri ise "Nikon Eclipse-E400·POL·230V~0.4A·50/60" marka polarizan mikroskop yardımıyla incelemeden geçirilmiştir.

Söz konusu örneklerde özellikle hamur yapıları ve hamur içerisindeki boşluklarda ve boşlukların etrafında sülfat etkisiyle meydana gelen oluşumlar tanımlanmaya çalışılmıştır. Prizma harç örneklerinden kesit alınırken, daha çok sülfat etkisine maruz kalan ve bu etkiyle meydana gelen oluşumların daha belirgin olacağı yüzeye yakın yerler seçilmiştir. Çalışmada yer alan ince kesit incelemeleri dokuzuncu ayda gerçekleştirilmiştir.

2.2.7. Toz Yöntemiyle X-Işınları Kırınımı (XRPD) İncelemeleri

Sertleşmiş harç örneklerindeki mineral türlerinin doğrulanması için, KTÜ Fizik Bölümü, "Katıhal Fiziği Araştırma Laboratuarı"nda, toz yöntemiyle X-ışınları kırınımı ölçümleri gerçekleştirilmiştir. Bu ölçümler sırasında, Rigaku D/MAX-IIIC türü cihaz, Cu Kα (λ=1.54059Å) radyasyonu kullanılarak, 40kV ve 100mA'de çalıştırılmış olup 2Θ açısı 5° ila 50° arasında ve adım aralığı ise 0.05 olarak seçilmiştir. Mineral türlerinin belirlenmesinde ise MDI JADE7 adlı programdan yararlanılmıştır. Ayrıca yine bu program sayesinde bu işlem sırasında karşılaşılan minerallerin alanları da tespit edilerek, bu minerallerin örnekteki nicelikleri (bollukları) konusunda fikir edinilmiş olmaktadır. Yapılan XRPD incelemeleri onuncu aydaki durumu yansıtmaktadır.

Sülfat etkisini inceleyen birçok çalışmada XRPD analizlerinin, ince veya iri agrega içermeyen çimento hamur örnekleri üzerinde yapıldığı anlatılmaktadır. Bu çalışmada, daha gerçekçi bir yaklaşımla, üretilmiş çimento harçlarından örnekler alınarak XRPD incelemeleri yapılmıştır. Ancak burada özellikle dikkat edilen bir husus; örnekler içerisinde oluşan etrenjit ve jips minerallerinin öğütülüp zarar görmemeleri için, öğütme işlemi sürecinin fazla uzun tutulmamasıdır. Bu arada daha sert bir yapıya sahip kum tanecikleri kısmen öğütülmemiş olarak 0.2 mm göz açıklıklı elekle elendikten sonra numuneden ayrılmıştır. Prizma harç örneklerinden öğütülmek üzere numune alınırken, ince kesit örneklerinde olduğu gibi, yine daha çok sülfat etkisine maruz kalan ve bu etkiyle meydana gelen oluşumların daha belirgin olacağı, yüzeye yakın yerler seçilmiştir.

Kaynaklarda, sülfat etkisine maruz kalan betonlar için yapılan XRPD incelemelerinde farklı kimyasal bileşim ve farklı JCPDS (1976) kart numarasına sahip etrenjit mineralleri aranmaktadır. Bu sebeple bu çalışmada bu kaynaklardaki verilerin birleştirilmesi yoluna gidilerek Çizelge 5'te gösterildiği şekliyle etrenjit minerali tespit edilmeye çalışılmıştır. Jips minerali için de yine benzer bir durum söz konusudur. Bununla birlikte kaynaklarda yer alan bazı bileşenler de ayrıca tespit edilmiştir.

Çizelge 5. XRPD incelemesinde aranan mineraller ve JCPDS (1976) kart numaraları

Mineral Adı	JCPDS Kart No	Kaynak
$Ca_6Al_2(SO_4)_3(OH)_{12}\cdot 26H_2O$ (Etrenjit)	41-1451 37-1476 9-414	Christensen vd., 2004 Abdel-Wahab, 2003 Perkins ve Palmer, 1999
$CaSO_4\cdot 2H_2O$ (Jips)	33-311 6-0046	Christensen vd., 2004 Perkins ve Palmer, 1999
$CaSO_4$ (Anhidrit)	6-226	
$Ca_4Al_2O_7$ $19H_2O$	14-628	Christensen vd., 2004
$Ca_2Al_2O_5$ $8H_2O$		Christensen vd., 2004
$Ca_3Al_2O_6\cdot CaSO4\cdot 13H_2O$ (Monosülfat)	11-179	Abdel-Wahab, 2003
$Ca_4Al_2O_6(SO_4)$ $14H_2O$	42-62	Christensen vd., 2004
$Ca_3Al_2(OH)_{12}$	24-217	Christensen vd., 2004

2.2.8. Kütlece Su Emme Oranı, Görünür Özgül Kütle ve Görünür Boşluk Oranının Tespiti

Çimento harç örneklerinin, mekanik özellikleriyle ilişkisini ortaya koymak üzere bazı fiziksel özellikleri (kütlece su emme oranı, görünür özgül kütle ve görünür boşluk oranı) belirlenirken, TS 3624 (1981) standardında yer alan ilkeler temel alınmıştır.

Aşağıda sunulan hesaplamaların yapılabilmesi için adı geçen standartta belirtilen ön işlem aşamalarının da yerine getirilmesi gerekmektedir. Bunlar sırasıyla: Etüv kurusu kütle; numunenin 24 saat ve/veya kütlesi sabit kalıncaya kadar, fırında (etüv) 100-110 °C sıcaklıkta kurutulduktan sonra bulunan kütlesini (A),
Suya doygun kütle (kaynatılarak); numunenin 48 saat ve/veya sabit kütleye ulaşıncaya kadar oda sıcaklığında su içerisinde bekletildikten sonra, 5 saat boyunca su içinde kaynatılması ve akabinde en az 14 saat boyunca soğumaya bırakılması sonucunda elde edilen kütlesini (C),

Su içerisinde kütle ise; yukarıda ifade edildiği üzere kaynatılarak suya doygun hale getirilen numunenin, su içinde asılı kütlesini (D) ifade etmek üzere;

Kütlece su emme oranı (%);

$$m_1 = \frac{C-A}{A} \times 100 \qquad (26)$$

Görünür özgül kütle (g/cm^3);

$$S_g = \frac{A}{A-D} \qquad (27)$$

Görünür boşluk oranı (%);

$$b_0 = \frac{C-A}{C-D} \times 100 \qquad (28)$$

bağıntıları ile hesaplanmış bulunmaktadır.

2.3. Malzeme Seçimi

Deneysel çalışmalar sırasında yedi tür çimento üretilmiştir. Bunların üretimi piyasadan temin edilen CEM I 42.5 R türü çimentoya diğer bileşenleri (uçucu kül, silis dumanı, doğal puzolan, yüksek fırın cürufu ve kalker) katmak suretiyle gerçekleştirilmiştir. Böylece oluşturulan çimentoların bileşim oranları Çizelge 6'da verilmektedir. Örnek çimento adlandırmaları, kolaylık olması bakımından, bileşimlerine göre TS EN 197-1'de yer aldıkları çimento sınıfıyla anılmıştır.

Bileşim oranları seçilirken en az iki farklı bileşimin birbiriyle karşılaştırılabilir olmasına dikkat edilmiştir. Yani genel olarak diğer altı çimento türü CEM I örneğiyle mukayese edilirken, aynı zamanda çeşitlendirilen bileşim oranlarının da birbiriyle (CEM II/A-M, CEM II/B-M ile, CEM IV/A, CEM IV/B ile ve CEM V/A, CEM V/B ile) mukayese edilme imkanı sunulmuş bulunmaktadır.

Bu malzemelerin TS EN 197-1 (2002)'deki kısa tanımları, fiziksel ve kimyasal özellikleri aşağıdaki başlıklar altında açıklanmaktadır. Ayrıca numunelerin boşluk oranını artırmak için kullanılan hava sürükleyicinin özellikleri de yine aşağıda yer almaktadır.

Çizelge 6. Çimento bileşim oranları (% kütle)

Örnek	CEM I 42.5	Yüksek Fırın Cürufu	Silis Dumanı	Doğal Puzolan	Uçucu Kül	Kalker
CEM I	100	-	-	-	-	-
CEM II/A-M	85	3	3	3	3	3
CEM II/B-M	75	5	5	5	5	5
CEM IV/A	70	-	5	15	10	-
CEM IV/B	55	-	5	20	20	-
CEM V/A	45	20	-	20	15	-
CEM V/B	35	40	-	15	10	-

2.3.1. Portland Çimentosu

Portland çimentosu klinkeri, kütlece en az 2/3 oranında kalsiyum silikatlardan (3CaO. SiO_2 ve 2CaO. SiO_2) ve geri kalanı alüminyum ve demir ihtiva eden klinker fazları ile diğer bileşiklerden oluşan hidrolik bir maddedir. Kütlece CaO/SiO_2 oranı 2.0'dan az olmamalıdır. MgO muhtevası kütlece % 5'den fazla olmamalıdır (TS EN 197-1, 2002).

Deneyler sırasında Ünye Çimento Fabrikası tarafından üretilen CEM I 42.5 R türü çimento kullanılmıştır. Bu çimentonun kimyasal özellikleri Çizelge 7'te verilmektedir. Bu çizelgede görüldüğü gibi MgO oranı standartta belirtilen sınırın oldukça altında kalmakta ve CaO/SiO_2 oranı da istenilen şartları sağlamaktadır (3.12 > 2.00).

Çizelge 7. Portland çimentosunun kimyasal özellikleri (% kütle)

SiO_2	Al_2O_3	Fe_2O_3	CaO	MgO	SO_3	Kızdırma Kaybı	Toplam
18.81	5.43	3.05	58.75	1.21	2.94	5.14	95.33

2.3.2. Granüle Yüksek Fırın Cürufu

Granüle yüksek fırın cürufu, demir cevheri yüksek fırında ergitilip arıtılırken elde edilen uygun bileşimdeki ergimiş cürufun hızla soğutulması ile elde edilmektedir. Kütlece en az 2/3 oranında camsı yapılanma içeren cüruf, hidrolik özellikler göstermektedir. Granüle yüksek fırın cürufunun kütlece en az 2/3'ü kalsiyum oksit (CaO), magnezyum oksit (MgO) ve silisyum dioksit (SiO_2) toplamından ibaret olmalıdır. Geri kalan kısmı ise az miktarda diğer bileşiklerle birlikte alüminyum oksitten (Al_2O_3) oluşur. Kütlece (CaO+MgO) / (SiO_2) oranı 1.0'den fazla olmalıdır (TS EN 197-1, 2002).

Deneyler sırasında Ereğli Demir Çelik Fabrikasından temin edilen ve kimyasal bileşimi Çizelge 8'te verilen Yüksek Fırın Cürufu kullanılmıştır.

Çizelge 8. Yüksek Fırın Cürufunun kimyasal bileşimi (% kütle) ve fiziksel özellikleri

SiO_2	Al_2O_3	Fe_2O_3	CaO	MgO	SO_3	Na_2O	K_2O	Toplam (%)	Özgül kütle (g/cm^3)
36.7	14.68	0.96	34.61	9.63	0.98	0.48	1.02	99.06	2.82

Bu oranlar TS EN 197-1'de öngörülen koşullarla değerlendirildiğinde;

CaO + MgO + SiO_2 = % 80.94 > % 66.67 ve

(CaO+MgO) / (SiO_2) = 1.2 > 1.0 olarak çıktığı görülür. Buna göre kullanılan yüksek fırın cürufu TS EN 197-1'de öngörülen koşulları sağlamış olmaktadır.

2.3.3. Silis Dumanı

Silis dumanı, silisyum ve ferrosilisyum alaşım malzemelerinin üretimi sırasında elde edilmektedir. Yüksek oranda kuvars içeren bu malzeme kömürle birlikte elektrik ark fırınlarında indirgeme sonucu ortaya çıkarılmaktadır. Kütlece en az % 85 oranında amorf silisyum dioksit içeren silis dumanı, çok ince yuvarlak taneciklerden ibarettir.

Silis dumanı aşağıdaki özelliklere sahip olmalıdır.

1. EN 196-2'ye göre, ancak 1 saat süreyle kızdırma kaybı tayini işlemi sonunda kütle kaybı %4.0'ü geçmemelidir.
2. İşlem görmemiş silis dumanının özgül yüzeyi (BET), ISO 9277'ye göre deneye tabi tutulduğunda, en az 15.0 m^2 /g olmalıdır.

Elde bulunan silis dumanı örneği, Antalya Eti Elektroferrokrom A.Ş. tesislerinden temin edilmiştir. Fiziksel ve kimyasal özellikleri Çizelge 9'da verilen malzeme, yukarıda belirtilen koşulları sağlamaktadır.

Çizelge 9. Silis Dumanının fiziksel ve kimyasal özellikleri

SiO_2	Al_2O_3	Fe_2O_3	CaO	MgO	SO_3	Kızdırma Kaybı	Na_2O	K_2O	Toplam (%)	Özgül kütle (g/cm^3)	Özgül yüzey (cm^2/g)
87.02	3.82	0.93	1.96	0.85	0.87	1.12	0.43	1.82	98.82	2.18	200000

2.3.4. Doğal Puzolan

Puzolanik maddeler su ile karıştırıldığında kendi kendine sertleşmeyen ancak çok ince öğütüldüklerinde normal çevre sıcaklığında su ile birlikte çözünmüş kalsiyum hidroksit ($Ca(OH)_2$), ortamında tepkimeye girebilen malzemelerdir. Bu tepkimenin sonucunda kalsiyum silikat ve kalsiyum alüminat ortaya çıkmakta ve böylece dayanımı yükselten bir etki görülmektedir. Bu bileşikler, hidrolik maddelerin sertleşmesinde oluşan bileşiklerle benzerdir. Şu halde puzolanların temelde reaktif silisyum dioksit (SiO_2) ve alüminyum oksitten (Al_2O_3) meydana geldiği görülmektedir. Geri kalan kısmını ise demir oksit (Fe_2O_3) ve diğer oksitler oluşturmaktadır. Malzemenin sertleşmesinde asıl işlevi reaktif silisyum dioksit üstlenmektedir; dolayısıyla bunun oranı kütlece %25'ten az olmamalıdır.

Ülkemizin birçok yöresinde olduğu gibi Karadeniz Bölgesinde de puzolanik özelliği yüksek tras (doğal puzolan) yatakları oldukça fazla bulunmakta ve yine bu kaynakların çimentolarda kullanımı da oldukça yaygındır (Çavdar, 2004; Çavdar ve Yetgin, 2007). Nitekim bu çalışmadaki çimentolarda kullanılan doğal puzolan (tras), Aşkale Trabzon Çimento Fabrikasının halen kullanmakta olduğu Trabzon Araklı Taşönü Köyü'ndeki ocaktan temin edilmiştir. Kimyasal (Çizelge 10) ve fiziksel (Çizelge 11) özellikleri aşağıda verilen bu malzemelerin reaktif SiO_2 miktarı %39.84 (< %25.0) ile gerekli koşulu sağladığı açık olarak görülmektedir.

Çizelge 10. Doğal puzolanın kimyasal özellikleri (% kütle)

SiO_2	Al_2O_3	Fe_2O_3	CaO	MgO	SO_3	Kızdırma Kaybı	Na_2O	K_2O	Toplam	Çözünmeyen Kalıntı	Reaktif SiO_2
63.54	13.67	5.91	4.59	2.06	0.48	3.90	2.54	1.40	98.09	84.49	39.84

Çizelge 11. Doğal puzolanın fiziksel özellikleri

Özgül kütle (g/cm^3)	Özgül yüzey (cm^2/g)
2.29	4320

2.3.5. Uçucu Kül

Uçucu küller, püskürtme kömür yakılan fırınlardan çıkan baca gazı ile karışık toz taneciklerinin elektrostatik veya mekanik olarak çöktürülmesi ile elde edilmektedir. TS EN 197-1 (2002) standardında belirtilen özelliklere uygun olarak üretilen çimentolarda, genellikle diğer yöntemlerle elde edilen küller kullanılamamaktadır.

Uçucu küller büyük oranda silis veya kalker kaynaklı olabilmektedir. Silissi uçucu kül çeşitlerinin puzolanik özelliği bulunmaktadır. Kalkersi uçucu külün ise hidrolik özelliklerine ilaveten puzolanik özellikler de taşıdığı görülmektedir. Uçucu

külün EN 196-2 (2002)'ye göre tayin edilen, fakat kızdırma süresi bir saat olarak tutulan kızdırma kaybı, kütlece %5.0'i geçmemesi gerekmektedir.
Silissi uçucu kül (V) çoğunluğu puzolanik özelliklere sahip küresel partiküllerden ibaret toz inceliğinde bir yapıda olup, esas itibariyle reaktif silisyum dioksit (SiO_2) ve alüminyum oksitten (Al_2O_3) oluşmaktadır. Geri kalan kısmı ise demir oksit ve diğer bileşikler teşkil etmektedir.

Diğer yandan reaktif CaO oranı kütlece % 10'dan, serbest CaO oranı ise % 1'den fazla olmamalıdır. Serbest CaO muhtevası kütlece % 1'den fazla, % 2.5'dan az olan uçucu küller ise koşullu olarak yeterli sayılabilirler; bunun için kütlece %30 silissi uçucu kül ve standarda uygun %70 CEM I çimentosu ile hazırlanan karışımın TS EN 196-3 (2002)'ye göre deneye tabi tutulduğunda hacim genleşmesi miktarının 10 mm'yi geçmemesi yeterli görülmektedir. Ayrıca reaktif SiO_2 muhtevası kütlece % 25'den az olmamalıdır.

Hidrolik ve/veya puzolanik özelliklere sahip kalkersi uçucu küller (W) diğer özellikleri silissi uçucu külle özdeş olmakla birlikte farklı olarak %10 - %15 arasında reaktif kalsiyum oksit ihtiva etmektedirler. Diğer yandan reaktif kalsiyum oksit içeriği %15'den fazla ince öğütülmüş kalkersi uçucu külün, TS EN 196-1 (2002)'ye göre yapılan deneyde, 28 günlük basınç dayanımı en az 10 MPa olması istenmektedir. Uçucu küllerin haiz olması gereken diğer bazı özellikler ise TS EN 197-1 (2002)'de ayrıca yer almaktadır.

Deney sürecinde Manisa Soma Termik Santrali'nden temin edilen ve kimyasal özellikleri Çizelge 12'de verilen uçucu kül kullanılmıştır. Buradan görüldüğü gibi elde bulunan uçucu kül örneği %29.45 reaktif SiO_2 içeriği ile silissi uçucu kül sınıfına girmektedir. Kızdırma kaybı %0.91 içeriği ile de standartta belirtilen %5 sınırının altında bulunmaktadır. Ancak reaktif CaO içeriği de verilen standart değerin altında bulunmaktadır ve bu da bir miktar nitelik düşüşüne neden olabilecek bir duruma işaret etmektedir.

Çizelge 12. Uçucu külün fiziksel ve kimyasal özellikleri (%kütle)

SiO_2	Al_2O_3	Fe_2O_3	CaO	MgO	SO_3	Kızdırma Kaybı	Toplam	Reaktif SiO_2	Reaktif CaO
64.43	17.06	4.19	8.59	1.38	1.60	0.91	98.16	29.45	6.58

2.3.6. Kalker

TS EN 197-1 (2002)'ye göre kalker aşağıdaki özellikleri karşılamalıdır.

1. Kalsiyum oksit muhtevası üzerinden hesaplanan kalsiyum karbonat ($CaCO_3$) muhtevası kütlece en az % 75 olmalıdır.
2. EN 933-9'a göre metilen mavisi deneyi ile tayin edilen kil muhtevası 1.20 g/100 g oranını geçmemelidir. Bu deney için kalker, TS EN 196-6'ya uygun olarak belirlenen özgül yüzeyi yaklaşık 5000 cm/g olacak incelikte öğütülmelidir.
3. Toplam organik karbon muhtevası (TOC), pr EN 13639 (1999)'a göre tayin edildiğinde sonuç aşağıda belirtilen koşullardan birine uygun olmalıdır.
    - Kütlece % 0.20'yi aşmamalıdır (Bu tür kalkerler LL türü kalker olarak adlandırılır).
    - Kütlece % 0.50'yı aşmamalıdır (Bu tür kalkerler ise L türü kalker olarak adlandırılır).

Kalker örneği, Aşkale Trabzon Çimento Fabrikasının halen kullanmakta olduğu Gümüşhane İkisu'da bulunan kaynaktan temin edilmiştir. Fiziksel ve kimyasal özellikleri Çizelge 13'de verilmektedir. Yukarıda belirtilen ikinci ve üçüncü maddede öngörülen koşulları sağlayıp sağlamadığı konusunda malzeme üzerinde herhangi bir deney yapılmazken, $CaCO_3$+$MgCO_3$ toplamının %91.50 olmasından hareketle örneğimizin standartta belirtilen yeterliği sağladığı düşünülmektedir.

Çizelge 13. Kalkerin fiziksel ve kimyasal (%kütle) özellikleri

SiO_2	Al_2O_3	Fe_2O_3	CaO	MgO	Kızdırma Kaybı	Toplam	$CaCO_3+MgCO_3$	Özgül yüzey (cm^2/g)
4.55	1.89	1.57	48.95	1.06	40.57	98.59	91.50	5215

2.3.7. Hava Sürükleyici

Hava sürükleyiciler genellikle donma-çözülme etkisine karşı betona ilave edilmektedir (Jackson ve Dhir, 1996; Surahyo, 2002). Bu çalışmada ise farklı boşluk oranına sahip betonların özelliklerini irdelemek amacıyla, betonda boşluk miktarını artırarak çeşitlendirmek için numunelere bu katkı ilave edilmiş bulunmaktadır. Kullanılan katkı maddesi YKS Degussa firmasına ait MICRO AIR®200 adlı hava sürükleyici kimyasal bir üründür. Teknik özellikleri Çizelge 14'te verilen MICRO AIR®200, yağ alkolü ve amonyum tuzu esaslı, beton içerisine kontrollü hava sürükleyerek ve burada kalıcı, küçük ve uygun aralıklarla hava kabarcıkları oluşturan hava sürükleyici beton katkı malzemesi olarak üretilmektedir.

Bilindiği üzere hava sürükleyici katkı maddeleri betona veya harca hava sürüklerken dayanımda da önemli ölçüde düşüşe sebep olmaktadırlar. Bu nedenle bu tür ürünler hem ölçülü kullanılmalı hem de üretime geçilmeden önce bir deneme betonu üretilmelidir. Kullanım kılavuzuna göre bu ürün, her 100 g bağlayıcıya 0.09 – 0.20 g arasında ilave edilmelidir. Buna göre 450 g'lık bağlayıcı içeren numune üretimleri sırasında 0.4 g – 0.9 g arasında hava sürükleyici ilave edilebilecektir. Ancak yapılan deneme üretimleri sonucu 0.9 g, 0.5 g ve 0.4 g hava sürükleyici içeren numuneler arasında en uygun boşluk yapısının 0.4 g katkı ilavesiyle elde edildiği görülmüştür. Diğer oranlarda üretilen numuneler üzerinde yapılan bir günlük deney sonucunda kayda değer bir dayanım elde edilememiştir. Bununla birlikte sadece CEM I çimentosu içeren harç örneklerinde hava miktarı 0.5 g olarak uygulanmıştır.

Çizelge 14. Hava sürükleyici katkı malzemesinin teknik özellikleri

Malzemenin Yapısı	Yağ Alkolü ve Amonyum Tuzu esaslı
Renk	Amber
Yoğunluk	1.00 – 1.02 kg/litre
Klor İçeriği % (EN 480-10)	< 0.1
Alkali İçeriği % (EN 480-12)	< 10

2.4. Oluşturulan Çimentoların Fiziksel ve Kimyasal Özellikleri

Deneyler sırasında kullanılan yedi farklı çimento numunesi yukarıda özellikleri verilen puzolanik bileşenlerle oluşturulmuştur. Çizelge 15'te bu çimentoların kimyasal bileşimleri ayrı ayrı belirtilmiş olup, buradan görüldüğü gibi örneklerin SiO_2 içerikleri kütlece %18.81 ile %45.03 arasında değişmektedir. Öte yandan CaO bileşeni içeriği portland çimentosu örneğinde kütlece %58.75 iken, puzolanik ilavelerle üretilen örneklerde %28.08'e kadar gerilemiştir.

Örneklere ait elek analizi sonuçları ise (Çizelge 16), özellikle 90 μm eleğin üstünde kalan kütle oranının %10 sınırının altında bulunması ile özgül yüzey konusunda tatmin edici bir nitelik ortaya koyduğunu göstermektedir.

Çizelge 17'den görüldüğü gibi puzolanik ilave oranı artırılarak üretilen örneklerin gerek katılaşma başlangıcında gerekse katılaşma bitişinde portland çimentosuna göre belirgin bir gecikme tespit edilmiştir. Bu durumda puzolan özellikli katılımcıların, ortamda $Ca(OH)_2$ oluşumu devam ettikçe tepkimeye girme eğilimlerinin arttığı anlamına gelmektedir (Yetgin ve Çavdar, 2006).

Çizelge 15. Çimento örneklerine ait kimyasal özellikler

Örnek	SiO_2	Al_2O_3	Fe_2O_3	CaO	MgO	SO_3	Kızdırma Kaybı	Toplam
CEM I	18.81	5.43	3.05	58.75	1.21	2.94	5.14	95.33
CEM II A-M	23.13	6.14	3.24	54.83	1.43	2.48	4.50	95.75
CEM II B-M	34.83	6.56	3.29	40.33	2.32	2.45	4.51	94.29
CEM IV A	30.29	6.31	3.17	50.17	2.21	2.11	3.86	98.12
CEM IV B	45.03	12.69	3.77	28.08	1.74	1.40	3.40	96.11
CEM V A	40.05	7.84	2.54	41.63	2.77	1.41	3.11	99.35
CEM V B	36.76	10.12	2.92	36.28	1.75	1.44	2.52	91.79

Çizelge 16. Çimento örneklerine ait elek analizi sonuçları

Örnek	90μ	200μ
CEM I	1.2	0.1
CEM II A-M	2.5	0.1
CEM II B-M	2.4	0.1
CEM IV A	4.1	0.1
CEM IV B	9.4	2.5
CEM V A	2.4	0.1
CEM V B	4.4	0.2

Çizelge 17. Çimento örneklerinin katılaşma süreleri

Çimento	Katılaşma Başlangıç (dakika)	Katılaşma Bitiş (dakika)
CEM I	205	260
CEM II A-M	205	265
CEM II B-M	225	295
CEM IV A	220	270
CEM IV B	235	295
CEM V A	230	275
CEM V B	210	275

Yine örneklerin ortaya koyduğu hacim genleşmesi değerlerine (Çizelge 18) bakıldığında da özellikle kalker içeren numunelerin hacim genleşmelerinin dikkat çekici düzeyde olduğu görülmektedir. Belirlenmemiş olmasıyla birlikte kalker katkısının serbest kireç miktarını artırmış olabileceği düşünülmektedir. Hacim genleşmelerinin bir diğer sorumlusu olan MgO oranı (Yetgin ve Çavdar, 2006) ise yine 6 mm hacim genleşmesi ile CEM II/ B-M örneğinde yüksek sayılabilecek bir sonucun etkeni olarak görülmektedir.

Çizelge 18. Çimento örneklerine ait hacim genleşmesi sonuçları

Çimento	Hacim Genleşmesi (mm)
CEM I	2
CEM II A-M	4
CEM II B-M	6
CEM IV A	2
CEM IV B	3
CEM V A	2
CEM V B	4

3. BULGULAR VE İRDELEMELER

3.1. Giriş

Çalışmanın bu kısmında, 1. bölümde belirtilen amaca uygun olarak hazırlanan ve 2. bölümde özellikleri verilen çimento örnekleriyle, yine aynı bölümde tanıtılan yöntemlere göre gerçekleştirilen çalışmalardan elde edilen bulgular ve bunların ayrıntılı irdelemeleri yer almaktadır.

Bu bölüm, çalışmanın amaç ve kapsamına uygun olarak üç ana başlık altında ele alınmıştır. Buna göre öncelikle sülfatlı ortam etkisine maruz bırakılan çimento harç örneklerinin özellikleri incelenmiş ve daha sonraki başlık altında da bu numunelerin aşınma dirençleri üzerine yapılan tartışmalara yer verilmiştir. Son bölümde ise sülfat etkisine maruz bırakılan harç örneklerinin aşınma direnci irdelenmiştir. Ancak bu başlıklara geçilmeden önce burada çimento harç örneklerinin fiziksel ve mekanik özellikleri arasındaki ilişkilere göz atılacaktır.

Bu bölümde kullanılan kısaltmalar ve bunların açıklamaları şöyledir:

"HS" veya "HSli": Hava sürükleyici katkı içeren harç numunesini,

"HSsiz": Hava sürükleyici katkının bulunmadığı harç numunesini,

"NO": Su ortamında kür edilen harç numunesini,

"SO": Sülfat ortamında bekletilen harç numunesini,

"TÇ": Mukayesenin tüm çimento harç örneklerini kapsayacak şekilde yapıldığını

göstermektedir.

Ayrıca daha önce de ifade edildiği üzere, çimento örnekleri, kolaylık olması bakımından, bileşimlerine göre TS EN 197-1'de yer aldıkları çimento sınıfıyla adlandırılmıştır.

3.2. Çimento Harç Örneklerinin Fiziksel Özellikleri ile Mekanik Özellikleri Arasındaki İlişkiler

Çimento harç örneklerinin, fiziksel ve mekanik özellikleri arasındaki ilişkiyi ortaya koymak için 360 günlük harç örneklerinden elde edilen basınç dayanımı, eğilme dayanımı ve aşınma derinliği gibi özelliklerle, yine bu çimento harç örneklerinden elde edilen görünür özgül kütle, kütlece su emme oranı ve görünür boşluk oranı özellikleri birlikte değerlendirilerek sonuçlar çizelge (Çizelge 19) ve grafiklerle (Şekil 29–37) ortaya konulmuştur. Adı geçen fiziksel özellikler daha önce de ifade edildiği gibi TS 3624 (1981) standardında öngörülen ölçütler çerçevesinde belirlenmiş bulunmaktadır.

Yukarıda anılan özellikler, bu çalışmanın önemli amaçlarından biri olan; boşluklu harç örneklerinin sülfatlı ortam etkisine maruz kalması halinde, çimento harcının göstereceği değişimi karşılaştırmalı olarak irdelemeye yarayacaktır. Bu konu ilerleyen bölümde peyderpey ele alınacaktır.

Çizelge 19. 360 günlük çimento harç örneklerinin TS 3624'e göre belirlenmiş fiziksel özellikleri

	HS içeriği	Kür ortamı	Görünür özgül kütle (g/cm^3)	Kütlece su emme(%)	Görünür boşluk oranı (%)
CEM I	HSsiz	NO	2.50	8.12	16.86
		SO	2.49	7.65	16.00
	HSli	NO	2.04	11.98	19.65
CEMII/A-M	HSsiz	NO	2.45	8.12	16.60
		SO	2.47	8.62	17.58
	HSli	NO	2.12	10.87	18.71
		SO	2.03	11.66	19.11
CEM II/B-M	HSsiz	NO	2.45	10.57	20.56
		SO	2.41	11.70	21.99
	HSli	NO	2.24	11.56	20.56
		SO	2.15	12.63	21.35
CEM IV/A	HSsiz	NO	2.47	9.72	19.38
		SO	2.50	9.69	19.51
	HSli	NO	2.12	12.40	20.78
		SO	2.18	12.08	20.82
CEM IV/B	HSsiz	NO	2.52	9.58	19.44
		SO	2.46	7.28	15.19
	HSli	NO	2.02	11.56	18.90
		SO	2.07	12.33	20.32
CEM V/A	HSsiz	NO	2.48	8.12	16.76
		SO	2.47	8.24	16.90
	HSli	NO	1.98	11.73	18.82
		SO	1.97	12.36	19.56
CEM V/B	HSsiz	NO	2.49	9.78	19.57
		SO	2.43	7.37	15.16
	HSli	NO	2.14	10.83	18.83
		SO	2.14	10.06	17.70

Çizelge 19'dan da görüldüğü üzere, 360 gün boyunca sülfatlı veya normal ortamlarda kür edilen, hava sürükleyici içeren veya içermeyen tüm numuneler için görünür özgül kütle 1.97 g/cm^3 ile 2.52 g/cm^3 arasında, kütlece su emme oranı %7.28 ile %12.63 arasında ve görünür boşluk oranı ise %16 ile %22 arasında değişmektedir. Fiziksel ve mekanik özellikler arasındaki ilişki alt başlıklar altında tanıtılmaktadır. Ancak bu başlıklar altında kurulan ilişkilerde çimento bileşimindeki değişimin etkisinden çok, bu değişimin sonucu dikkate alınmış olmaktadır.

3.2.1. Çimento Harç Örneklerinin Fiziksel Özellikleri ile Basınç Dayanımı Arasındaki İlişki

Öncelikle çimento harç örneklerinin basınç dayanımları ile görünür özgül kütleleri, kütlece su emme oranları ve görünür boşluk oranları arasındaki ilişki çizelge (Çizelge 19) ve grafikler (Şekil 29-31) yardımıyla ortaya konulmuştur. Buna göre, örneklerin görünür özgül kütlelerindeki %25 oranındaki artış, basınç dayanımlarını yaklaşık üç kat artırırken (Şekil 29), kütlece su emme oranlarındaki %70 düzeyindeki artış, yaklaşık %50 (Şekil 30) ve yine boşluk oranlarındaki %50 düzeyindeki artış da bu dayanımı yaklaşık %30 (Şekil 31) oranında azalmıştır. Ancak kurulan bu ilişkilerin, sayısal bağıntıları (korelasyon) birbiriyle karşılaştırıldığında basınç dayanımının görünür özgül kütle ile ilişkisinin (%85), kütlece su emme oranı (%61) ve görünür boşluk oranı (%26) ile olan ilişkisinden daha belirgin olarak ortaya çıktığı görülmektedir. Buradan hareketle, sözü edilen özellikler arasında basınç dayanımının en önemli göstergesinin görünür özgül kütle olduğu açık bir biçimde görülmektedir.

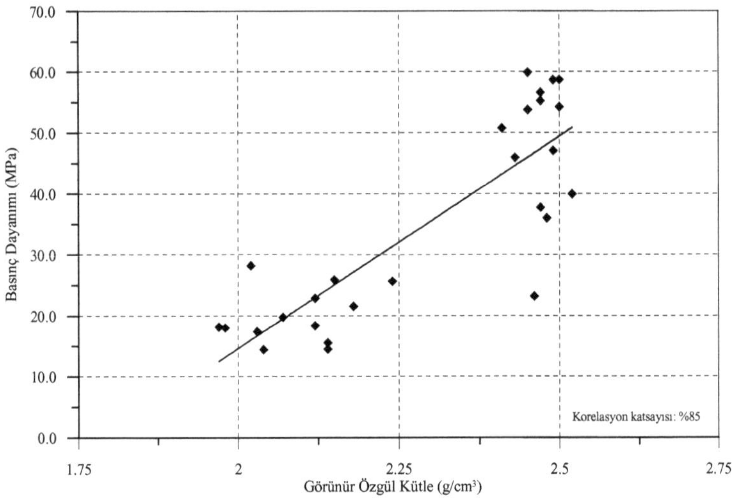

Şekil 29. 360 günlük çimento harç örneklerinin görünür özgül kütleleri ile basınç dayanımları arasındaki ilişki

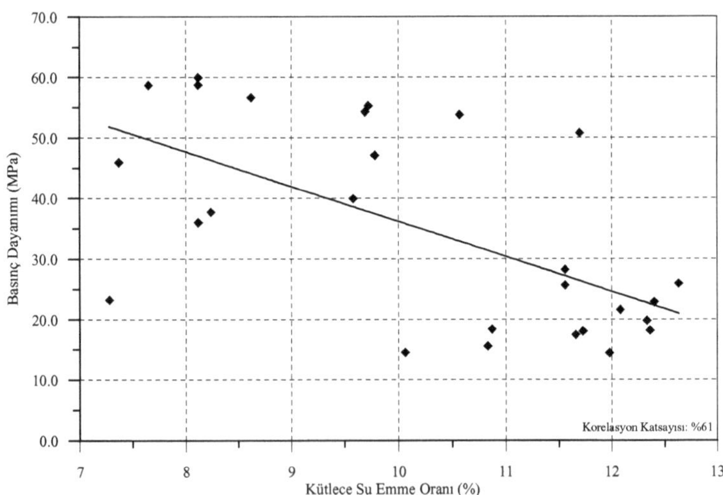

Şekil 30. 360 günlük çimento harçlarının kütlece su emme oranları ile basınç dayanımları arasındaki ilişki

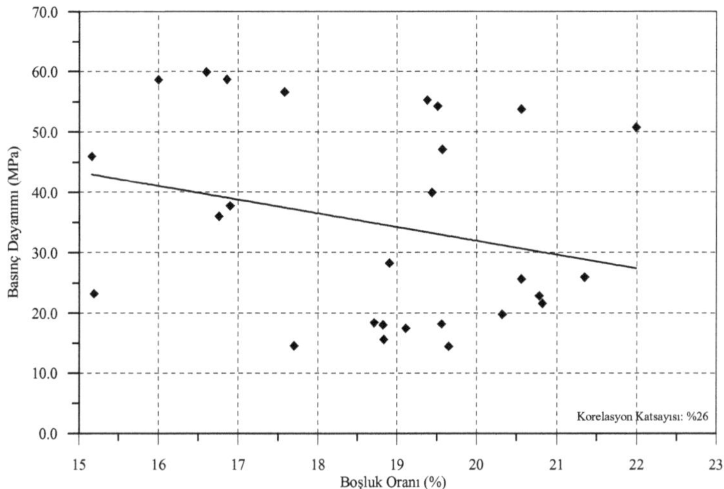

Şekil 31. 360 günlük çimento harç örneklerinin görünür boşluk oranları ile basınç dayanımları arasındaki ilişki

3.2.2. Çimento Harç Örneklerinin Fiziksel Özellikleri ile Eğilme Dayanımı Arasındaki İlişki

Harçların fiziksel özellikleri (Çizelge 19) ile eğilme dayanımları arasındaki ilişkinin (Şekil 32-34) yine bu özelliklerle basınç dayanımı arasındaki ilişkiye benzemekte olduğu ortaya çıkmıştır. Buna göre, örneklerin görünür özgül kütleleri arttıkça (%25), eğilme dayanımları yaklaşık iki kat artarken (Şekil 32), bu dayanımın, kütlece su emme oranlarındaki %70 (Şekil 33) ve görünür boşluk oranlarındaki %50 düzeyindeki artışla (Şekil 34) sırasıyla yaklaşık %30 ve %25 oranlarında bir düşüş gösterdiği görülmektedir. Yine kurulan bu ilişkilerin, korelasyon katsayıları birbiriyle karşılaştırıldığında ise eğilme dayanımının görünür özgül kütle ile anlamlılığı %83, kütlece su emme oranı ile %57 ve görünür boşluk oranı ile %20 oranında çıkmakta olup, burada görünür özgül kütlenin eğilme dayanımı üzerinde belirleyici olduğu görülür. Buradan hareketle, yine basınç dayanımı ile olan ilişkiye benzer şekilde, adı geçen özellikler arasında eğilme dayanımının da en önemli göstergesinin yüksek "görünür özgül kütle" olduğu söylenebilir.

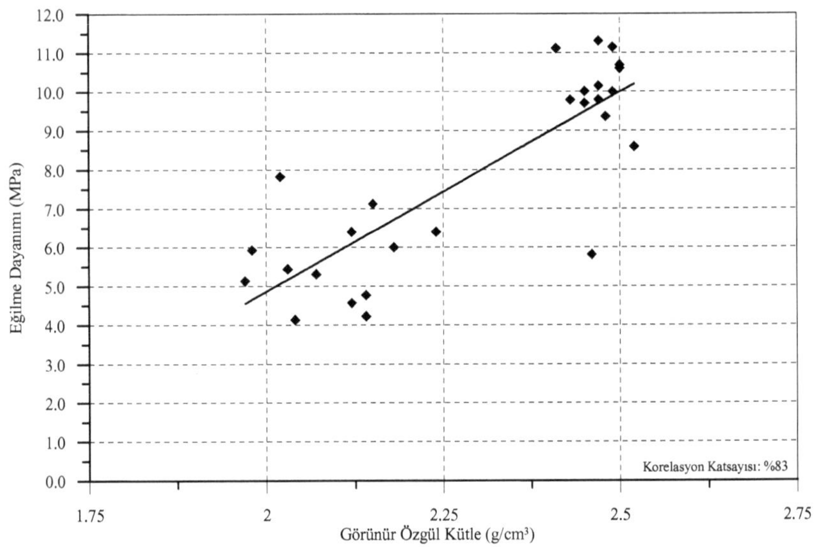

Şekil 32. 360 günlük çimento harç örneklerinin görünür özgül kütleleri ile eğilme dayanımları arasındaki ilişki

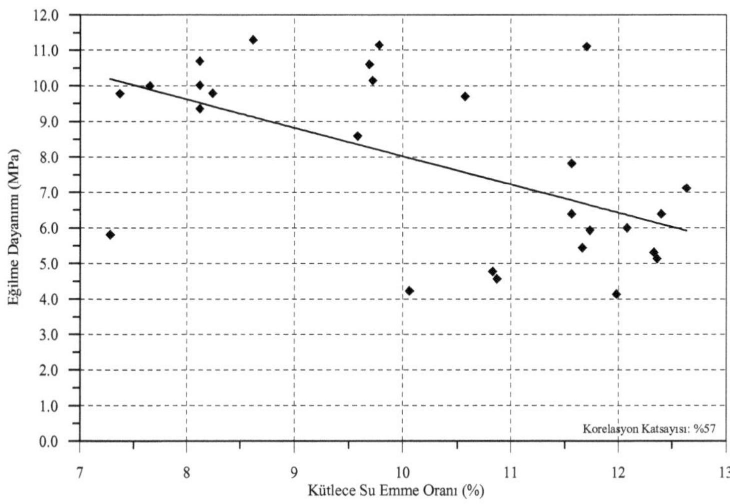

Şekil 33. 360 günlük çimento harç örneklerinin kütlece su emme oranları ile eğilme dayanımları arasındaki ilişki

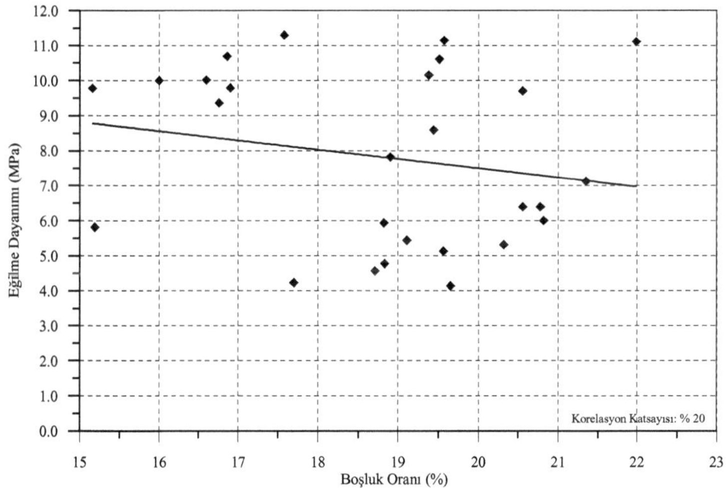

Şekil 34. 360 günlük çimento harç örneklerinin görünür boşluk oranları ile eğilme dayanımları arasındaki ilişki

3.2.3. Çimento Harç Örneklerinin Fiziksel Özellikleri ile Aşınma Direnci Arasındaki İlişki

Çimento harç örneklerinin görünür özgül kütle, kütlece su emme oranı ve görünür boşluk oranları (Çizelge 19) ile aşınma derinlikleri arasındaki ilişki (Şekil 35-37) açık şekilde, basınç ve eğilme dayanımı ile bu özellikler arasındaki ilişkiye benzeşim göstermektedir. Buna göre, örneklerin görünür özgül kütlelerindeki %25'lik bir artış aşınma derinliklerini yaklaşık %60 oranında azaltmakta; diğer bir deyişle aşınma dirençlerini yükseltmektedir (Şekil 35). Kütlece su emme oranlarındaki %70 (Şekil 36) ve görünür boşluk oranlarındaki %50 düzeyindeki artışla (Şekil 37) aşınma direnci arasında bir ilişki kurulduğunda ise, bunların artmasıyla aşınma derinliğinin de sırasıyla yaklaşık %50 ve %25 oranında büyüdüğü görülmektedir; bu da aşınma direncinin düşmesi demektir. Yine kurulan bu ilişkilerin, korelasyon katsayılarına bakıldığında, aşınma derinliklerinin görünür özgül kütle ile ilişkisi %68 düzeyindedir. Bu ilişki kütlece su emme oranı için %45 ve görünür boşluk oranı için %14 düzeyinde çıkmaktadır. Bu sonuç görünür özgül kütle ile aşınma direnci arasındaki ilişkinin açık bir biçimde daha anlamlı olduğunu göstermektedir. Diğer bir söyleyişle adı geçen özellikler arasında düşük aşınma derinliğinin en önemli göstergesi yüksek "görünür özgül kütle" olmaktadır.

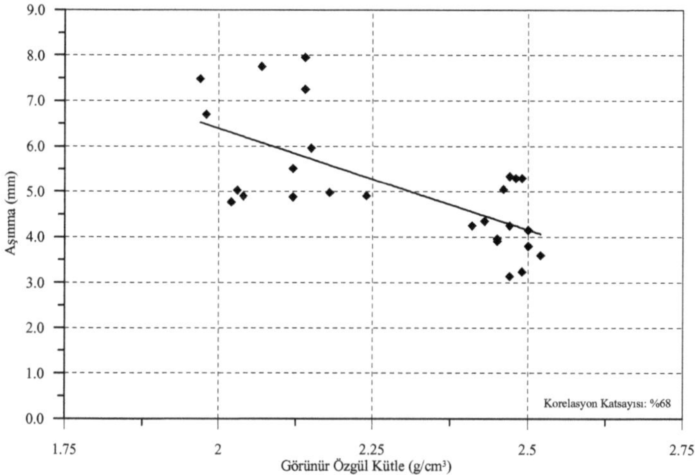

Şekil 35. 360 günlük çimento harç örneklerinin görünür özgül kütleleri ile aşınma derinlikleri arasındaki ilişki

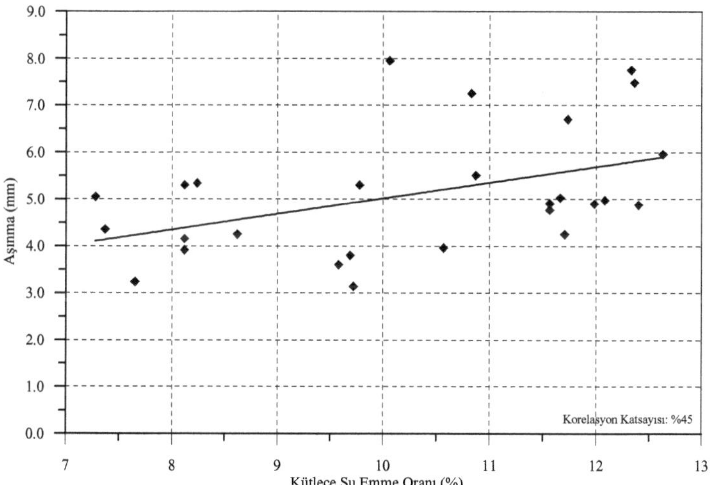

Şekil 36. 360 günlük çimento harç örneklerinin kütlece su emme oranları ile aşınma derinlikleri arasındaki ilişki

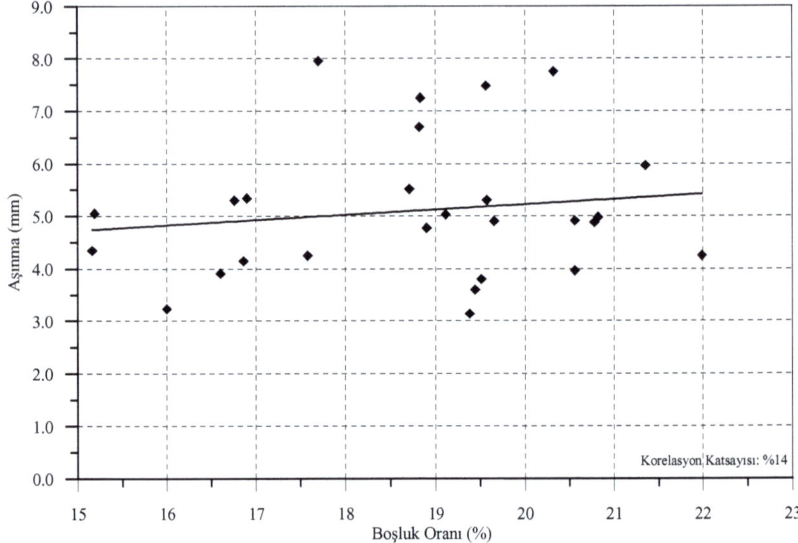

Şekil 37. 360 günlük çimento harç örneklerinin görünür boşluk oranları ile aşınma derinlikleri arasındaki ilişki

3.3. Sülfat Etkisinde Bırakılan Çimento Harç Örnekleri

Bu çalışmada yedi farklı çimentodan üretilen harç örnekleri kullanılmış ve bunlar 360 gün boyunca, hem sülfatlı ortamda ve hem de ayrıca su ortamında bekletilmişlerdir. Farklı bileşimdeki bu çimento harç örneklerinin sülfatlı ortam etkisinde bırakılmaları sonucunda gerek mekanik gerekse yapısal özelliklerindeki değişiklik ve etkileşimler aşağıda verilen başlıklar altında karşılaştırmalı olarak irdelenmektedir.

3.3.1. Sülfat Etkisinde Bırakılan Çimento Harç Örneklerindeki Yapısal Değişimler

Çimento harç örneklerinin sülfat ortamına maruz bırakılmaları sonucu hem mineralojik yapılarında hem de dış görünümlerinde bazı değişiklikler ve bozulmalar ortaya çıkmıştır. Bu değişimler gerek dış görünüm gerekse ince kesit ve de toz yöntemiyle X-ışınları kırınım (XRPD) incelemeleri sonuçlarıyla, takip eden başlıklar altında tartışılmaktadır.

3.3.1.1. Gözle Görülebilen Kusurlar

Çimento harç örnekleri 360 gün boyunca sülfat ortamına maruz bırakıldığında, bu örneklerde mineralojik açıdan birçok değişim söz konusu olmakla birlikte, bu değişim birçok örnekte kolaylıkla görülebilir biçimde belirginleşmemiştir. Özellikle hava sürükleyici madde içeren örneklerde basınç dayanımlarındaki düşüşe ve boşluk oranındaki, dolayısıyla sülfatın nüfuz etme oranındaki artışa paralel olarak gözle görülebilen değişiklikler daha belirgin bir şekilde ortaya çıkmış bulunmaktadır.

Hava sürükleyici madde miktarının diğer örneklere göre daha yüksek oranda uygulandığı (450 g çimento için 0.5 ml) özellikle CEM I örneğinde bu değişim ya da bozulma çarpıcı bir şekilde ortaya çıkmıştır (Şekil 38). Bu örnekte gözle görülebilecek düzeydeki çatlaklar ilk olarak 8 aylık süreden itibaren ortaya çıkmış (Şekil 38a) ve bundan sonra da bozulmalar devam etmiştir. Bu bozulmalara bağlı olarak bu örnekte, basınç, eğilme ve aşınma deneylerinin uygulanması mümkün olamamıştır. Daha ileri aşamada, 12 ayın sonunda ise örnek tamamen parçalanmıştır (Şekil 38b). Bu numunelerin üretildiği, CEM I portland çimentosu kimyasal bakımdan diğer örneklere göre daha yüksek oranda CaO (%58.75) ve SO_3 (%2.94) bileşeni içermektedir (Çizelge 15). Bu çimentodan üretilen harcın, ince kesit ve XRPD incelemelerinden de görüleceği üzere, suda bekletilen numunelerinde etrenjit minerali oranı kısmen daha yüksekken, özellikle yalnız sülfatta kür edilen numunelerde ise jips oluşumu daha yüksek oranda ortaya çıkmış bulunmaktadır. Özellikle çatlamanın oluştuğu CEM I (HSli, SO) örneğinde (Şekil 38), jips oluşumu oldukça yüksek düzeydedir. Ayrıca, basınç dayanımının düşük çıkması da (yaklaşık 12-14 MPa), büyük bir olasılıkla, oluşan yeni minerallerin meydana getirdiği iç gerilmelerin, harcın çekme dayanımından daha yüksek olmasından kaynaklanmaktadır. Nitekim erken oluşan çatlamalar bu olgunun açık bir habercisi olmaktadır.

a) 8 ay sonunda

b) 12 ay sonunda

Şekil 38. CEM I (HSli, SO) harç örneğinin sülfatlı ortam etkisine maruz kalması sonucu ortaya çıkan çatlak ve bozulmalar

Öte yandan, sülfat etkisine maruz bırakılan, hava sürükleyici içermeyen CEM IV/B çimentosundan üretilmiş harçta 360 gün sonunda meydana gelen dokusal bozulma Şekil 39a'da görülmektedir. CEM IV/B çimentosu kütlece %20 oranında doğal puzolan ve yine aynı oranda uçucu kül içermektedir (Çizelge 6). CaO ise %28.08 içeriği ile oldukça düşüktür (Çizelge 15). Tüm çimento harç örnekleri bir arada değerlendirildiğinde, XRPD ve ince kesit incelemeleri sonucunda, ilginç olarak en yüksek düzeyde etrenjit oluşumu, bu çimentodan üretilen harç örneklerinde tespit edilmiş olmaktadır. Suda bekletilen numunelerde dahi etrenjit oranı diğer numunelere göre daha yüksek düzeyde çıkmış bulunmaktadır. Kısmen daha düşük oranda boşluk içermesine karşın CEM IV/B (HSsiz, SO) numunesi, CEM IV/B (HSli, SO) numunesine göre daha belirgin bir dokusal bozulmaya uğramıştır. CEM IV/B (HSli, SO) örneğinde dokusal bozulma çok düşük düzeyde kalmıştır (Şekil 39b). Bu örnekte tespit edilen dokusal bozuklukların, etrenjit düzeyinin yüksek olmasından kaynaklandığı düşünülmektedir (Şekil 39).

a) CEM IV/B (HSsiz, SO)   b) CEM IV/B (HSli, SO)

Şekil 39. Sülfat etkisinde bırakılan, CEM IV/B çimentosundan üretilmiş harçta 360 gün sonunda meydana gelen dokusal bozulmalar

Sülfatlı ortamda 360 gün bekletilmesiyle üzerinde yüzey soyulmalarının meydana geldiği CEM V/A (HSli, SO) harç örneği (Şekil 40), kütlece %20 yüksek fırın cürufu, %20 doğal puzolan ve %15 uçucu kül içermektedir (Çizelge 6). Bu çimentodan üretilen CEM V/A (HSli, SO) harç örneğinde ise yüksek düzeyde etrenjit oluşumunun yanında bir miktar jips oluşumu da dikkat çekmektedir. Ancak bu harçta özellikle jips oluşumu düzeyi, CEM I (HSli, SO) ile kıyaslandığında daha düşük düzeyde kalmaktadır. Bu sebeple ortaya çıkan dokusal kusurların da bu örneğe göre daha düşük düzeyde ortaya çıktığı gözlemlenmektedir.

Şekil 40. Sülfat etkisinde bırakılmış, hava sürükleyici içeren CEM V/A (HSli, SO) çimentosundan üretilmiş harçta 360 gün sonunda meydana gelen yüzeysel soyulma

Diğer harç numunelerinde ise gözle görülebilecek düzeyde bozulma, çatlama, soyulma gibi kusurlar ortaya çıkmamıştır. Bunun yanında mikro boyutta oluşan bozulmalar ilerleyen bölümlerde ayrıca ele alınacaktır.

3.3.1.2. İnce Kesit ve Toz Yöntemiyle X-Işını Kırınımı (XRPD) İncelemeleri

Sülfat etkisiyle çimento harç örneklerinde meydana gelen değişimler öncelikle dış görünüşleri itibariyle yukarıdaki bölümde değerlendirilmiştir. Gözle görülmeyen değişimler ise bu bölümde ince kesit ve toz yöntemiyle X-ışını kırınımı (XRPD) incelemeleriyle ortaya konulmaya çalışılacaktır. Burada ele alınan incelemeler, ince kesitler için dokuz ay sonra, XRPD incelemeleri için on ay sonra elde edilen sonuçlar üzerinde gerçekleştirilmiştir. Aşağıdaki polarizan mikroskop görüntülerinde yer alan dört bölmeden ilkinde (A) hamurun genel yapısı gösterilmekle birlikte, diğer üç görüntüde (B, C, D) hamur içinde özellikle hava boşlukları etrafında belirgin şekilde görülebilen farklı mineral oluşumlarına dikkat çekilmeye çalışılmıştır.

Bu çalışmada özellikle etrenjit ve jips minerali oluşumlarının izi sürülmüş olmakla birlikte, ayrıca kaynaklarda (Christensen vd., 2004; Abdel-Wahab, 2003; Perkins ve Palmer, 1999) işaret edilen anhidrit, monosülfat, $Ca_4Al_2O_7$ $19H_2O$, $Ca_2Al_2O_5$ $8H_2O$, $Ca_4Al_2O_6(SO_4)$ $14H_2O$, $Ca_3Al_2(OH)_{12}$ gibi hidratasyon ürünleri de bu kapsamda tespit edilmiştir. İnce agregadan gelen kuvars minerali ise burada dikkate alınmamıştır. Diğer yandan Çizelge 20'de özellikleri verilen bu bileşikler, birbirine yakın nitelikler sergiledikleri için ince kesit incelemelerinde belirgin bir şekilde ayırt edilmeleri mümkün olamamıştır. Bu nedenle ayrıca XRPD deneylerine de başvurularak yukarıda adı geçen minerallerin varlığı tespit edilebilmiştir. Bunun yanında, bu oluşumların hamur içindeki nicelikleri (bolluk) hakkında bir fikir edinilmesi bakımından, X-ışınları yansımalarının oluşturduğu doruk (pik) alanları JADE 7 programı yardımıyla çözümlenerek sonuçlar XRPD grafikleri üzerinde belirtilmiştir.

Çizelge 20. Minerallerin Özellikleri

Mineral Adı	Yoğunluk (g/cm^3)	Molar kütle (g)	Hacim (cm^3)
$Ca_6Al_2(SO_4)_3(OH)_{12}\cdot 26H_2O$ (Etrenjit)	1.754	1237.08	2341.61
$CaSO_4\cdot 2H_2O$ (Jips)	2.308	172.17	495.37
$CaSO_4$ (Anhidrit)	2.963	136.14	305.23
$Ca_4Al_2O_7$ $19H_2O$	1.801	668.57	616.15
$Ca_2Al_2O_5$ $8H_2O$	1.890	358.24	1878.76
$Ca_3Al_2O_6\cdot CaSO4\cdot 13H_2O$ (Monosülfat)	-	640.53	-
$Ca_4Al_2O_6(SO_4)$ $14H_2O$	1.332	658.55	820.91
$Ca_3Al_2(OH)_{12}$ (Kaotit)	2.527	378.29	1987.40

CEM I çimentosundan elde edilen harç örneklerinin polarizan mikroskop görüntülerinden ve XRPD incelemelerinden (Şekil 41-48) görüldüğü gibi özellikle CEM I (HSsiz, SO) örneğinde hava boşluğu etrafında oluşmuş dilimler (latalar) halindeki etrenjit yapılanmaları dikkat çekmektedir (Şekil 41). XRPD incelemeleri sonucunda ise etrenjit ve jips oluşumları daha belirgin bir biçimde kendini göstermektedir (Şekil 42).

Suda kür edilmiş CEM I (HSsiz, NO) örneğinde de özellikle etrenjit mineralleri önemli sayılabilecek bir düzeyde ortaya çıkmıştır. Buna karşın jips oluşumu ise düşük düzeyde kalmıştır. Bu durum gerek hamur yapısında (Şekil 43) gerekse XRPD incelemelerinde (Şekil 44) görülmektedir.

Hava sürükleyici içeren, diğer bir deyişle kısmen daha boşluklu yapıya sahip örneklere bakıldığında ise; bunlardan CEM I (HSli, SO) örneğinin açık olarak sülfat saldırısından etkilenmiş ve özellikle yüksek oranda jips ve etrenjit oluşumuyla karşı karşıya kalmış olduğu görülür (Şekil 45-46).

CEM I (HSli, NO) örneğinde ise beyaz etrenjit mineralleri hamur içinde özellikle dikkat çekmektedir (Şekil 47). Yine bu örnekte bir miktar jips de bulunmaktadır (Şekil 48).

CEM I harçları için, XRPD incelemeleri üzerinden elde edilen bolluk (alan) değerlerinden hareketle sülfatlı bileşiklerin toplamları değerlendirildiğinde, bunlardan sülfatlı ortamdaki örneklerde yaklaşık iki katı toplam sülfatlı bileşik bulunduğu görülür. Suda bekletilen örneklerdeki sülfatın çimento bileşimindeki jipsten geldiği düşünülürse, burada jipsin büyük oranda etrenjite dönüşmüş olduğu düşünülebilir. Sülfatlı ortamda ise hem jips hem de etrenjit minerallerinin oluştuğu görülmektedir.

Boşluk oranları göz önüne alındığında ise, boşluk oranındaki değişimle sülfatlı bileşen toplamı CEM I (HSli, SO) ile CEM I (HSsiz, SO) ve CEM I (HSli, NO) ile CEM I (HSsiz, NO) örneklerinde yaklaşık eşit düzeyde olmasına karşın, jips oluşumunun boşluklu yapı içerisinde daha elverişli oluşum koşulları bulduğu açık olarak görülmüştür.

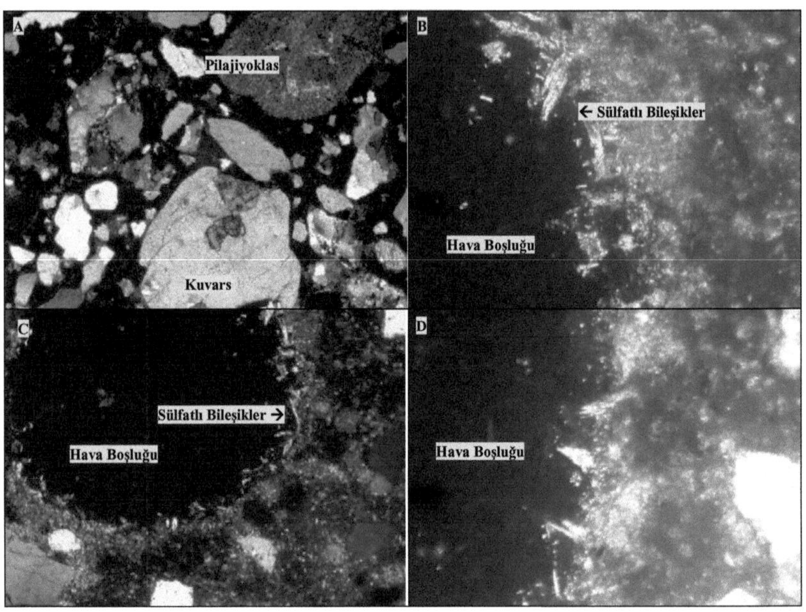

Şekil 41. Sülfatta kür edilmiş, hava sürükleyici içermeyen CEM I harç örneğine ait polarizan mikroskop (çift nikol) görüntüleri

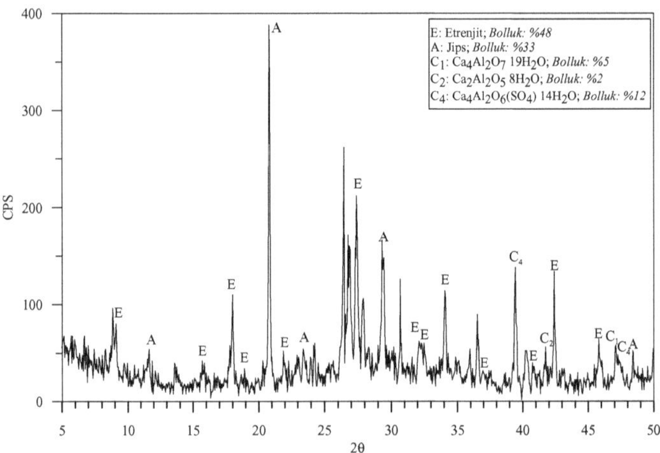

Şekil 42. Sülfatta kür edilmiş, hava sürükleyici içermeyen CEM I harç örneğine ait XRPD difraktogramı

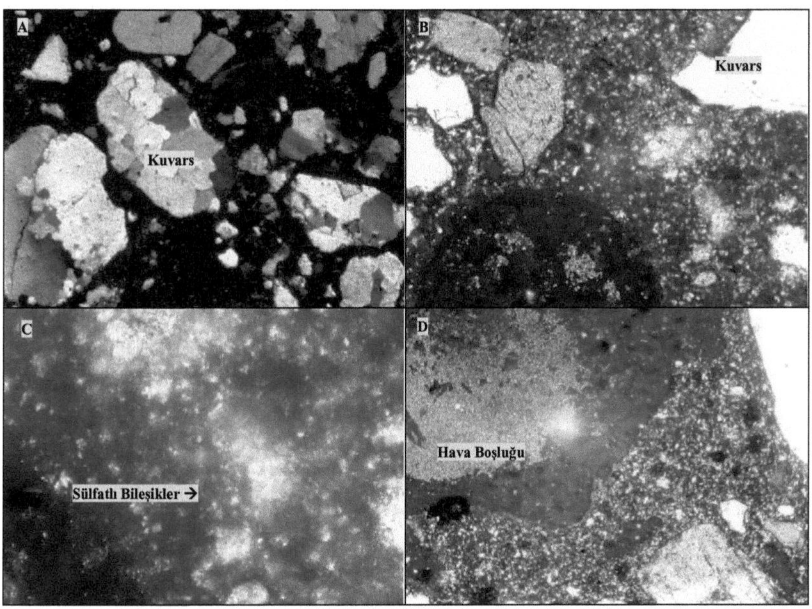

Şekil 43. Suda kür edilmiş, hava sürükleyici içermeyen CEM I harç örneğine ait polarizan mikroskop (çift nikol) görüntüleri

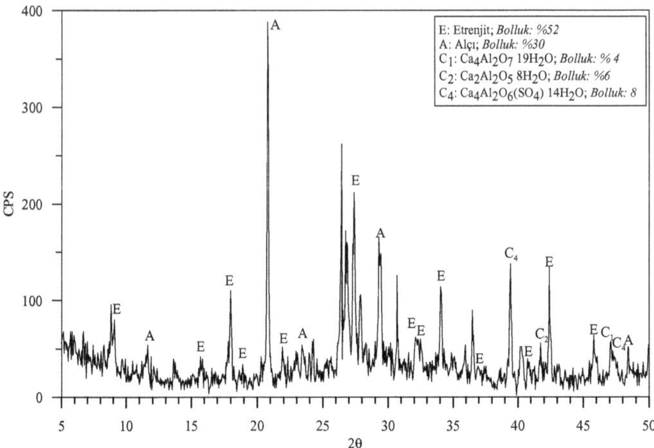

Şekil 44. Suda kür edilmiş, hava sürükleyici içermeyen CEM I harç örneğine ait XRPD difraktogramı

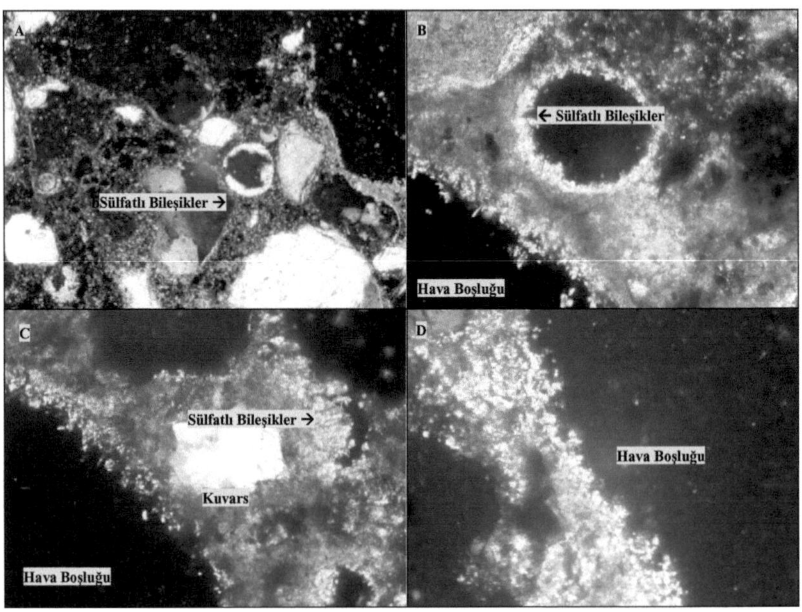

Şekil 45. Sülfatta kür edilmiş, hava sürükleyici içeren CEM I harç örneğine ait polarizan mikroskop (çift nikol) görüntüleri

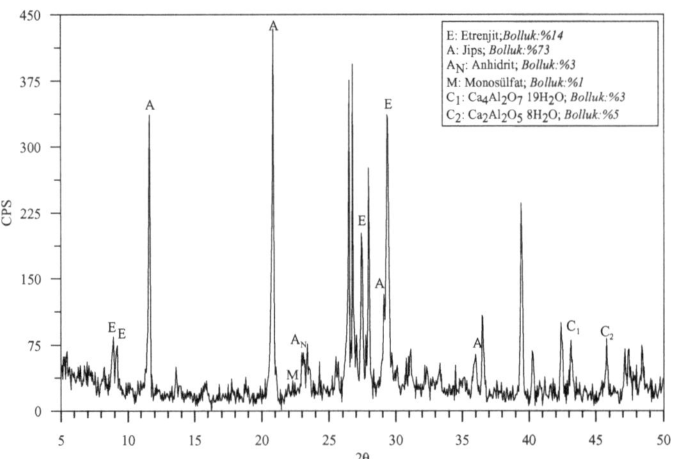

Şekil 46. Sülfatta kür edilmiş, hava sürükleyici içeren CEM I harç örneğine ait XRPD difraktogramı

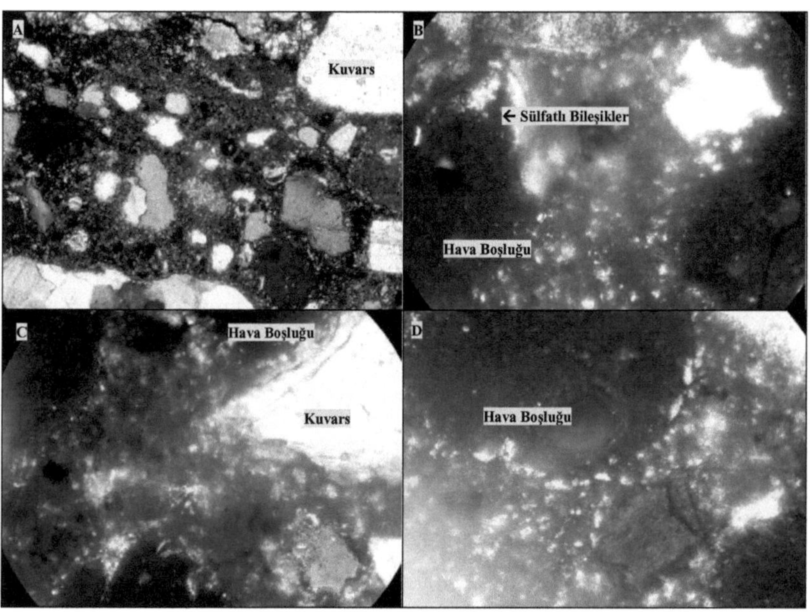

Şekil 47. Suda kür edilmiş, hava sürükleyici içeren CEM I harç örneğine ait polarizan mikroskop (çift nikol) görüntüleri

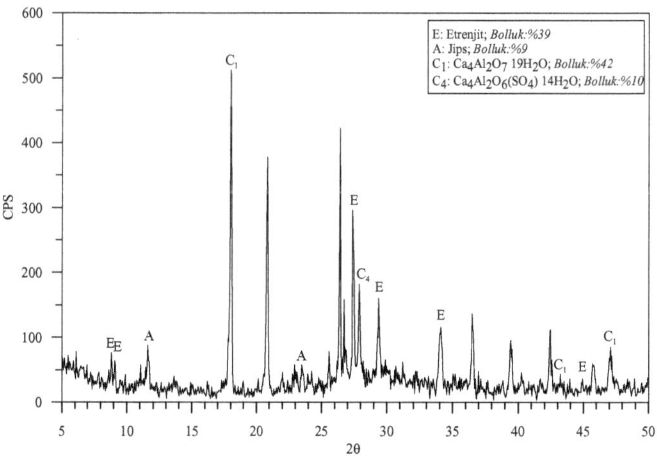

Şekil 48. Suda kür edilmiş, hava sürükleyici içeren CEM I harç örneğine ait XRPD difraktogramı

CEM II/A-M çimentosundan elde edilen harç örneklerinin polarizan mikroskop görüntüleri ve XRPD inceleme (Şekil 49-56) sonuçları oluşumlar hakkında ipuçları vermektedir. CEM II/A-M (HSsiz, SO) örneğinde hamur içinde ve hava boşluğu etrafında etrenjit ve jips oluşumları görülmektedir (Şekil 49). XRPD incelemeleri ise (Şekil 50), CEM II/A-M (HSsiz, SO) örneğinde, CEM I örneğinin suda kür edilmiş numunelerinde görülen oranlara yakın etrenjit ve jips oluşumlarını göstermektedir.

Suda kür edilmiş CEM II/A-M (HSsiz, NO) örneğinde ise etrenjit oluşumu, sülfatlı ortamda bekletilmiş CEM II/A-M (HSsiz, SO) örneğinden daha yüksek oranda görülmüştür. Buna nispetle jips oluşumu daha düşük seviyede gerçekleşmiştir (Şekil 51-52). Bu durum hamur görüntülerinden de tespit edilebilmektedir. Burada, %3 oranındaki pişmemiş kalker ilavesiyle CaO (Çizelge 15) ve serbest CaO oranında meydana gelen yükselişle, etrenjit ve jips oluşumunun tetiklendiği düşünülmektedir.

Boşluk oranının nispeten daha yüksek çıktığı CEM II/A-M (HSli, SO) örneğinde ise etrenjit oluşumu oranı ve özellikle jips oranı önemli ölçüde artış göstermektedir (Şekil 53-54). İnce kesit görüntülerinde özellikle hava boşlukları içerisinde dilimler (latalar) halindeki kristal oluşumları etrenjit mineraline işaret etmektedir (Şekil 53).

Şekil 55'te ise suda kür edilmiş, hava sürükleyici madde içeren CEM II/A-M (HSli, NO) örneğinin hamurundaki beyaz oluşumlar özellikle dikkat çekmektedir. Etrenjit oranı, aynı çimentodan üretilmiş ve suda kür edilmiş hava sürükleyici içermeyen harç numunesine (CEM II/A-M (HSsiz, NO)) göre daha yüksek oranda olan bu numunede jips oranı ise düşük düzeyde kalmaktadır (Şekil 56).

XRPD difraktogramlarında bulunan doruk (pik) alanları üzerinden sülfatlı bileşiklerin toplamları göz önünde bulundurulduğunda, CEM II/A-M harçları için, su ortamında bekletilen ve hava sürükleyici içeren veya içermeyen numunelerde toplam sülfatlı bileşik miktarları eşit düzeyde olduğu görülür. Sülfatlı ortamdaki örneklerde ise hava sürükleyici içeren numunelerde bu toplam daha yüksekken, hava sürükleyici içermeyen numunelerde bu oran bir miktar daha düşük çıkmaktadır.

CEM I çimentosundan üretilen harç örnekleriyle kıyaslandığında, CEM II/A-M çimentosuna ilave edilen kütlece %15 oranındaki puzolanik bileşenin, oluşan etrenjit mineralleri düzeyini etkilememekle birlikte, jips miktarlarını önemli derecede aşağı çektiği görülmektedir. Burada, ikame edilen puzolanik malzeme sebebiyle, başlangıçtaki jips oranının %15 daha düşük oranda kaldığı da unutulmamalıdır.

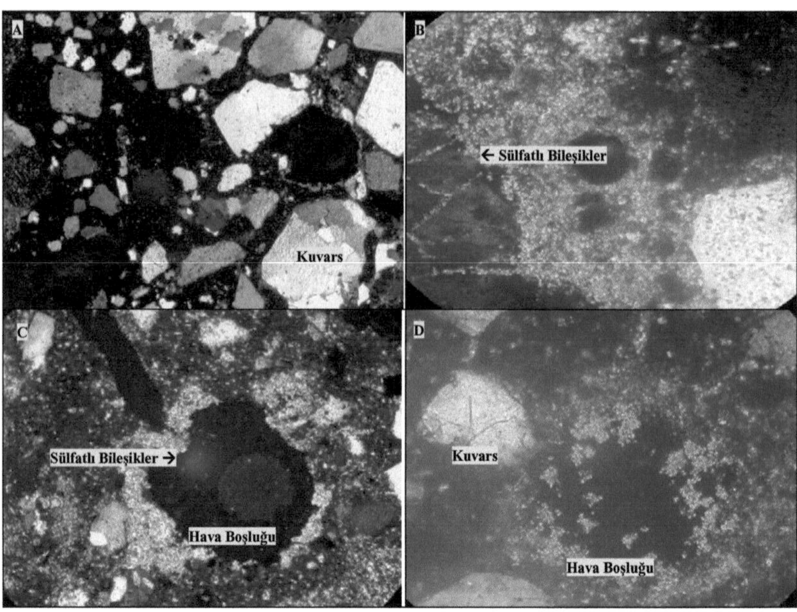

Şekil 49. Sülfatta kür edilmiş, hava sürükleyici içermeyen CEM II/A-M harç örneğine ait polarizan mikroskop (çift nikol) görüntüleri

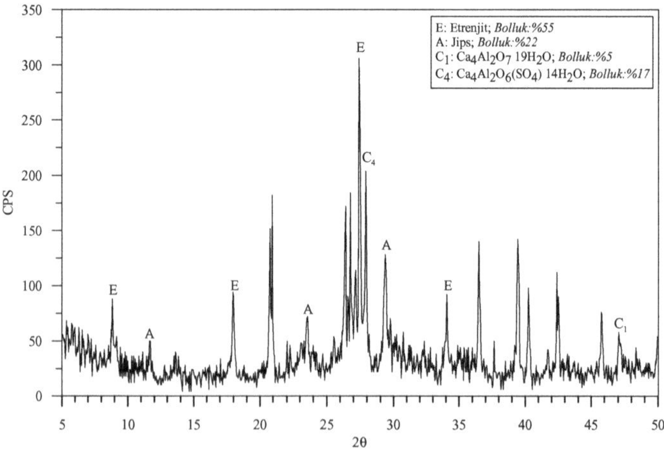

Şekil 50. Sülfatta kür edilmiş, hava sürükleyici içermeyen CEM II/A-M harç örneğine ait XRPD difraktogramı

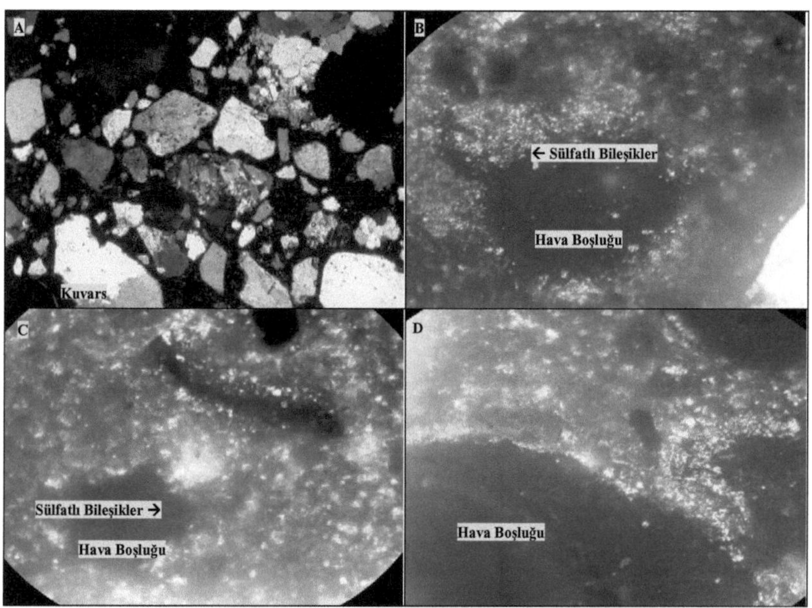

Şekil 51. Suda kür edilmiş, hava sürükleyici içermeyen CEM II/A-M harç örneğine ait polarizan mikroskop (çift nikol) görüntüleri

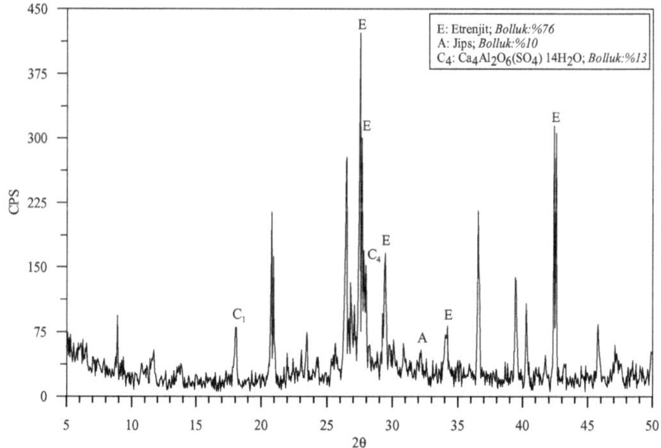

Şekil 52. Suda kür edilmiş, hava sürükleyici içermeyen CEM II/A-M harç örneğine ait XRPD difraktogramı

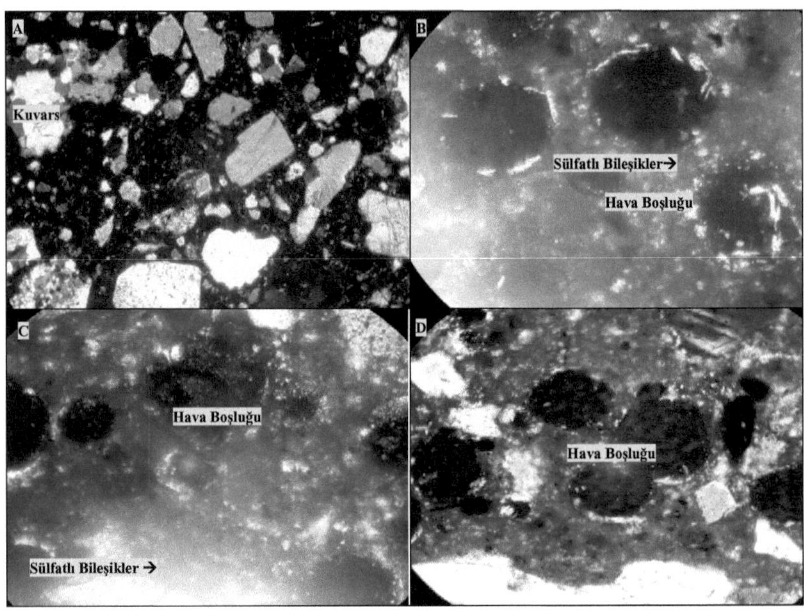

Şekil 53. Sülfatta kür edilmiş, hava sürükleyici içeren CEM II/A-M harç örneğine ait polarizan mikroskop (çift nikol) görüntüleri

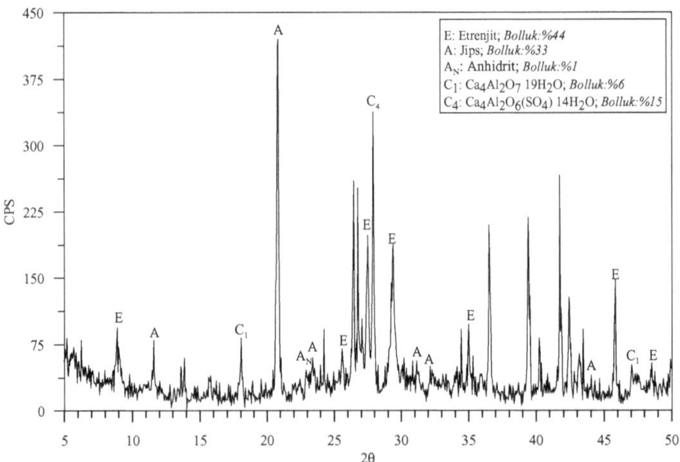

Şekil 54. Sülfatta kür edilmiş, hava sürükleyici içeren CEM II/A-M harç örneğine ait XRPD difraktogramı

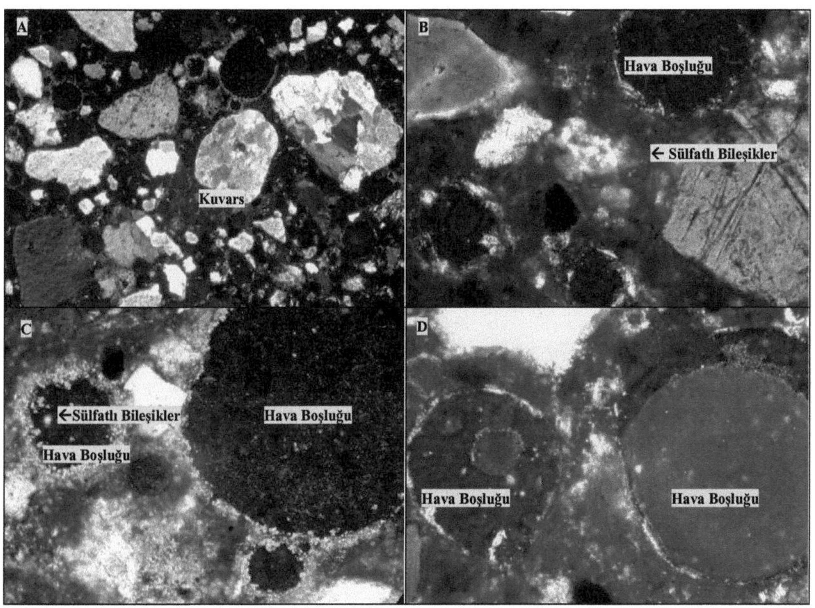

Şekil 55. Suda kür edilmiş, hava sürükleyici içeren CEM II/A-M harç örneğine ait polarizan mikroskop (çift nikol) görüntüleri

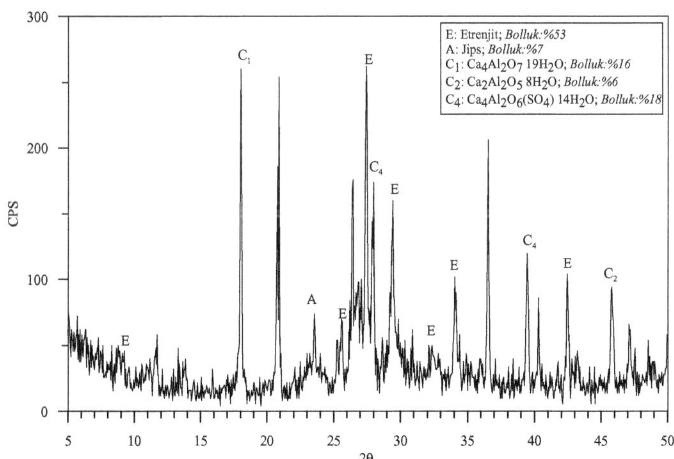

Şekil 56. Suda kür edilmiş, hava sürükleyici içeren CEM II/A-M harç örneğine ait XRPD difraktogramı

Puzolanik ilave bileşen oranı %25 olan CEM II/B-M çimentosundan elde edilen harç örneklerinin polarizan mikroskop görüntülerinden ve XRPD sonuçlarından (Şekil 57-64), CEM II/B-M (HSsiz, SO) örneğinin hamuru içerisinde ve hava boşluğu etrafında açık bir biçimde etrenjit oluşumları görülmektedir (Şekil 57). Buna mukabil, XRPD inceleme sonuçları değerlendirildiğinde ise bu örnekte jips oranının oldukça düşük çıktığı izlenmektedir (Şekil 58).

Hava sürükleyici içermeyen örneklerden, suda kür edileni ise (CEM II/B-M (HSsiz, NO)), nispeten daha düşük etrenjit oranı ve buna karşılık daha yüksek jips oranı ile dikkat çekmektedir (Şekil 59-60).

Boşluk oranı artırıldığında ise gerek meydana gelen etrenjit oluşumu miktarı gerekse toplam sülfatlı bileşik miktarı artmaktadır (Şekil 61-64). İki örnekte de boşluk etrafında ve hamurda meydana gelen etrenjit ve jips oluşumları görülmektedir.

Bu çimentodan üretilen tüm harç örnekleri değerlendirildiğinde (Şekil 57-64), sülfatlı ortama maruz bırakılan numunelerde, suda kür edilen numunelere göre, nispeten daha yüksek etrenjit oluşumu dikkat çekerken, jips oluşumu daha düşük kalmaktadır. Buna göre en yüksek etrenjit oluşumu CEM II/B-M (HSli, SO) örneğinde meydana gelirken, en yüksek oranda jips oluşumu da CEM II/B-M (HSsiz, NO) örneğinde görülmektedir.

Yine bu örneğe ilave edilen kütlece %25 oranındaki puzolanik bileşenin, CEM I çimentosundan üretilen harç örnekleriyle kıyaslandığında, oluşan etrenjit mineralleri oranını etkilememekle birlikte, jips miktarlarını önemli derecede aşağı çektiği görülmektedir. Burada da başlangıçtaki jips oranının puzolanik malzemelerin %25 oranındaki ikamesiyle, daha düşük oranda kaldığını da belirtmek gerekir. Yine buna paralel olarak toplam sülfatlı bileşik oranında da bir düşüş söz konusu olmuştur.

Öte yandan, yine bu örnekte de %5 oranındaki pişmemiş kalker ilavesi, serbest CaO oranındaki artışla birlikte etrenjit ve jips oluşumunu artıran bir unsur olarak ön plana çıkmaktadır. Ancak Çizelge 15'ten de görüldüğü gibi, CaO miktarının CEM II/A-M çimentosunda mevcut bulunduğu düzeyde bulunmaması sebebiyle ortaya çıkan zararın da aynı ölçüde düşük çıktığı görülmüştür.

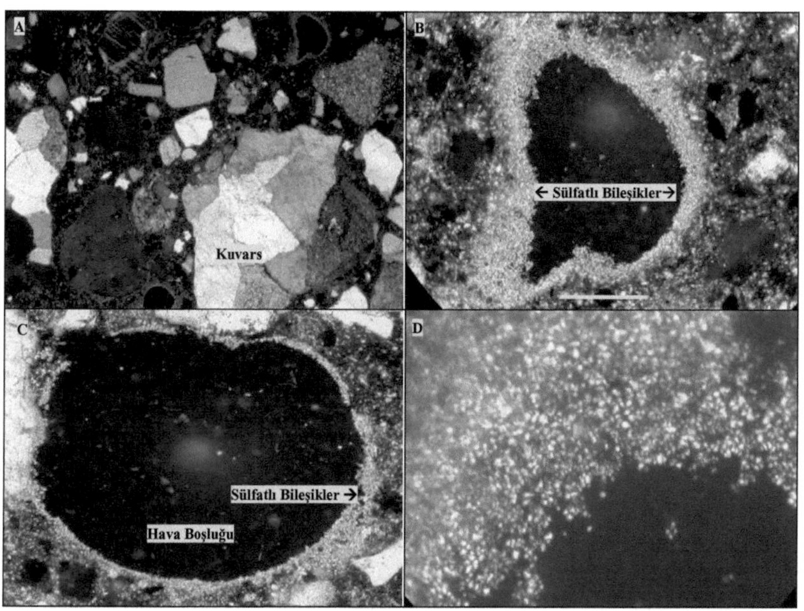

Şekil 57.Sülfatta kür edilmiş, hava sürükleyici içermeyen CEM II/B-M harç örneğine ait polarizan mikroskop (çift nikol) görüntüleri

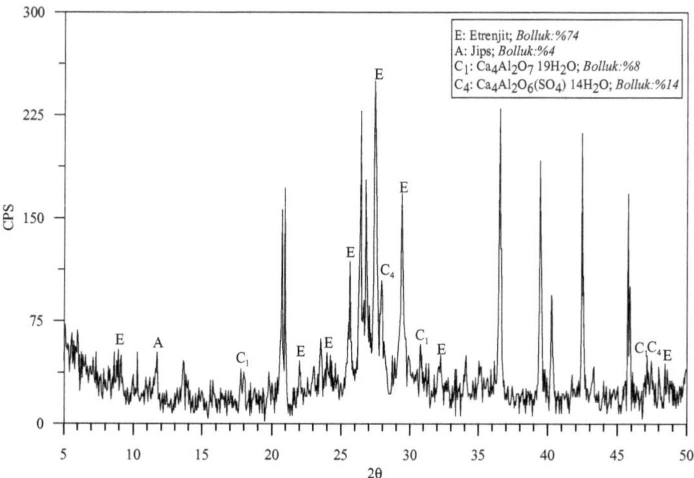

Şekil 58. Sülfatta kür edilmiş, hava sürükleyici içermeyen CEM II/B-M harç örneğine ait XRPD difraktogramı

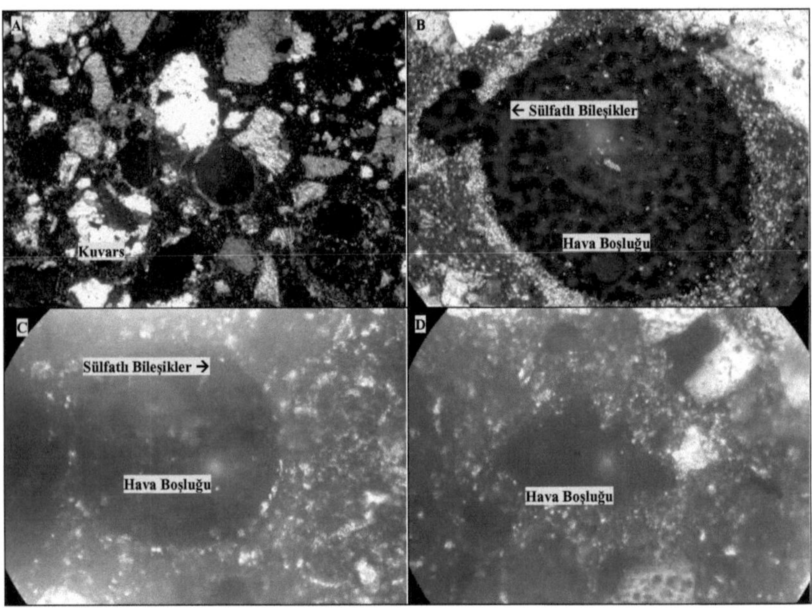

Şekil 59. Suda kür edilmiş, hava sürükleyici içermeyen CEM II/B-M harç örneğine ait polarizan mikroskop (çift nikol) görüntüleri

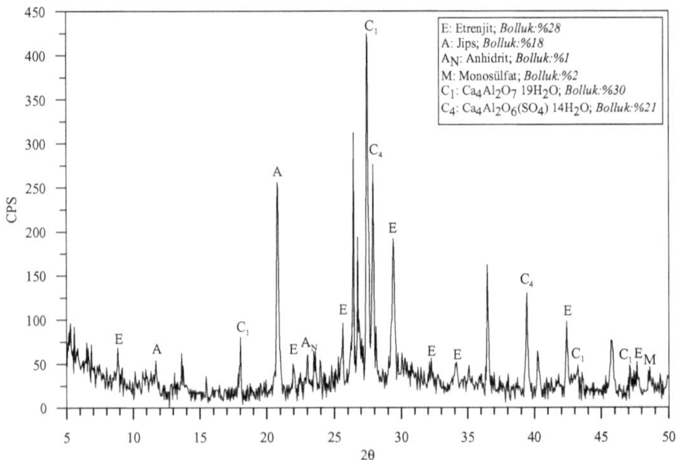

Şekil 60. Suda kür edilmiş, hava sürükleyici içermeyen CEM II/B-M harç örneğine ait XRPD difraktogramı

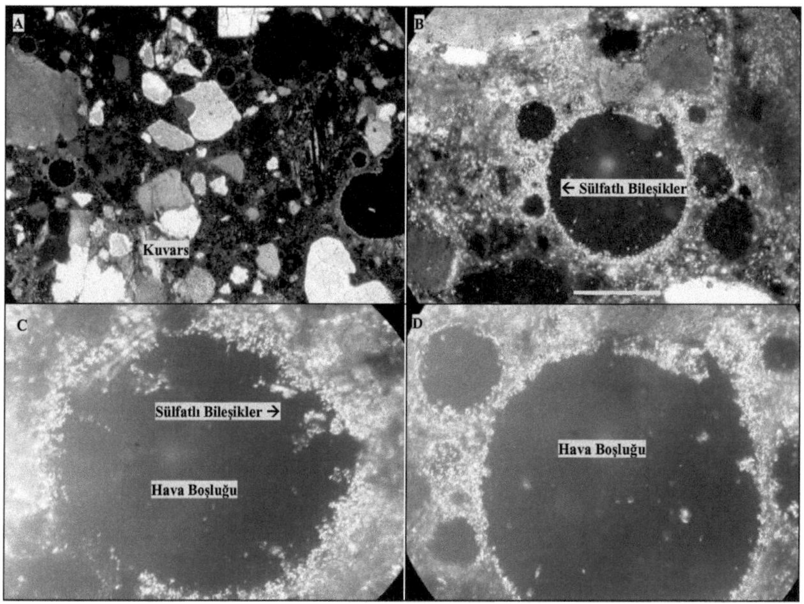

Şekil 61. Sülfatta kür edilmiş, hava sürükleyici içeren CEM II/B-M harç örneğine ait polarizan mikroskop (çift nikol) görüntüleri

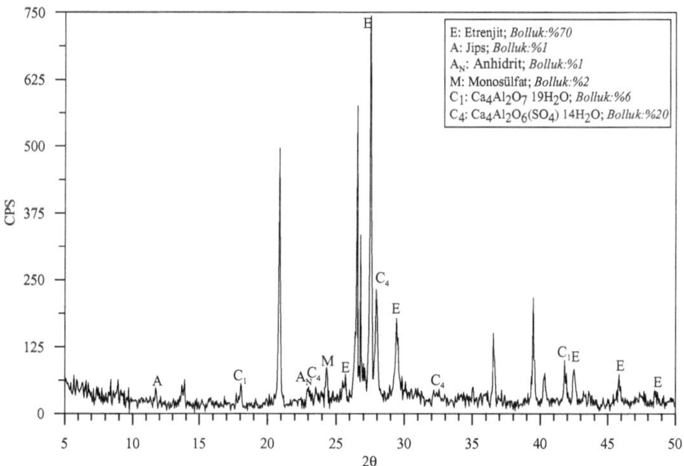

Şekil 62. Sülfatta kür edilmiş, hava sürükleyici içeren CEM II/B-M harç örneğine ait XRPD difraktogramı

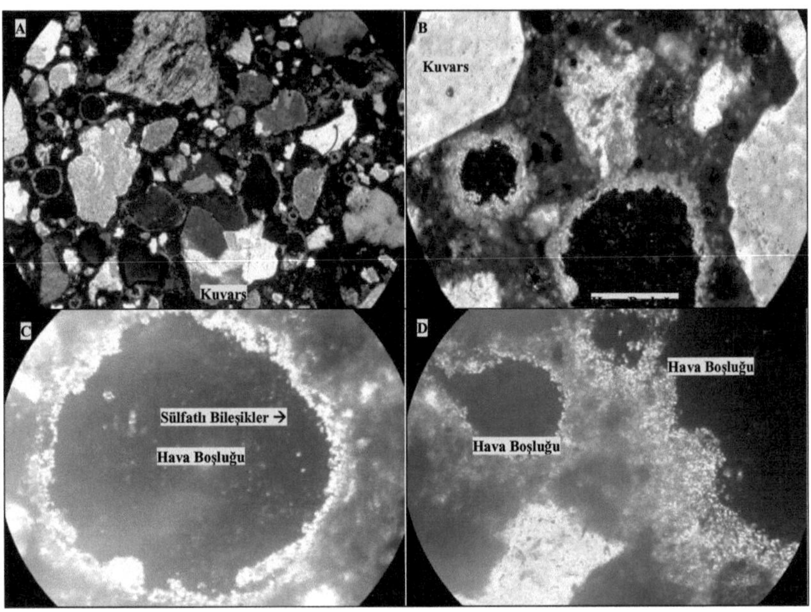

Şekil 63. Suda kür edilmiş, hava sürükleyici içeren CEM II/B-M harç örneğine ait polarizan mikroskop (çift nikol) görüntüleri

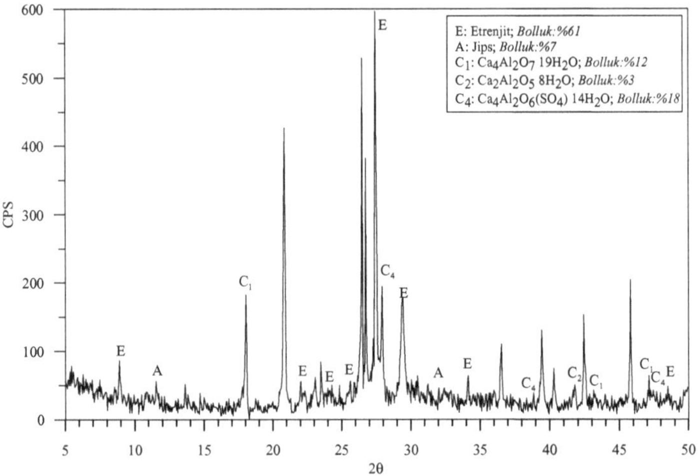

Şekil 64. Suda kür edilmiş, hava sürükleyici içeren CEM II/B-M harç örneğine ait XRPD difraktogramı

CEM IV/A örneğinden üretilmiş harçlar üzerinde gerçekleştirilen ince kesit ve XRPD incelemeleri (Şekil 65-72) farklı oranlarda oluşumlar göstermektedir. Bu çimento %30 oranında puzolanik malzeme içermekte ve bu ilave malzemeler içerisinde kalker bulunmamaktadır. Bu sebeple ilk göze çarpan bu örnekte önceki örneklere göre daha az etrenjit ve jips oluşmasıdır.

CEM IV/A (HSsiz, SO) örneğinde hamur içinde meydana gelen etrenjit oluşumlarına (Şekil 65) oranla, XRPD incelemeleri bu örnekte jips oranının oldukça düşük olduğunu ortaya koymaktadır (Şekil 66).

CEM IV/A (HSsiz, NO) örneğinde ise beklenildiği gibi nispeten daha düşük etrenjit ve jips oranı çıkmış bulunmaktadır (Şekil 67-68).

Sülfatta kür edilmiş, hava sürükleyici içeren CEM IV/A (HSli, SO) örneği ise CEM IV/A (HSsiz, SO) örneğinden farklı bir sonuç sergilememektedir (Şekil 69-70).

Bu çimentodan üretilen harç örneklerinde en yüksek oranda jips ve etrenjit oluşumu CEM IV/A (HSli, NO) örneğinde görülmektedir (Şekil 71-72). Bu durum hamur ve boşluk çevresinde rahatlıkla görülmektedir (Şekil 71).

Toplam sülfatlı bileşen yönünden ise önceki adı geçen örneklere göre CEM IV/A'dan üretilen örnekler önemli ölçüde düşüş sergilemektedirler.

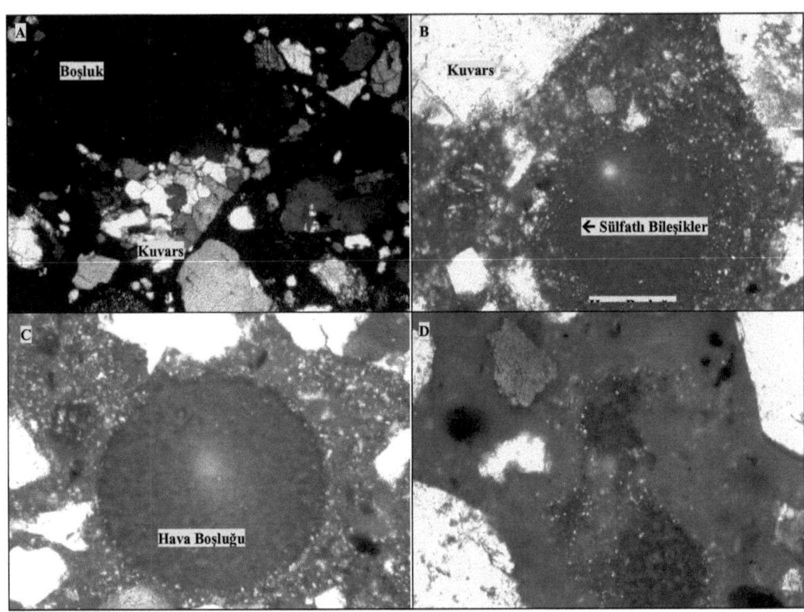

Şekil 65. Sülfatta kür edilmiş, hava sürükleyici içermeyen CEM IV/A harç örneğine ait polarizan mikroskop (çift nikol) görüntüleri

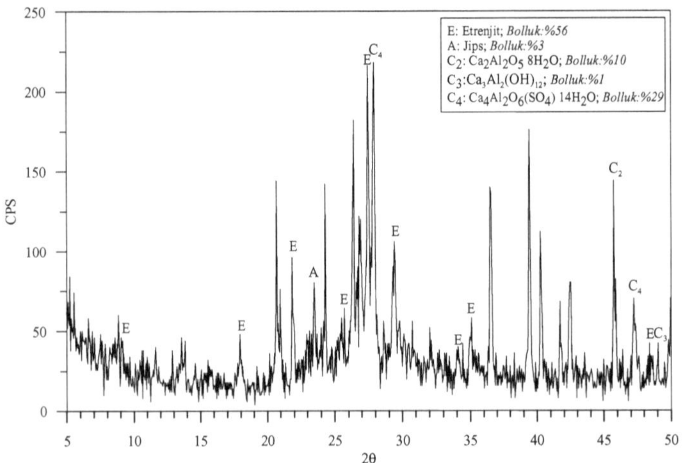

Şekil 66. Sülfatta kür edilmiş, hava sürükleyici içermeyen CEM IV/A harç örneğine ait XRPD difraktogramı

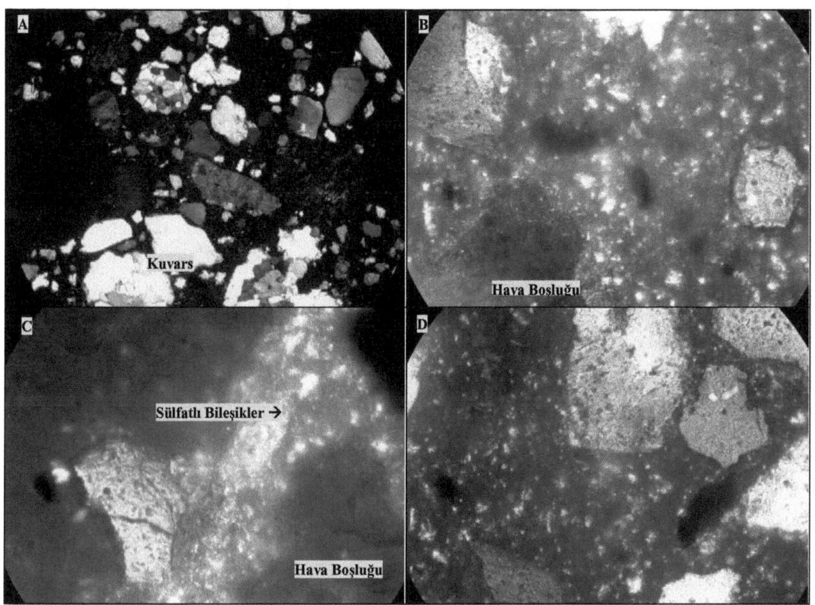

Şekil 67. Suda kür edilmiş, hava sürükleyici içermeyen CEM IV/A harç örneğine ait polarizan mikroskop (çift nikol) görüntüleri

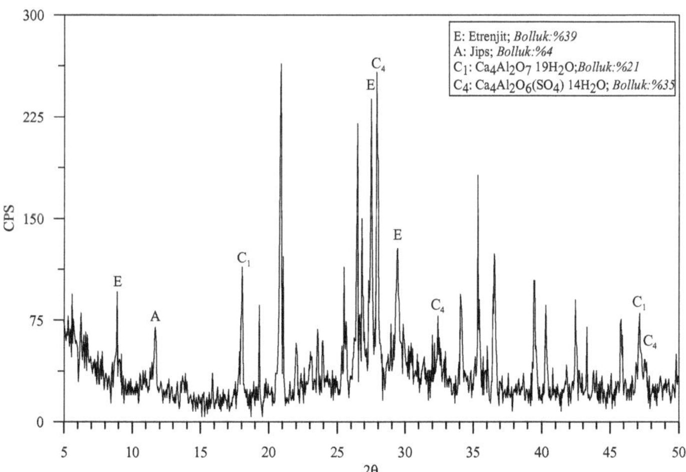

Şekil 68. Suda kür edilmiş, hava sürükleyici içermeyen CEM IV/A harç örneğine ait XRPD difraktogramı

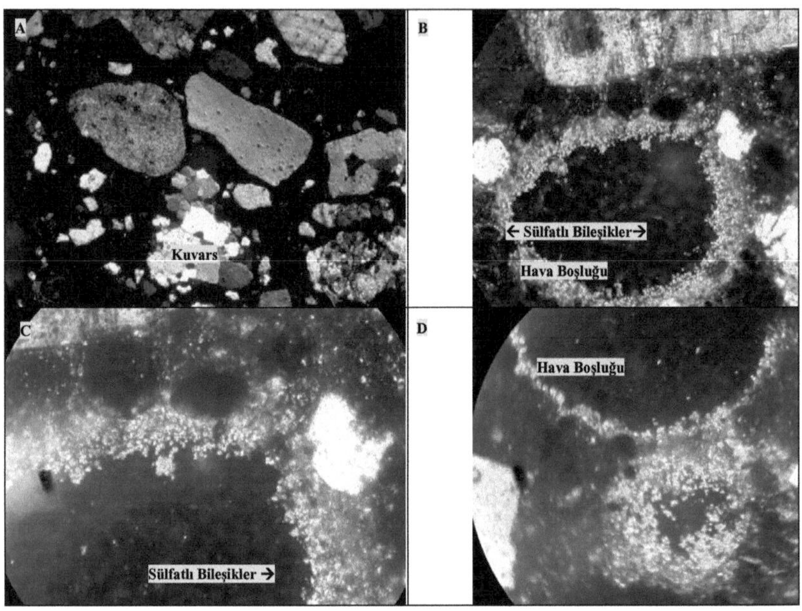

Şekil 69. Sülfatta kür edilmiş, hava sürükleyici içeren CEM IV/A harç örneğine ait polarizan mikroskop (çift nikol) görüntüleri

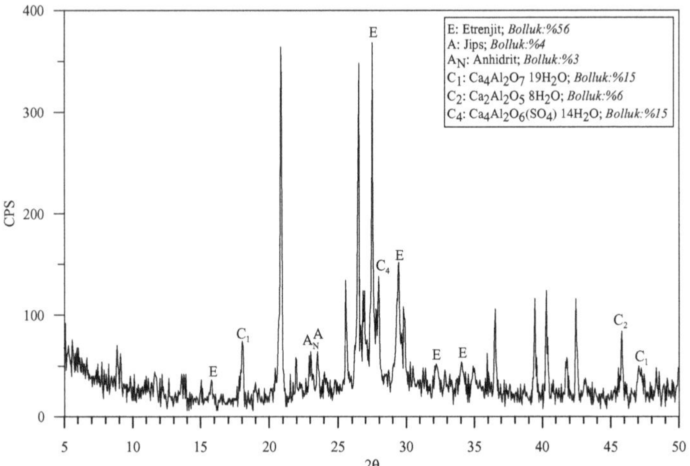

Şekil 70. Sülfatta kür edilmiş, hava sürükleyici içeren CEM IV/A harç örneğine ait XRPD difraktogramı

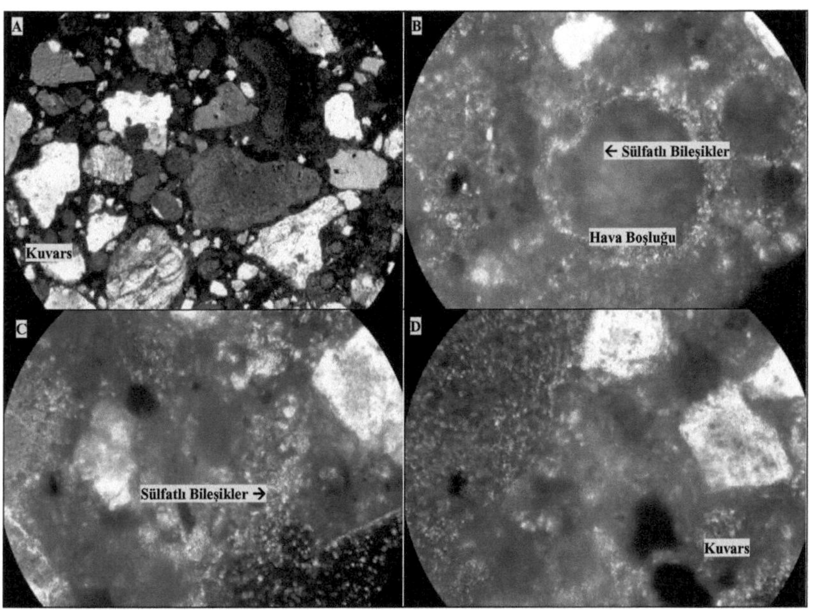

Şekil 71. Suda kür edilmiş, hava sürükleyici içeren CEM IV/A harç örneğine ait polarizan mikroskop (çift nikol) görüntüleri

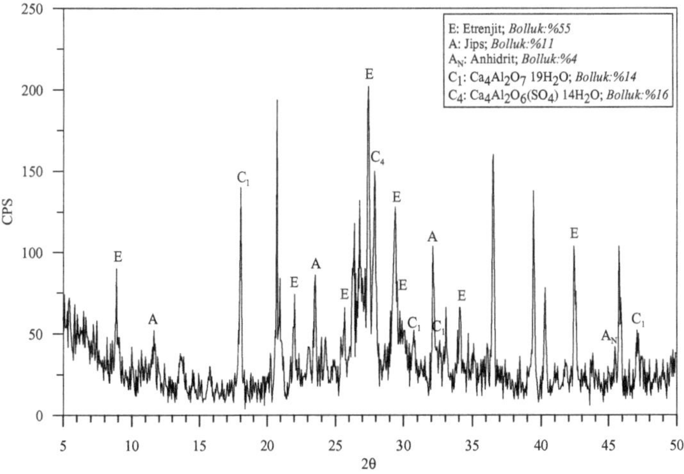

Şekil 72. Suda kür edilmiş, hava sürükleyici içeren CEM IV/A harç örneğine ait XRPD difraktogramı

Diğer çimento harç örneklerine nazaran daha düşük oranda CaO ve daha düşük oranda SiO_2 içeren CEM IV/B örneğinden üretilmiş harç örnekleri üzerinde yapılan ince kesit ve XRPD incelemeleri (Şekil 73-80), dikkat çekici oranlarla özellikle etrenjit oluşumuna işaret etmektedir.

Puzolanik katılım oranı %45 olan bu çimentonun sülfatta kür edilmiş, hava sürükleyici içermeyen CEM IV/B (HSsiz, SO) harç örneği yüksek oranda etrenjit içermektedir (Şekil 73-74). XRPD incelemeleri sonucuna göre ise belirgin oranda jips mineraline rastlanmamıştır.

XRPD incelemelerinden, CEM IV/B (HSsiz, NO) örneğinde yüksek oranda etrenjit ve bir miktar jips minerali tespit edilmesine rağmen, bu oluşumların hava boşluğu çevrelerinde görülmemesi, bunların daha çok hamur dokusu içerisinde meydana gelmiş olduğu anlamını taşımaktadır (Şekil 75-76).

Etrenjit ve jips oluşumlarının diğer örneklere göre daha yüksek bir düzeyde gerçekleştiği CEM IV/B (HSli, SO) örneğinde ise, bu oluşumlar hamur içerisinde ve bir miktarı da hava boşlukları etrafında görülmektedir (Şekil 77-78).

XRPD incelemeleri sonucu jips oluşumunun tespit edilemediği CEM IV/B (HSli, NO) örneğinde de yine yüksek sayılabilecek düzeyde etrenjit oluşumu gözlemlenebilmektedir (Şekil 79-80).

Genel olarak bu örnekteki yüksek sayılabilecek etrenjit oranlarına rağmen, bu durumun polarizan mikroskop görüntülerine açık olarak yansımaması, düşük CaO oranı sebebiyle bu minerallerin büyük boyutlu kristaller halinde ortaya çıkamamasına bağlanabilir.

Toplam sülfatlı bileşenler yönünden değerlendirildiğinde ise, suda kürlenmiş numuneler kendi içinde eşit düzeyde adı geçen mineral oluşumlarına sahipken, sülfatlı bileşenlerden hava sürükleyici içermeyen numuneler daha yüksek oranda bu oluşumlara sahip bulunmaktadır.

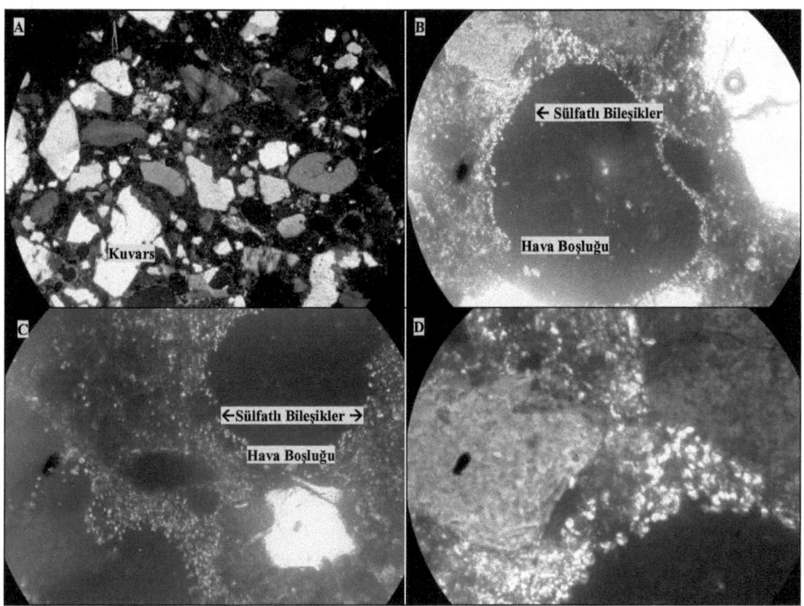

Şekil 73. Sülfatta kür edilmiş, hava sürükleyici içermeyen CEM IV/B harç örneğine ait polarizan mikroskop (çift nikol) görüntüleri

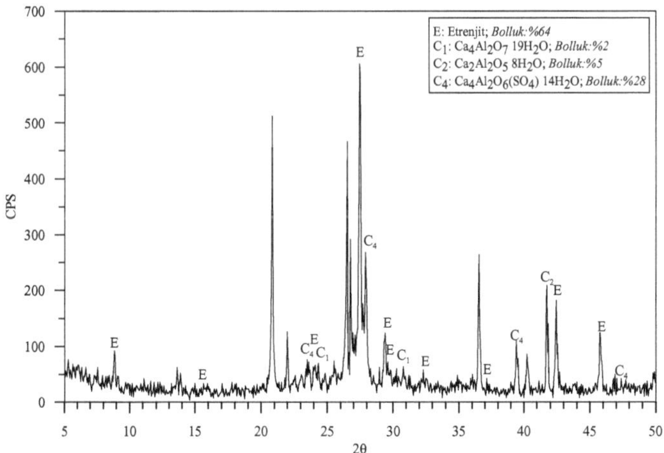

Şekil 74. Sülfatta kür edilmiş, hava sürükleyici içermeyen CEM IV/B harç örneğine ait XRPD difraktogramı

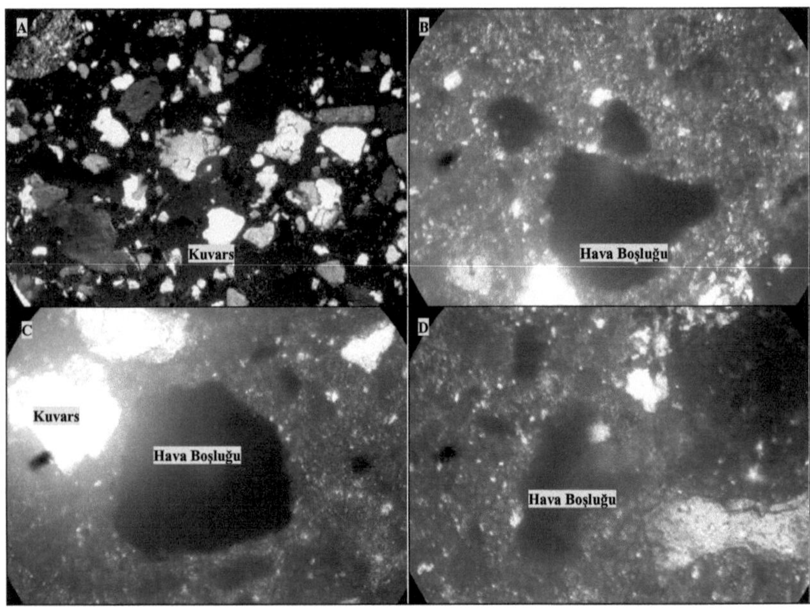

Şekil 75. Suda kür edilmiş, hava sürükleyici içermeyen CEM IV/B harç örneğine ait polarizan mikroskop (çift nikol) görüntüleri

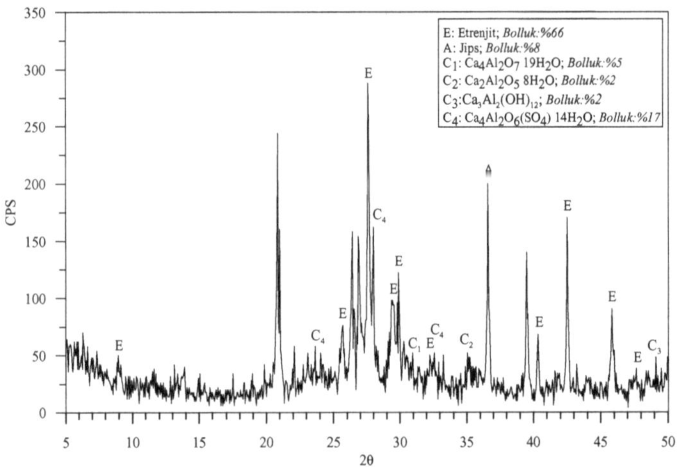

Şekil 76. Suda kür edilmiş, hava sürükleyici içermeyen CEM IV/B harç örneğine ait XRPD difraktogramı

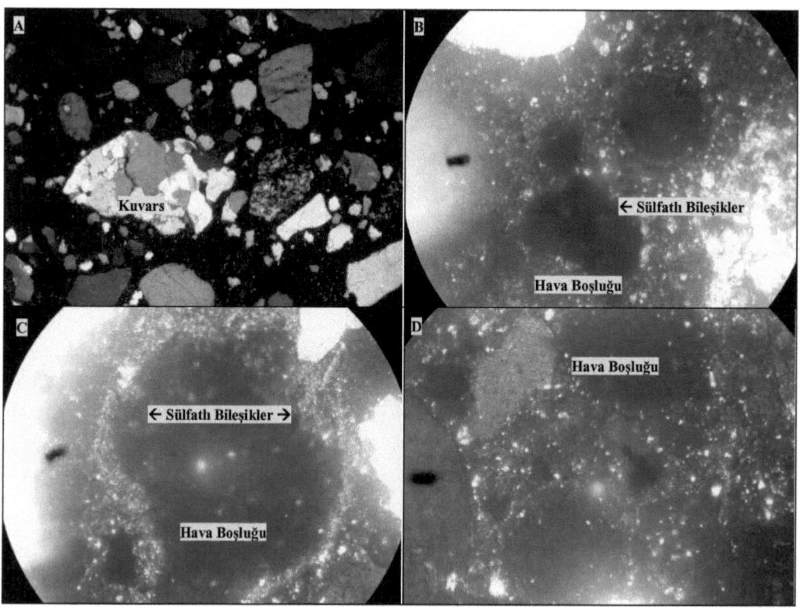

Şekil 77. Sülfatta kür edilmiş, hava sürükleyici içeren CEM IV/B harç örneğine ait polarizan mikroskop (çift nikol) görüntüleri

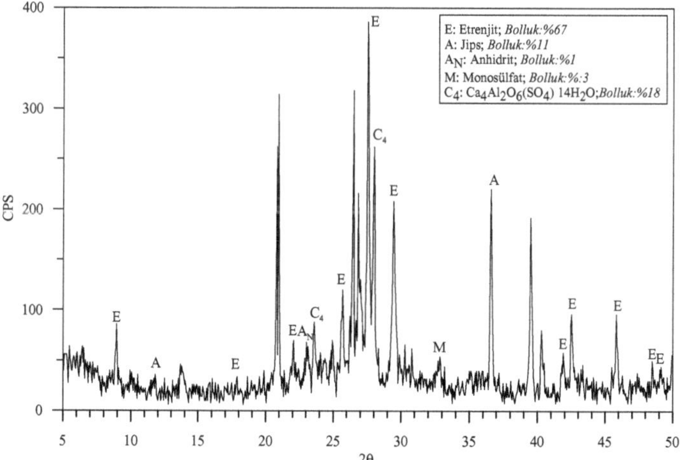

Şekil 78. Sülfatta kür edilmiş, hava sürükleyici içeren CEM IV/B harç örneğine ait XRPD difraktogramı

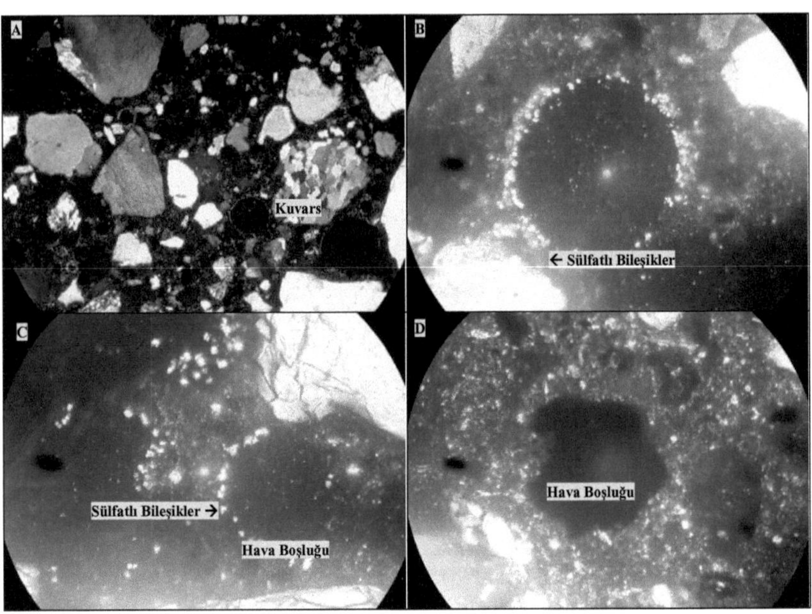

Şekil 79. Suda kür edilmiş, hava sürükleyici içeren CEM IV/B harç örneğine ait polarizan mikroskop (çift nikol) görüntüleri

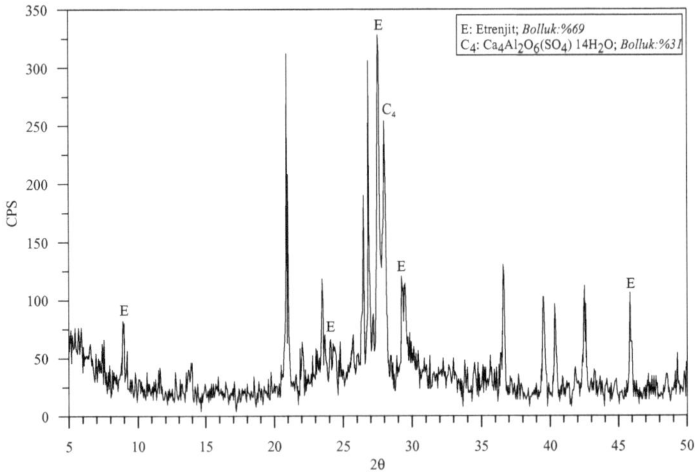

Şekil 80. Suda kür edilmiş, hava sürükleyici içeren CEM IV/B harç örneğine ait XRPD difraktogramı

CEM V/A örneğine, klinker oranından daha yüksek oranda puzolanik bileşen (kütlece %55) ilave edilmiş olup harç örneklerinin ince kesit ve XRPD inceleme sonuçları (Şekil 81-88) tartışmaya alınmıştır.

Sülfatta kür edilmiş, hava sürükleyici içermeyen CEM V/A (HSsiz, SO) örneğinin yüksek sayılamayacak oranda etrenjit ve bir miktar da jips oluşumu içerdiği (Şekil 81-82) belirtilmiştir. Bu oluşumlar özellikle hava boşlukları etrafında yoğunlaşmıştır.

CEM V/A (HSsiz, NO) örneğinde ise CEM V/A (HSsiz, SO) harç örneğine göre daha yüksek oranda etrenjit ve jips minerali tespit edilmesine rağmen, bu oluşumlar daha çok hamur içinde meydana gelmiş ve hava boşluğu çevrelerinde bu minerallere rastlanmamıştır (Şekil 83-84).

Etrenjit oluşumunun diğer örneklere göre daha düşük bir düzeyde gerçekleştiği CEM V/A (HSli, SO) örneğinde, bu oluşumların daha çok hamur içinde ve hava boşlukları etrafında yoğunlaştığı görülmektedir (Şekil 85-86).

Bu çimento harç örnekleri arasında ise en yüksek oranda etrenjit ve jips oluşumuyla CEM V/A (HSli, NO) örneği (Şekil 87-88) dikkat çekmektedir.

Genel olarak, su ortamında kür edilen numunelerde oluşan etrenjit ve jips mineralleri, çimento bileşiminde bulunan jipsten gelen sülfatla oluştuğu için bunlar daha çok hamur içinde bulunmaktadır. Öte yandan, sülfatlı ortamda bekletilen numunelerde ise, kür suyu aracılığıyla giren sülfatın daha çok suyun biriktiği hava boşlukları etrafında etrenjit vb. oluşumları meydana getirdiği görülmektedir.

Toplam sülfatlı bileşenler yönünden değerlendirildiğinde ise, suda kürlenmiş numunelerin, sülfatlı ortamda kür edilmiş numunelere göre daha yüksek oranda etrenjit ve jips mineralleri içerdiği belirlenmiştir.

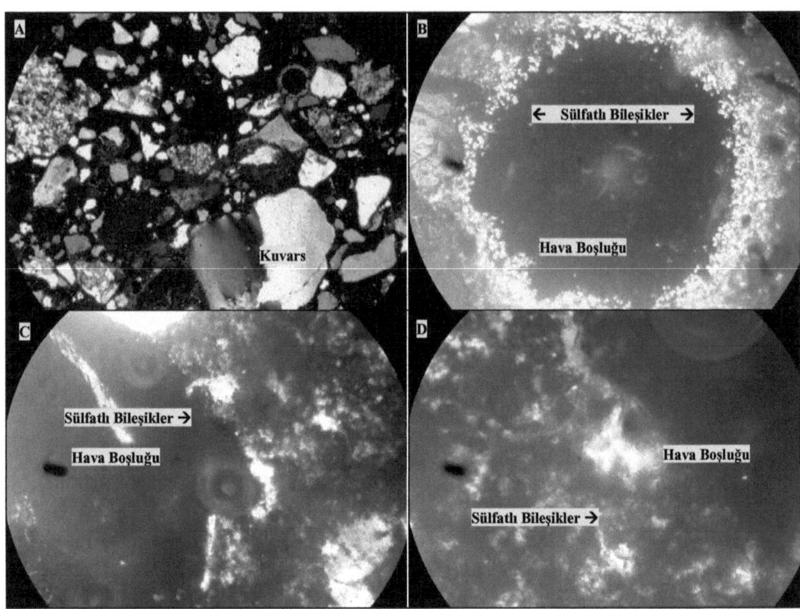

Şekil 81. Sülfatta kür edilmiş, hava sürükleyici içermeyen CEM V/A harç örneğine ait polarizan mikroskop (çift nikol) görüntüleri

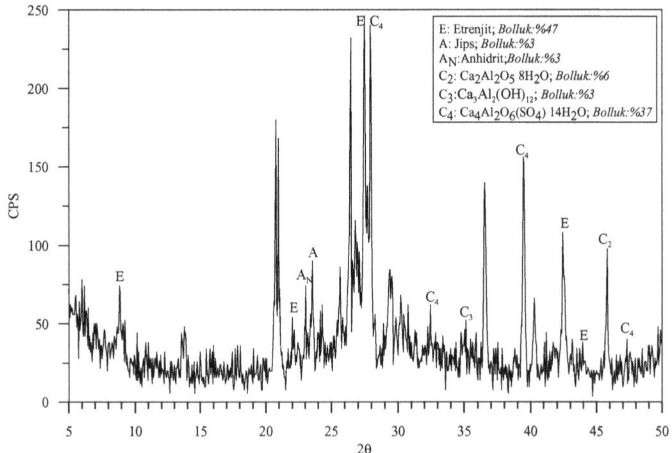

Şekil 82. Sülfatta kür edilmiş, hava sürükleyici içermeyen CEM V/A harç örneğine ait XRPD difraktogramı

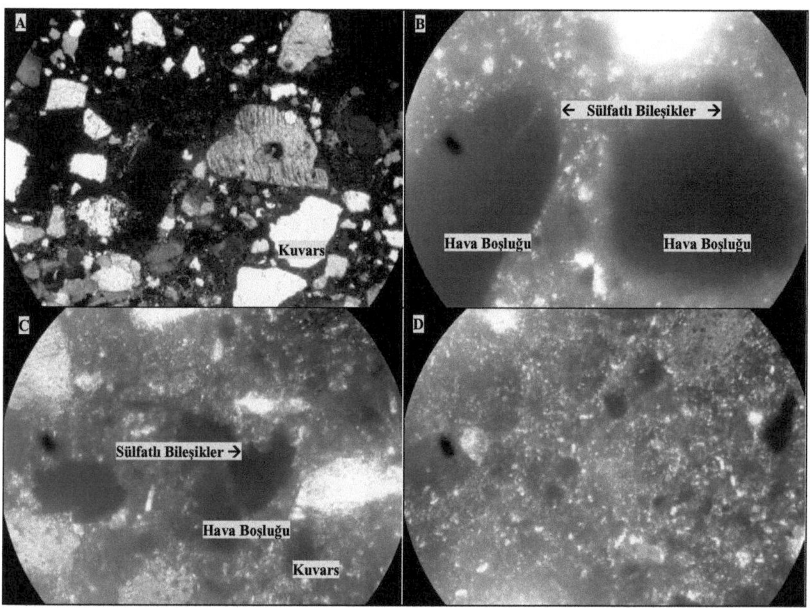

Şekil 83. Suda kür edilmiş, hava sürükleyici içermeyen CEM V/A harç örneğine ait polarizan mikroskop (çift nikol) görüntüleri

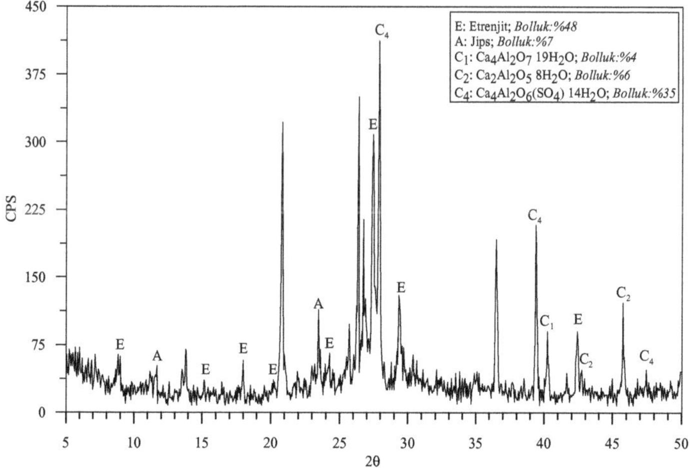

Şekil 84. Suda kür edilmiş, hava sürükleyici içermeyen CEM V/A harç örneğine ait XRPD difraktogramı

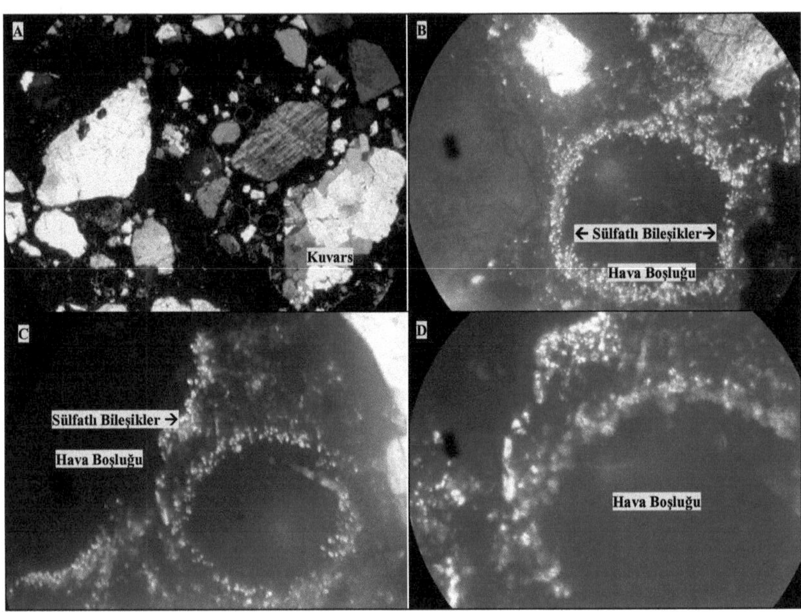

Şekil 85. Sülfatta kür edilmiş, hava sürükleyici içeren CEM V/A harç örneğine ait polarizan mikroskop (çift nikol) görüntüleri

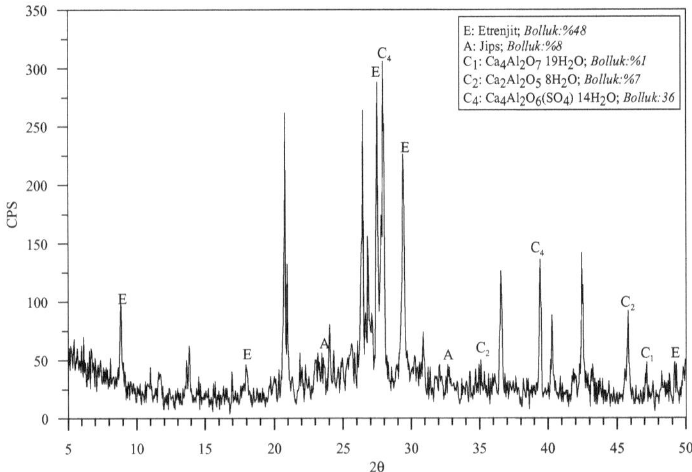

Şekil 86. Sülfatta kür edilmiş, hava sürükleyici içeren CEM V/A harç örneğine ait XRPD difraktogramı

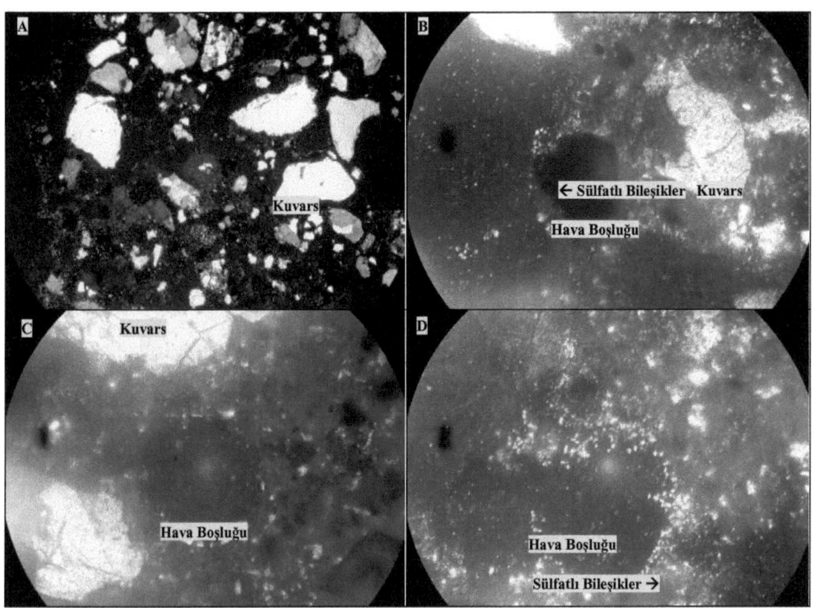

Şekil 87. Suda kür edilmiş, hava sürükleyici içeren CEM V/A harç örneğine ait polarizan mikroskop (çift nikol) görüntüleri

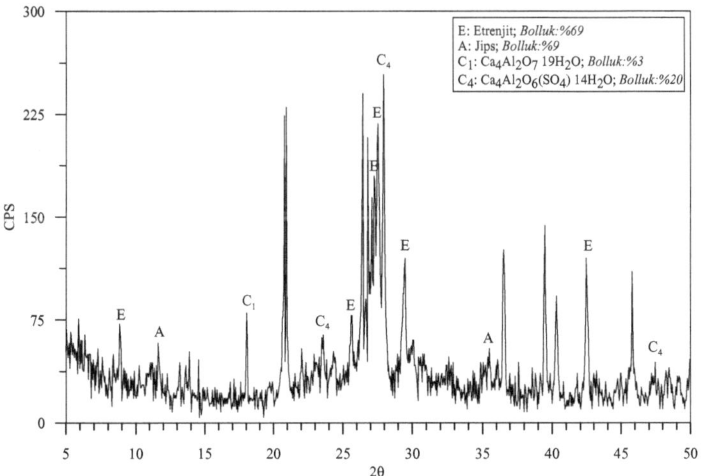

Şekil 88. Suda kür edilmiş, hava sürükleyici içeren CEM V/A harç örneğine ait XRPD difraktogramı

CEM V/B harcına kütlece %65 oranında puzolanik madde ilave edilmiş olup yapılan ince kesit ve XRPD incelemeleri (Şekil 89-96) sonucunda farklı oranlarda etrenjit ve jips oluşumlarına rastlanmıştır.

Sülfatta kür edilmiş, hava sürükleyici içermeyen CEM V/B (HSsiz, SO) örneği belirgin miktarda etrenjit ve çok düşük oranda jips içermektedir (Şekil 89-90). Bu oluşumlar özellikle hava boşlukları etrafında tespit edilebilmektedir.

CEM V/B (HSsiz, NO) örneğinde ise CEM V/B (HSsiz, SO) harç örneğine göre biraz daha yüksek oranda etrenjit ve jips minerali tespit edilmesine rağmen, bu oluşumlar daha çok hamur içinde meydana gelmiş ve hava boşluğu çevrelerinde bu mineraller görülmemiştir (Şekil 91-92).

Etrenjit oluşumunun diğer örneklere göre daha yüksek bir düzeyde gerçekleştiği CEM V/B (HSli, SO) örneğinde, bu oluşumlar hem hamur içinde ve hem de hava boşlukları etrafında açıkça görülmektedir (Şekil 93-94).

CEM V/B (HSli, NO) örneğinde ise ancak çok düşük oranda etrenjit ve jips minerali ortaya çıkmış bulunmaktadır (Şekil 95-96).

Toplam sülfatlı bileşik oranı ise en yüksek düzeyde CEM V/B (HSli, SO) örneğinde görülmüştür.

Hazırlanan çimento örnekleri içerisinde, en yüksek puzolanik malzemeye sahip olmasına rağmen, bu örnekten hazırlanan harçlarda gerek etrenjit gerekse jips oluşumu miktarında beklenildiği gibi bir düşüş tespit edilememiştir.

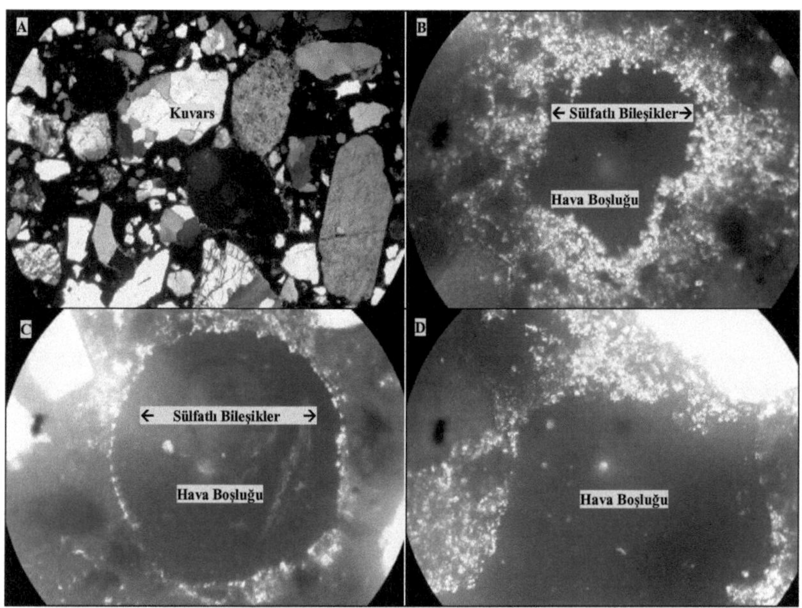

Şekil 89. Sülfatta kür edilmiş, hava sürükleyici içermeyen CEM V/B harç örneğine ait polarizan mikroskop (çift nikol) görüntüleri

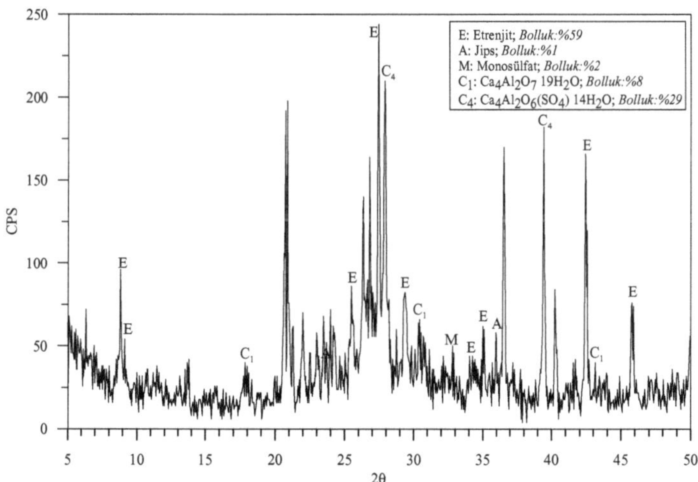

Şekil 90. Sülfatta kür edilmiş, hava sürükleyici içermeyen CEM V/B harç örneğine ait XRPD difraktogramı

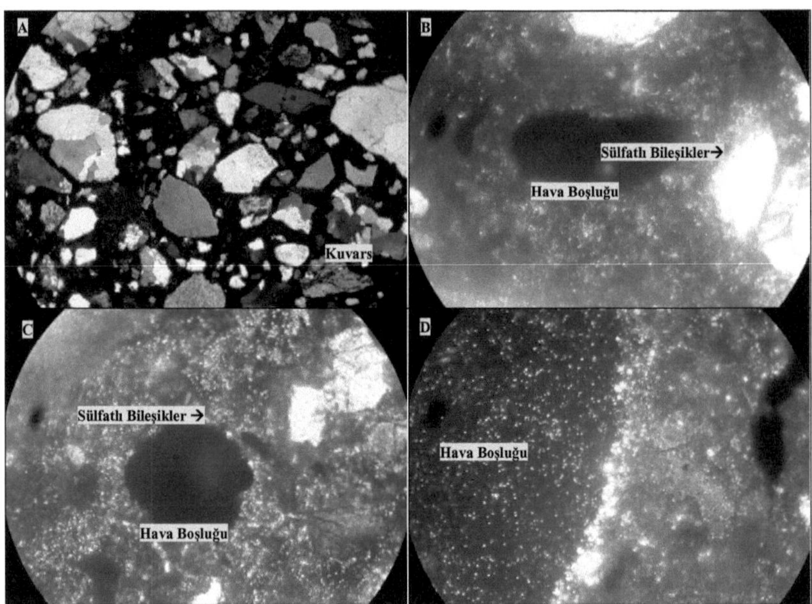

Şekil 91. Suda kür edilmiş, hava sürükleyici içermeyen CEM V/B harç örneğine ait polarizan mikroskop (çift nikol) görüntüleri

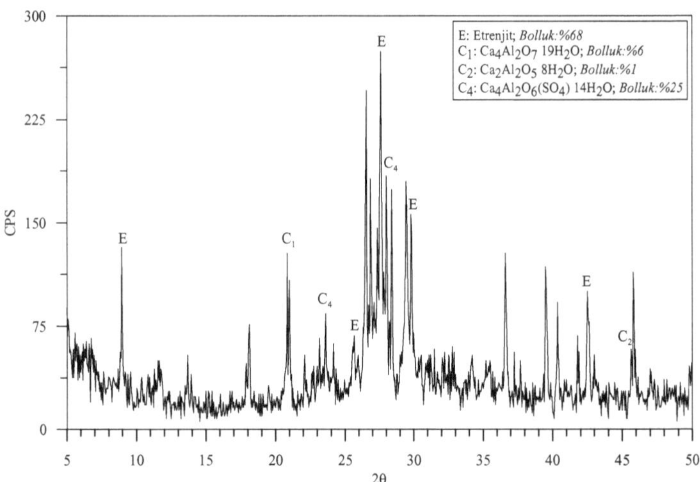

Şekil 92. Suda kür edilmiş, hava sürükleyici içermeyen CEM V/B harç örneğine ait XRPD difraktogramı

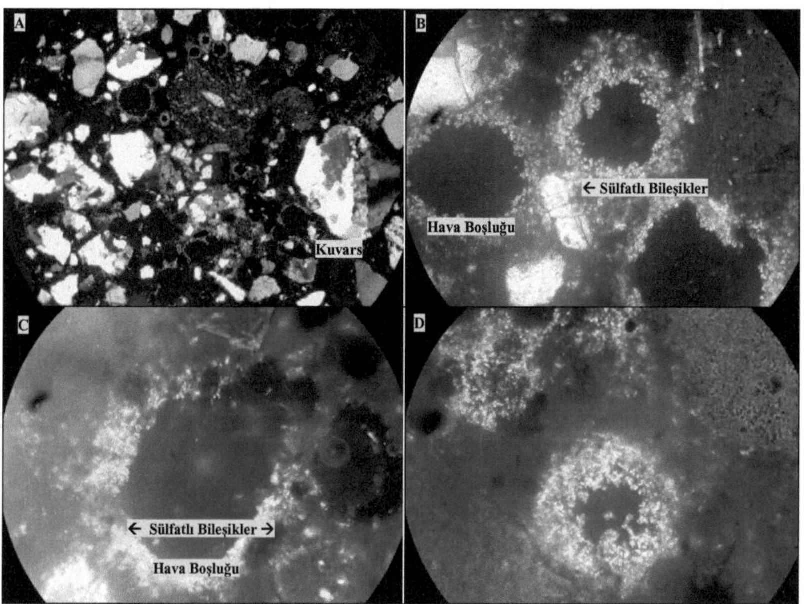

Şekil 93. Sülfatta kür edilmiş, hava sürükleyici içeren CEM V/B harç örneğine ait polarizan mikroskop (çift nikol) görüntüleri

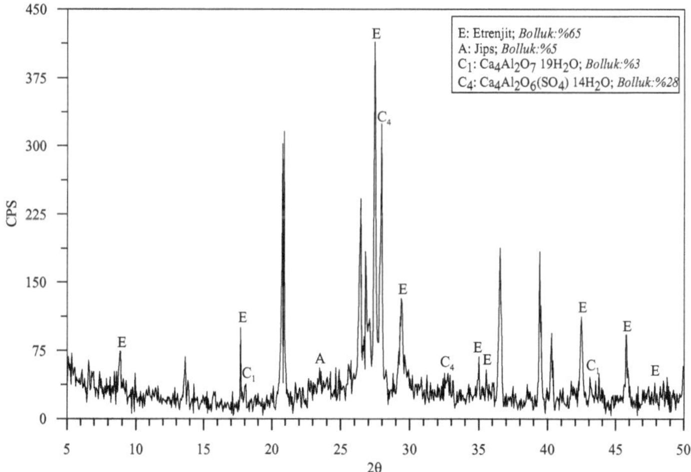

Şekil 94. Sülfatta kür edilmiş, hava sürükleyici içeren CEM V/B harç örneğine ait XRPD difraktogramı

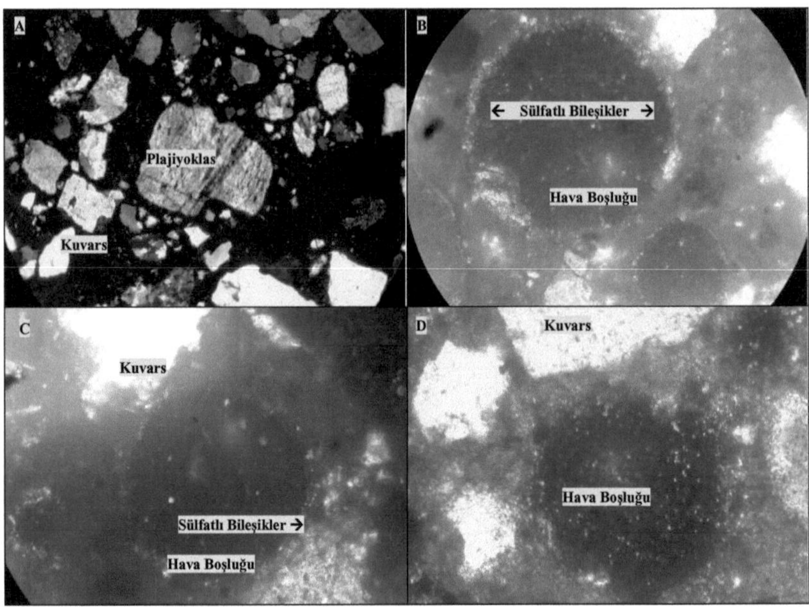

Şekil 95. Suda kür edilmiş, hava sürükleyici içeren CEM V/B harç örneğine ait polarizan mikroskop (çift nikol) görüntüleri

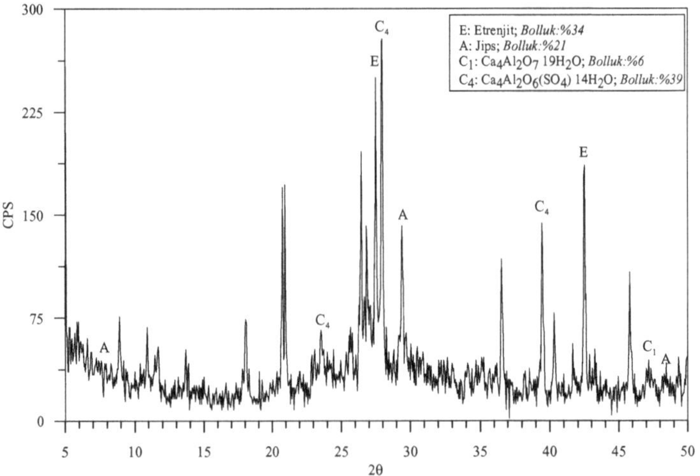

Şekil 96. Suda kür edilmiş, hava sürükleyici içeren CEM V/B harç örneğine ait XRPD difraktogramı

Yöntem olarak uygulanan ince kesit ve XRPD incelemeleri sonucunda aşağıda sıralanan bulgulara varılmış bulunulmaktadır;

1. Kütlece %25 puzolanik ilave bileşen oranı etrenjit ve alçı oluşumları açısından bir dönüm noktasını teşkil etmektedir. Bu orandan yüksek puzolanik ilave içeren numunelerde etrenjit oluşumu baskınken, bu oranın altında ise jips minerali oluşumu daha dikkat çekici düzeyde meydana gelmektedir.
2. Kalker bileşeni malzemeye pişmemiş puzolanik malzeme olarak ilave edildiğinde katılım oranına bağlı olarak etrenjit ve özellikle jips oluşumunu artırabilmektedir.
3. Genel itibariyle, su ortamında kür edilen numunelerde oluşan etrenjit ve jips mineralleri, çimento bileşiminde bulunan sülfattan meydana geldiği için bu oluşumlar daha çok hamur içinde bulunmaktadır. Öte yandan, sülfatlı ortamda bekletilen numunelerde ise sülfat yapıya daha çok kür suyu aracılığıyla girdiğinden mineral oluşumları suyun biriktiği hava boşlukları etrafında yoğunlaşmaktadır.
4. Etrenjit ve jips mineralleri özellikle hamur içindeki boşluklarda, ince kesit incelemeleriyle ayırt edilemezken, hava boşluklarında ise aynı yöntemle yüksek oranda etrenjit ve alçı mineralleri dilimler (latalar) halinde tespit edilmektedir.
5. Öte yandan bu sonuçlar, toplam sülfatlı bileşen oranı yüksek çıkan numunelerde gözle görülebilecek düzeyde kusurların ortaya çıktığını göstermektedir. Bu sebeple değerlendirmeler yapılırken jips ve etrenjit minerali oluşumunun birlikte değerlendirilmesi gerekmektedir.
6. Sülfatlı ortam etkisine maruz kalınmaksızın dahi, numunelerin kendi bünyelerindeki sülfat, zararlı jips ve etrenjit oluşumlarına neden olabilmektedir.

7. Genel olarak yüksek miktarda oluşan jips minerali örneklerde çatlamaya sebep olurken, etrenjit minerali ise örnek yüzeylerinde soyulmaya sebep olmuştur.
8. Betonun özellikle sıkı yapılı olması, sonradan oluşan sülfatlı bileşiklerin zararlı etkilerine karşı, puzolanik malzemelerin sağlayacağı katkıdan daha etkili olabilmektedir. Çünkü sıkı yapılı beton, kendi içerisinde sülfatlı bileşikler meydana gelse bile, dayanımı yüksek olduğundan bu etkilere karşı göğüs gerebilmektedir.

3.3.1.3. Jips ve Etrenjit Bolluğuyla Mekanik Özellikler Arasındaki İlişki

Toz yöntemiyle X-Işınları kırınım (XRPD) incelemelerinden elde edilen mineral bolluğu ile basınç dayanımı, eğilme dayanımı ve aşınma derinliği arasındaki ilişki ortaya konulmaya çalışılmıştır (Şekil 97). Daha önce de ifade edildiği gibi, burada kullanılan bolluk değerleri, XRPD incelemeleri sırasında mineral kristallerinden gelen yansımalardan elde edilen alanlar üzerinden hesaplanmış ve çok kesin olmamakla birlikte, numunedeki ilgili mineralin nicelikleri konusunda güvenilir ipuçları vermektedir. Böylece bu kısımda sülfat bileşiklerine dayalı minerallerin oluşum miktarıyla, bunların içerisinde bulunduğu harç örneklerinin mekanik özellikleri arasında bir ilişkinin bulunup bulunmadığı tespit edilmeye çalışılmıştır.

Etrenjit ve "jips + etrenjit" bileşiklerinin toplam içeriğiyle basınç dayanımı arasında ters gelişen bir ilişki olduğu görülmektedir (Şekil 97). Bu da etrenjit oluşumunun dayanımı düşürücü bir etkide bulunduğu anlamına gelmektedir. Jips oluşumunun ise basınç dayanımı üzerinde olumlu bir katkısı bulunduğu görülmüştür.

Benzer şekilde eğilme dayanımı ile söz konusu mineraller arasındaki ilişki değerlendirildiğinde, bu minerallerin oranlarındaki artışla eğilme dayanımında küçük de olsa bir düşüş göze çarpmaktadır. Etrenjit mineralinin ise jips mineraline göre bu dayanım üzerinde daha büyük bir katkı sağladığı görülmektedir.

Aşınma derinliği ile etrenjit, jips ve toplam sülfatlı bileşen miktarı arasındaki ilişki değerlendirildiğinde ise farklı sonuçlara varmak mümkündür. Buradan hareketle etrenjit ve jips mineralinin aşınma direncine olan bir miktar olumlu etkisi dikkat çekmektedir.

Sonuç olarak yoğunluğu etrenjit mineraline göre daha yüksek olan (Çizelge 20) jips minerali hamura mekanik yönden küçük bir yükseltici katkıda bulunurken, etrenjit mineralinin bu özelliğe düşürücü bir etkide bulunduğu gözlemlenmiştir. Ayrıca bu iki mineral aşınma derinliğini azaltıcı katkıda bulunmaktadır. Burada, adı geçen minerallerin su ortamında kür edilen örneklerde de ortaya çıktığı unutulmamalıdır. Genel olarak kurulan ilişkiler çok güçlü gözükmese de özellikle grafikler (Şekil 97) bu minerallerin mekanik özelliklere etkilerinin (artırıcı ve/veya azaltıcı yönde!) dikkate değer olduğunu kanıtlamaktadır.

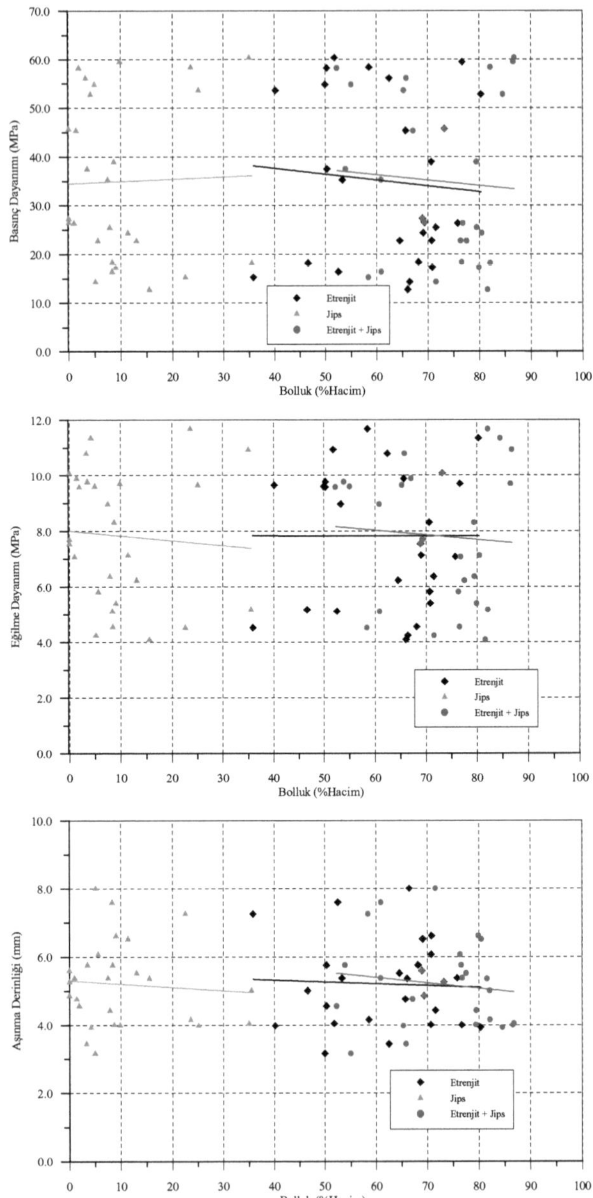

Şekil 97. XRPD'den elde edilen mineral bollukları ile basınç dayanımı, eğilme dayanımı ve aşınma derinliği arasındaki ilişki

3.3.2. Sülfat Etkisinde Bırakılan Çimento Harç Örneklerinin Basınç ve Eğilme Dayanımındaki Değişimler

Sülfatlı ortam etkisine maruz bırakılan harç örneklerinde, hamur içerisinde oluşan yapısal değişimler ve bozulmaların yanında, inşaat mühendislerini ilgilendiren en önemli konu, mekanik özelliklerde ki değişimlerdir. Önceki bölümlerde ayrıntılarıyla irdelendiği üzere, sülfatlı ortam etkisine maruz bırakılan betonlarda hacim değişiklerine neden olabilecek bazı mineraller ortaya çıkmaktadır. Bu minerallerin oluşturduğu iç gerilmelerin, harcın basınç ve eğilme dayanımlarının yanında aşınma özelliğine de etki edeceği ortadadır.

Bu bölümde, sülfatlı ortam etkisine maruz bırakılan yedi tür çimento örneğinden hazırlanan harçlarda 2, 7, 28, 90, 180, 270 ve 360 günlük süreler boyunca basınç ve eğilme dayanımda meydana gelen değişimler incelenecektir. Basınç dayanımında eğilme dayanımından farklı olarak ayrıca 2 günlük deney sonuçları da bulunmaktadır. Bu incelemeler çizelge (Çizelge 21-22) ve grafikler (Şekil 98-113) yardımıyla desteklenmektedir.

Öncelikle CEM I çimentosundan üretilen harçların basınç dayanımları ile kür süreleri arasındaki ilişki değerlendirildiğinde, hava sürükleyici içermeyen numuneler ve hava sürükleyici içeren numunelerin kendi içerisinde birbirlerine yakın bir seyir ortaya koydukları görülmektedir (Şekil 98). Genel olarak 55 MPa'ın üzerinde bir dayanım sergileyen CEM I (HSsiz, SO) örneği 270 günden sonra sülfatın etkisiyle dayanımında bir miktar (%3) düşüş eğilimi göstermiştir. CEM I (HSsiz, NO) harç örneğinin ise 360 gün sonunda en yüksek (nihai) dayanım noktasına erişmek üzere olduğu görülmektedir (59 MPa). Numunelerin 270 gün sonundaki ince kesit ve XRPD incelemeleri de birlikte değerlendirildiğinde, oluşan jips ve etrenjit etkisiyle bu küçük düşüşün (%3) meydana geldiği söylenebilir (Şekil 41-44). CEM I harçlarının hava sürükleyici içerenlerinde ise çok daha düşük bir basınç dayanımına (< 15 MPa) ulaşılmıştır. Sülfat içeren CEM I (HSli, SO) numunesi, etrenjit ve jips oluşumuna paralel olarak, hacim genleşmesi sebebiyle oluşan olumlu iç gerilmeler sayesinde daha dik bir izlem sergilerken, bu gerilmenin harç direncini aşmasıyla parçalanmış ve 180 günden sonra incelemelere alınması mümkün olamamıştır.

CEM I çimentosu için eğilme dayanımları dikkate alındığında ise basınç dayanımındaki duruma benzer bir sonucun ortaya çıktığı görülmektedir (Şekil 99). Hava sürükleyici içermeyen numunelerden sülfat etkisine maruz bırakılan CEM I (HSsiz, SO) örneği ilk günden itibaren daha yüksek bir eğilme dayanımına sahipken, bu durum 270 günden sonra düşüş eğilimine girmiştir. Hava sürükleyici içeren numunelerde ise 180 günden sonra CEM I (HSli, NO) örneğinde eğilme dayanımında bir yükseliş görülmemektedir.

Çizelge 21. Yedi çimento harç örneği için basınç dayanımının (MPa) zamanla (gün) değişimi

Sınıfı	HS içeriği	Ortam	2 Gün	7 Gün	28 Gün	90 Gün	180 Gün	270 Gün	360 Gün
CEM I	HSsiz	NO	24.3	40.3	48.8	50.50	53.76	58.22	58.69
		SO	28.3	41.1	49.8	52.30	57.57	60.40	58.66
	HSli	NO	3.8	7.1	10.5	11.20	12.10	12.74	14.42
		SO	3.1	5.6	6.7	11.30	14.42	-	-
CEM II/A-M	HSsiz	NO	23.4	36.7	49.4	51.50	53.80	59.49	59.91
		SO	23.4	35.2	46.3	51.00	55.42	58.40	56.62
	HSli	NO	3.1	5.9	17.7	17.90	18.33	18.34	18.34
		SO	3.1	12.2	16.8	17.40	18.16	18.17	17.40
CEM II/B-M	HSsiz	NO	15.8	31.5	42.8	46.70	49.81	53.65	53.77
		SO	15.4	28.3	39.4	45.40	52.78	52.83	50.77
	HSli	NO	8.1	14.0	20.2	21.50	22.96	25.46	25.63
		SO	8.1	13.3	19.0	21.00	24.04	26.32	25.90
CEM IV/A	HSsiz	NO	18.4	31.8	47.2	50.30	52.60	54.85	55.26
		SO	18.7	26.7	44.7	50.50	54.97	56.13	54.25
	HSli	NO	7.1	12.4	18.4	20.10	22.55	22.72	22.83
		SO	7.1	11.6	18.4	20.50	21.40	22.74	21.54
CEM IV/B	HSsiz	NO	7.1	16.1	26.4	32.20	37.66	38.98	39.92
		SO	4.4	14.3	26.1	27.00	27.48	26.49	23.19
	HSli	NO	4.1	9.7	17.4	22.60	25.54	27.27	28.22
		SO	4.1	8.7	12.7	18.30	23.70	24.33	19.76
CEM V/A	HSsiz	NO	5.0	13.6	23.7	29.90	34.21	35.30	36.00
		SO	5.0	13.3	21.2	29.30	34.79	37.52	37.72
	HSli	NO	3.2	6.5	12.7	14.70	16.73	17.30	17.98
		SO	3.1	6.2	10.6	13.60	15.94	16.40	18.14
CEM V/B	HSsiz	NO	6.5	17.1	33.6	37.80	41.92	45.74	47.10
		SO	6.5	15.8	30.2	36.90	42.01	45.37	45.95
	HSli	NO	2.8	5.9	11.9	13.40	14.25	15.25	15.56
		SO	2.7	6.2	10.3	12.90	14.15	14.32	14.50

Sülfatlı ortamda bulunan numunelerin bu davranışına şu şekilde bir açıklama getirilmesinin doğru olduğu düşünülmektedir; Ortamda bulunan sülfatın, çimentoya dışarıdan ilave edilen ve jipse benzer bir görev üstlenerek hidratasyonun sağlıklı bir şekilde gerçekleşmesine katkıda bulunduğu anlaşılmaktadır. Böylece kristaller daha mükemmel bir şekilde oluşmaktadır. Bununla birlikte, hamurdaki doğal boşlukları dolduran, özellikle jips ve etrenjit mineralleri ilk zamanlarda, hamura yüksek doluluk kazandırarak, dayanım yükselişine katkıda bulunmaktadır. Bu durum, boşlukların doldurulmasından öteye taşan bir hacim artışı şeklinde bir gelişme gösterdiğinde ise, yükselen iç gerilmelerin hamur dokusunun direncini azalttığı ve basınç ve eğilme dayanımının gelişimini yavaşlattığı, durdurduğu ya da düşürdüğü görülmektedir.

Çizelge 22. Yedi çimento harç örneği için eğilme dayanımının (MPa) zamanla (gün) değişimi

Sınıfı	HS içeriği	Ortam	7 Gün	28 Gün	90 Gün	180 Gün	270 Gün	360 Gün
CEM I	HSsiz	N	4.90	6.89	7.24	7.66	9.58	10.69
		S	7.26	8.20	9.22	10.30	10.94	10.00
	HSli	N	2.96	3.46	3.82	4.07	4.09	4.14
		S	2.55	2.80	3.85	4.17	-	-
CEM II/A-M	HSsiz	N	5.98	8.01	8.55	8.99	9.70	10.01
		S	7.24	9.11	9.80	11.10	11.68	11.30
	HSli	N	1.57	4.62	4.64	4.45	4.55	4.57
		S	3.20	4.60	4.78	5.07	5.17	5.44
CEM II/B-M	HSsiz	N	6.63	8.59	8.93	9.61	9.65	9.70
		S	5.22	8.09	8.81	9.97	11.35	11.11
	HSli	N	3.68	5.55	5.63	6.29	6.37	6.39
		S	3.46	5.05	5.79	6.82	7.08	7.12
CEM IV/A	HSsiz	N	5.41	8.35	9.28	9.40	9.60	10.15
		S	4.92	8.51	9.98	10.66	10.80	10.60
	HSli	N	3.10	4.91	5.26	5.51	6.23	6.39
		S	3.01	4.66	5.46	5.54	5.82	6.00
CEM IV/B	HSsiz	N	3.16	5.33	6.41	7.58	8.31	8.59
		S	4.33	8.28	8.44	8.65	7.70	5.81
	HSli	N	2.72	4.94	6.36	7.08	7.54	7.82
		S	2.41	3.48	5.15	6.41	7.13	5.31
CEM V/A	HSsiz	N	3.38	6.11	7.67	8.83	8.97	9.36
		S	3.40	5.44	8.02	9.74	9.77	9.79
	HSli	N	1.90	3.80	4.20	4.87	5.40	5.93
		S	1.94	3.53	4.69	5.06	5.11	5.13
CEM V/B	HSsiz	N	3.80	7.30	8.59	9.61	10.09	11.15
		S	3.59	7.19	7.93	10.11	9.89	9.78
	HSli	N	1.68	3.72	4.04	4.37	4.52	4.77
		S	1.83	3.49	4.03	4.67	4.24	4.23

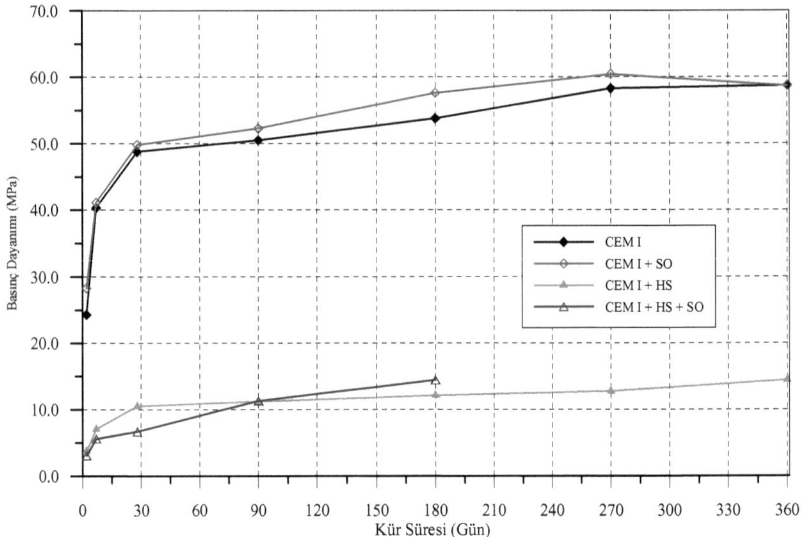

Şekil 98. CEM I çimentosu harç örneklerinin basınç dayanımının zamanla değişimi

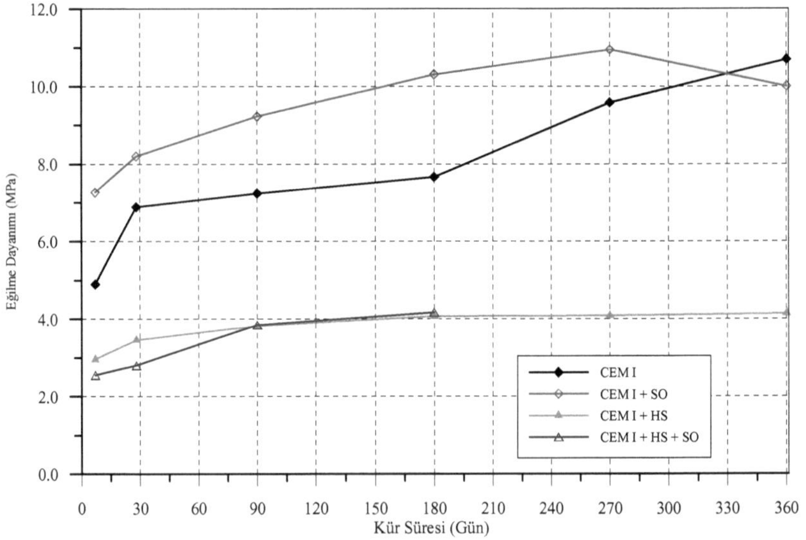

Şekil 99. CEM I çimentosu harç örneklerinin eğilme dayanımının zamanla değişimi

CEM II/A-M çimentosuna ait harç örnekleri kendi aralarında değerlendirildiğinde, su ortamında kür edilen CEM II/A-M (HSsiz, NO) örneği sülfat ortamında bekletilen CEM II/A-M (HSli, SO) örneğinden daha yüksek basınç dayanımı (60 MPa > 57 MPa) sergilemekle birlikte eğilme dayanımında daha düşük düzeyde kalmaktadır (11.3 MPa > 10 MPa). Hava sürükleyici içeren numuneler ise birbirine yaklaşık basınç dayanımları sunmalarının yanında, yine eğilme dayanımı yönünden sülfatlı ortamdaki örneklerin (CEM II/A-M (HSli, SO)) daha yüksek bir başarım (5.44 MPa > 4.57 MPa) sergiledikleri görülmektedir (Şekil 100-101).

Basınç dayanımı gelişiminin aksine, bütün kür süreleri ve iki harç yapısı birbirleriyle karşılaştırıldıklarında, eğilme dayanımının sülfatlı ortamda bekletilen örneklerde yüksek çıkması, sülfatın bu örneklerde eğilme dayanımına yükseltici bir katkıda bulunduğunu gösterir.

Öte yandan, bu çimentodan üretilerek su içinde bekletilen CEM II/A-M (HSsiz, NO) harcının, CEM I (HSsiz, NO) örneğinden daha yüksek bir basınç (%2) ve eğilme (%7) dayanımı sergilediği görülmüştür. Ancak aynı örnekler sülfat etkisine maruz kaldığında ise 360 gün sonunda CEM I (HSsiz, SO) örneğinin, CEM II/A-M (HSsiz, SO) örneğinden az da olsa daha yüksek basınç dayanımı (%4) sergilediğini, buna karşın eğilme dayanımında belirgin bir oranda (%13) geride kaldığı gözlemlenmiştir.

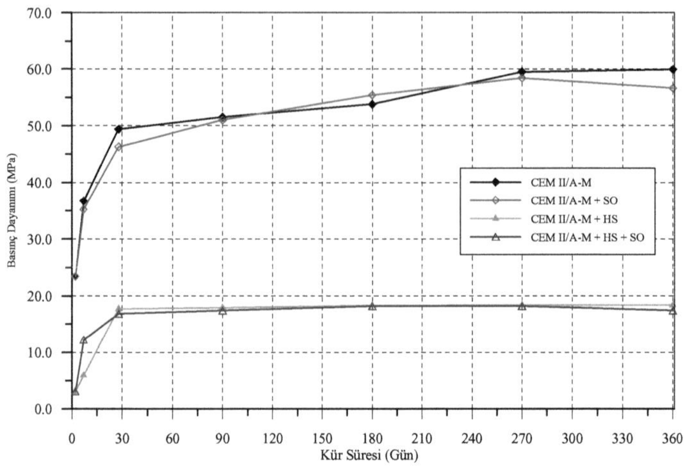

Şekil 100. CEM II/A-M çimentosu harç örneklerinin basınç dayanımının zamanla değişimi

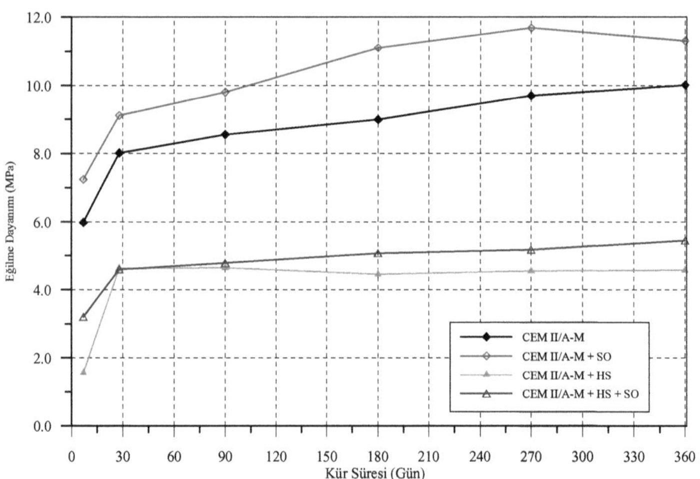

Şekil 101. CEM II/A-M çimentosu harç örneklerinin eğilme dayanımının zamanla değişimi

CEM II/B-M çimentosu, her ne kadar CEM II/A-M çimentosu ile birbirine yakın özellikte mineral bileşimine sahip olsalar da, bunların basınç dayanımlarının daha düşük düzeyde kaldığı görülür. Bu bağlamda 28 günlük basınç dayanımı sonuçları üzerinden ortalama dayanımı (42.8 MPa) ele alındığında, bunun ancak bir alt standart dayanım sınıfına (32.5 MPa) karşılık gelebileceği görülmüştür.

CEM II/B-M (HSsiz, SO) harç örneği 28 günden sonra daha hızlı bir dayanım kazanma sürecine girerek 6 ayın sonunda CEM II/B-M (HSsiz, NO) örneğinden daha yüksek bir basınç dayanımına erişmiştir (Şekil 102). Ancak sülfat etkisiyle değişen yapısı, bu örneği bir miktar dayanım kaybına uğratmış olup 9 ve 12 aylık süreler sonunda daha düşük basınç dayanımına geriletmiştir (51 MPa < 54 MPA). Hava sürükleyici içeren örneklerin ise yaklaşık özdeş düzeyde basınç dayanımı (26 MPa) sergilediği görülür.

Eğilme dayanımı yönünden ise, sülfatlı ortamda kür edilen, hava sürükleyici içermeyen CEM II/B-M (HSsiz, SO) harç örneği üçüncü aydan itibaren CEM II/B-M (HSsiz, NO) harç örneğinden %7 oranında daha yüksek dayanım göstermiştir (Şekil 103). Dokuzuncu aydan sonra ise bu örneğin eğilme dayanımında bir gerileme olmuştur. Diğer yandan benzer sonuçlar hava sürükleyici içeren harçlar için de söz konusu olmuştur. Burada da sonradan oluşan etrenjit ve jipsin hamurdaki doluluğu artırarak harca daha yüksek dayanım kazandırdığı düşünülmektedir.

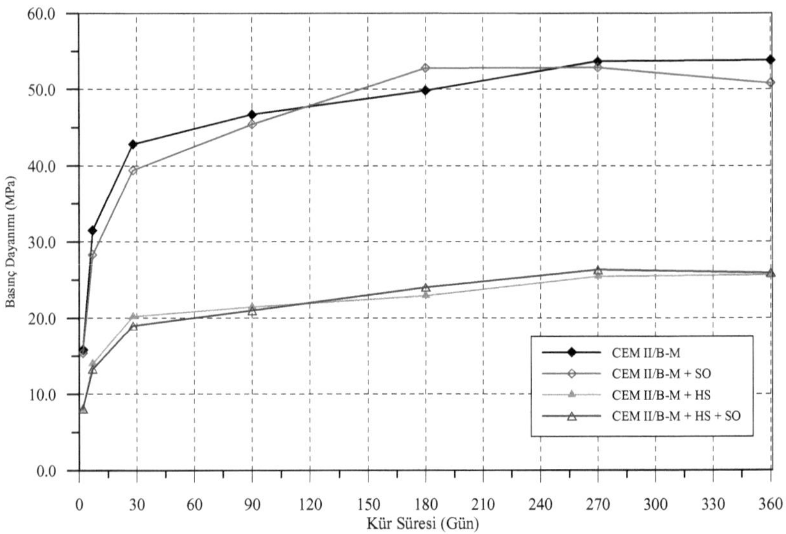

Şekil 102. CEM II/B-M çimentosu harç örneklerinin basınç dayanımının zamanla değişimi

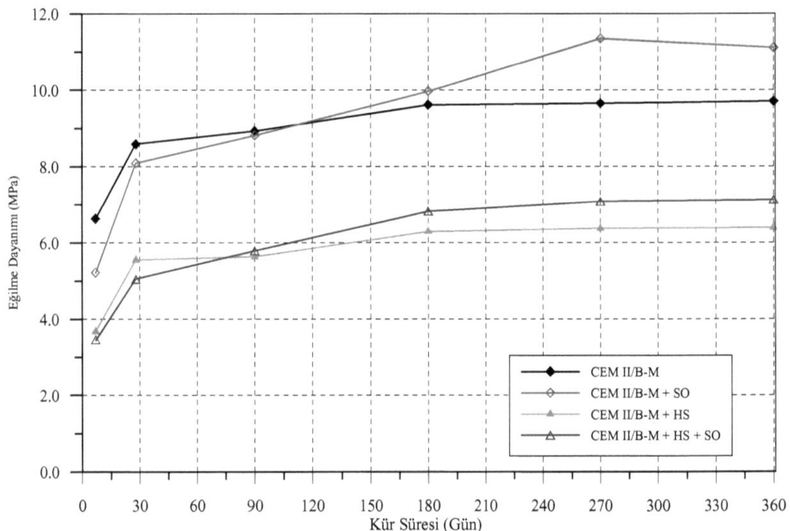

Şekil 103. CEM II/B-M çimentosu harç örneklerinin eğilme dayanımının zamanla değişimi

CEM IV/A çimentosundan üretilen harç örnekleri için basınç dayanımı izlemleri birbirine yakın seyretmekte ve bunlardan hava sürükleyici içermeyen numuneler 55 MPa düzeyinde değerlere erişmektedir (Şekil 104). Üçüncü aydan sonra sülfatlı örnekler, sudaki örneklere göre bir miktar daha yükseliş gösterse de genel olarak iki ortamın örnekleri birbirine yakın dayanımlar sergilemektedir. Diğer yandan hava sürükleyici katkı içeren örnekler de 20 MPa üzerinde değerlerle birbirine yakın basınç dayanımı izlemleri göstermektedir.

Eğilme dayanımlarında ise ilk aydan itibaren CEM IV/A (HSsiz, SO) örneği, CEM IV/A (HSsiz, NO) harç örneğine göre üstün bir dayanım ortaya koymuştur (Şekil 105). Hava sürükleyici içeren örnekler ise birbirleriyle hemen hemen çakışan seyirler izleseler de su ortamında kür edilen numune altıncı aydan itibaren biraz daha yüksek dayanıma erişmiştir (6.4 MPa > 6 MPa).

Daha önceki çimento harç örneklerine göre başarımları birbirleriyle karşılaştırıldığında CEM IV/A örneğinin CEM II/B-M örneğinden daha yüksek basınç dayanımı sergilemekle birlikte CEM I ve CEM II/A-M çimentolarından üretilen harçların basınç dayanımından daha düşük seviyede kaldığı görülmektedir (Çizelge 21). Eğilme dayanımı ise diğer örneklerle hemen hemen aynı düzeydedir (Çizelge 22).

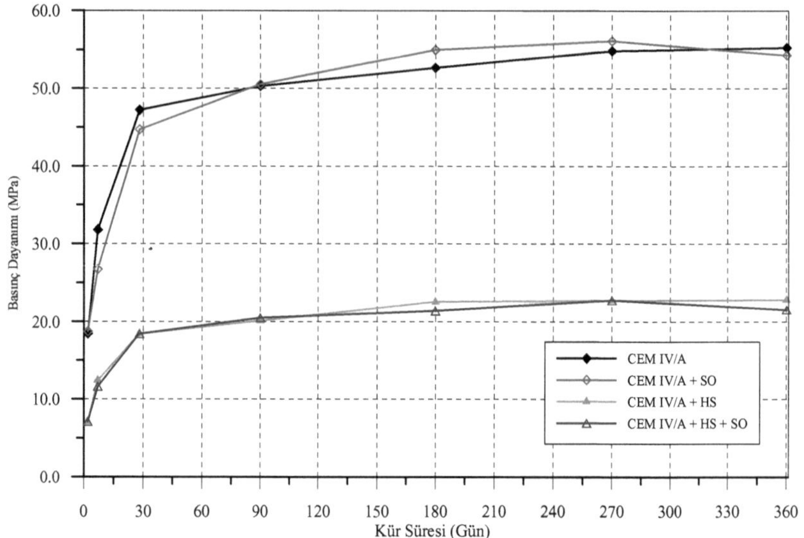

Şekil 104. CEM IV/A çimentosu harç örneklerinin basınç dayanımının zamanla değişimi

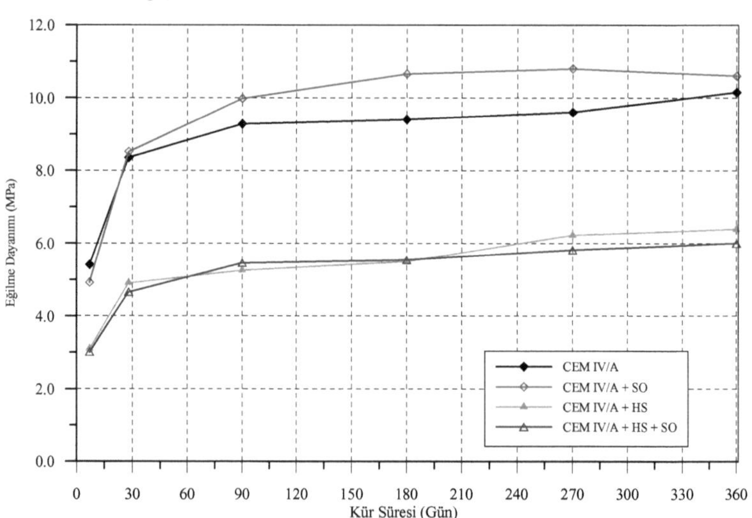

Şekil 105. CEM IV/A çimentosu harç örneklerinin eğilme dayanımının zamanla değişimi

Gözle görülebilecek düzeyde dokusal bozulmaların meydana geldiği CEM IV/B çimento harç numunesi, 26.4 MPa düzeyinde kalan 28 günlük basınç dayanımıyla standart dışı bir çimento özelliği sergilemiş olmaktadır. Şu halde 28 gün sonunda ortaya çıkan bu çimento harç numunesinin bir yıl sonundaki dayanımı ise 40 MPa düzeyine erişmiştir (Çizelge 21). Bu düşük dayanımın sebebinin, puzolanik katkıların gereğinden daha yüksek bir oranda (kütlece %45) karıştırılmasından kaynaklandığı düşünülmektedir. Düşük dayanımla birlikte çabuk bozulan hamur dokusu sülfatın yıkıcı etkisine daha çabuk yenik düşmüştür.

Daha önce incelenen örneklerden farklı olarak bu örnekte gerek basınç gerekse eğilme dayanımları yönünden sülfatlı ortamda kür edilen numuneler, suda bekletilen örneklere göre daha düşük başarımlı bir grafik ortaya koymuşlardır. Özellikle CEM IV/B (HSsiz, SO) örneği 28 günden sonra dayanımını artıramamış ve dokuzuncu aydan sonra ise dayanımını düşürmeye başlamıştır. Yine sülfatlı ortamda bekletilen numunelerde de dokuzuncu aydan sonra bir dayanım kaybı gözlemlenmiştir (Şekil 106).

CEM IV/B (HSsiz, SO) harç örneği, eğilme dayanımı bakımından suda bekletilen harç örneğine göre altıncı aya kadar yeterli bir başarım sergilerken, daha uzun sürede hızlı bir düşüşe geçmiştir. CEM IV/B (HSli, SO) örneğinde ise bu düşüş ancak dokuzuncu aydan sonra ortaya çıkmıştır (Şekil 107).

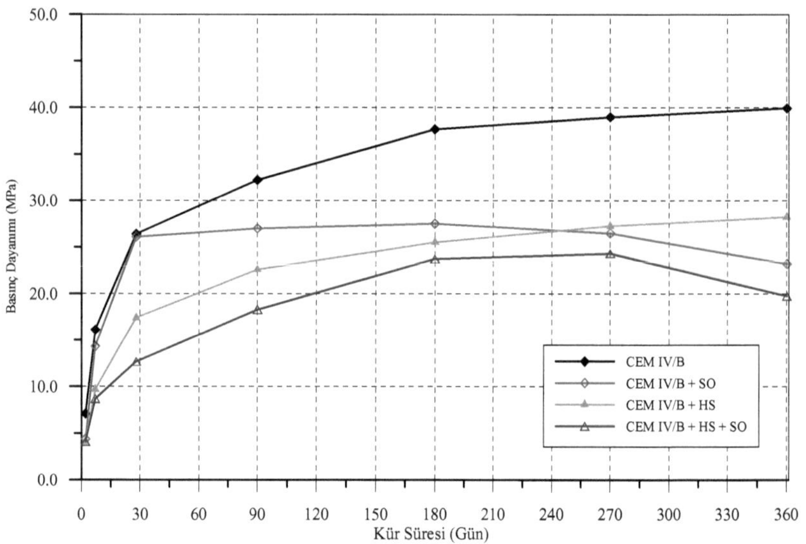

Şekil 106. CEM IV/B çimentosu harç örneklerinin basınç dayanımının zamanla değişimi

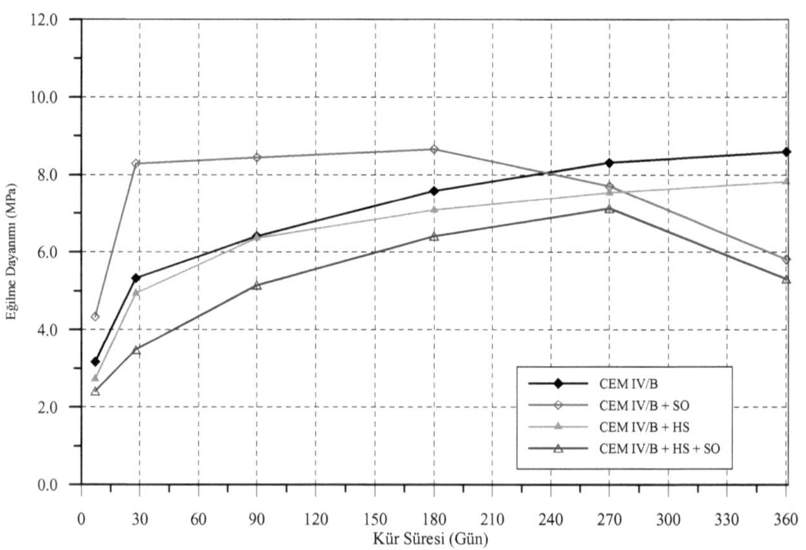

Şekil 107. CEM IV/B çimentosu harç örneklerinin eğilme dayanımının zamanla değişimi

Daha önce de değinildiği üzere, CEM V/A harç örneğinde genel itibariyle düşük sayılan basınç dayanımına paralel olarak, yüzeysel soyulmalar da meydana gelmiştir. Yine bu örnek de 24 MPa düzeyindeki 28 günlük ortalama basınç dayanımı ile standardın öngördüğü sınırın altında kalmaktadır (Çizelge 21). Burada da düşük dayanımın yüksek puzolanik içerikten kaynaklandığı düşünülmektedir. Bir yıl sonunda tepkimeye giren bu puzolanik malzemeler sayesinde erişilen dayanım 36 MPa düzeyine ulaşmış bulunmaktadır. Ayrıca CEM V/A (HSli, SO) örneğinde gözle görülür düzeyde yüzeysel soyulmalar meydana gelmiştir.

CEM V/A (HSsiz, SO) harç örneği, yaklaşık altıncı aya kadar CEM V/A (HSsiz, NO) harç örneğinden daha düşük basınç dayanımı sergilemesine rağmen bu süreden sonra bu örneğin basınç dayanımı az da olsa artış göstermiştir (38 MPA>36 MPa). Hava sürükleyici içeren örneklerden CEM V/A (HSli, SO) harç örneği ise, basınç dayanımı yönünden önde giden CEM V/A (HSli, NO) harç örneğine on iki ay sonunda yetişmiştir (Şekil 108).

Öte yandan benzer bir durum eğilme dayanımı yönünden de söz konusudur. Sülfat etkisine maruz kalan örnekler 90 günden sonra suda bekletilen örneklerin eğilme dayanımlarını geçerek daha yüksek bir başarım göstermişlerdir. Hava sürükleyici içermeyen örnekler ise 9.5 MPa civarında bir eğilme dayanımı ortaya koymuşlardır (Şekil 109).

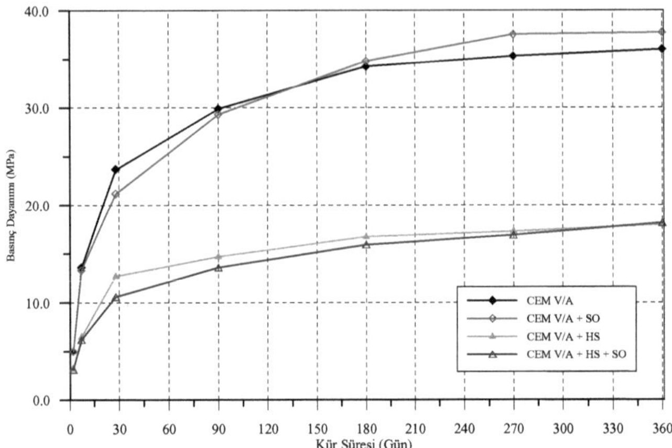

Şekil 108. CEM V/A çimentosu harç örneklerinin basınç dayanımının zamanla değişimi

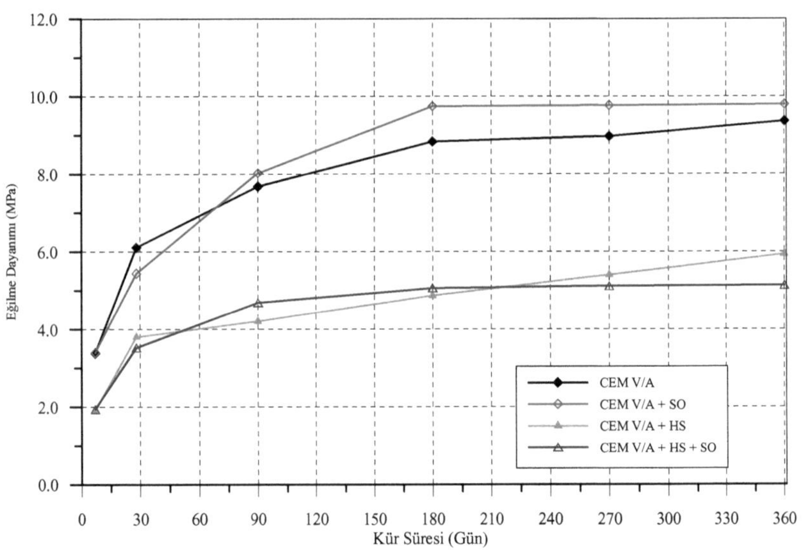

Şekil 109. CEM V/A çimentosu harç örneklerinin eğilme dayanımının zamanla değişimi

CEM V/B çimentosu kütlece %65 oranında puzolanik bileşen içermesine rağmen CEM IV/B ve CEM V/A çimentolarından daha yüksek bir basınç dayanımı sergilemekle birlikte, ortalama dayanımı (33.6 MPa) yine de standartta belirtilen sınırlar (32.5 Mpa) düzeyindedir. Adı geçen üç çimento harç numunesinin basınç dayanımlarından hareketle, kullanılan yüksek fırın cürufunun puzolanik aktivitesinin, doğal puzolan ve uçucu külden daha yüksek olduğu söylenebilir.

CEM V/B (HSsiz, SO) harç örneğinin basınç dayanımı CEM V/B (HSsiz, NO) harç örneğine göre yakın bir çizgide seyretmekle birlikte yine de bunun altında kalmaktadır. Oniki ay sonundaki basınç dayanımları 47 MPa düzeyindedir. Hava sürükleyici örneklerin davranışları da benzer bir izlem sergilemektedir (Şekil 110).

Eğilme dayanımları incelendiğinde; 180 günden sonra CEM V/B (HSli, SO) harç örneğinde bu dayanım yönünden gerileme görülmektedir. CEM V/B (HSli, NO) örneği ise eğilme dayanımını artırarak 11 MPa'nın üzerinde bir dayanım göstermiştir. Basınç dayanımlarındaki duruma paralel olarak, hava sürükleyici içeren örneklerin eğilme dayanımları da hava sürükleyici içermeyen örneklerle benzer bir davranış sergileyerek 6 aydan sonra düşüş eğilimine girmiştir (Şekil 111).

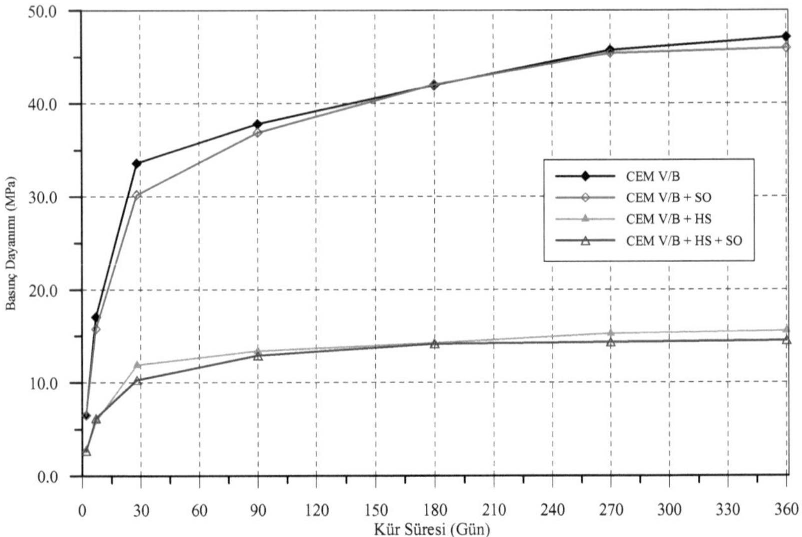

Şekil 110. CEM V/B çimentosu harç örneklerinin basınç dayanımının zamanla değişimi

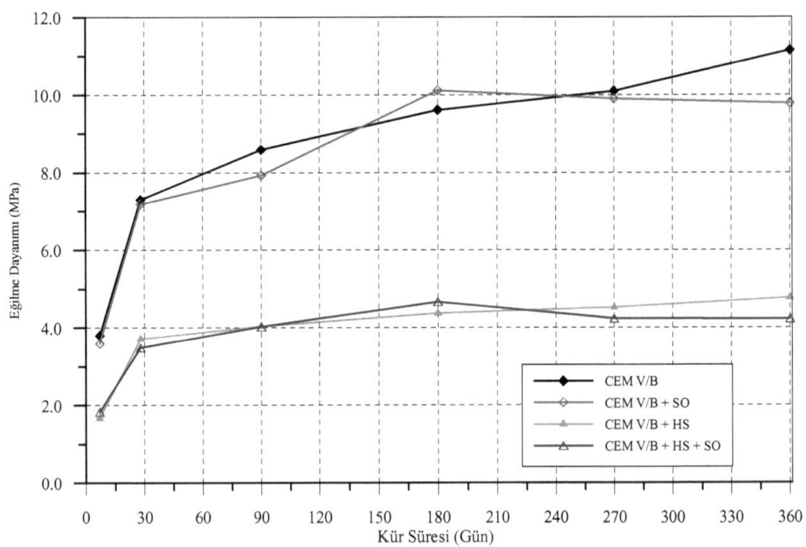

Şekil 111. CEM V/B çimento harç örneklerinin eğilme dayanımının zamanla değişimi

Tüm çimento harç örnekleri, ayırım yapılmaksızın hava sürükleyici içersin / içermesin ya da sülfatlı ortamda bekletilmiş olsun / olmasın bir arada değerlendirildiğinde; Şekil 112'de de görüldüğü gibi su ortamında bekletilen örneklerin, sülfat ortamında bekletilen örneklere göre daha yüksek basınç dayanımı sergiledikleri görülmektedir. Buna uygun olarak sülfatta bekletilen numunelerin basınç dayanımı hızı da (eğrinin eğimi) suda bekletilen numunelere göre daha düşük düzeyde seyretmiş olmaktadır. Buradan hareketle sülfatlı ortamda bekletilen örneklerin basınç dayanımı, incelenen örneklerden de ayrı ayrı görüldüğü gibi (Şekil 98-111), 6 aydan sonra düşmekteyken, suda bekletilen örneklerde bu durumun genelde artış yönünde olduğu gözlemlenmektedir. Hava sürükleyici içeren örneklerde ise sülfat içeriğinden bağımsız olarak basınç dayanımları birbirine çok yakın seyretmektedir. Yine dayanım eğrisinin eğimi de her iki örnek dizisi için yaklaşık koşut (paralel) bir durum sergilemektedir.

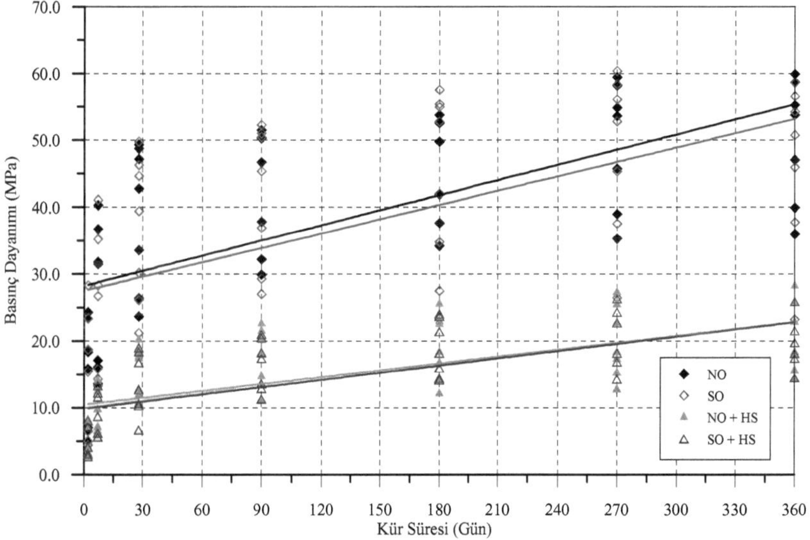

Şekil 112. Farklı kür şartlarındaki yedi çimento harç örneğinin basınç dayanımının zamanla değişimi

Diğer taraftan, yine tüm çimento harç numunesinin eğilme dayanımındaki gelişme incelendiğinde (Şekil 113) ise hava sürükleyici içermeyen örneklerden sülfatlı ortamda bekletilen örneklerin daha yüksek eğilme dayanımı ortaya koydukları görülür. Ancak su ortamında bekletilen örneklerin dayanım kazanma eğrilerinin eğimi daha dik bir seyir takip etmektedir. Hava sürükleyici içeren numunelerde ise sülfatlı ortamın eğilme dayanımı etkilemediği, dolayısıyla iki doğrunun üst üste çakıştığı görülmektedir.

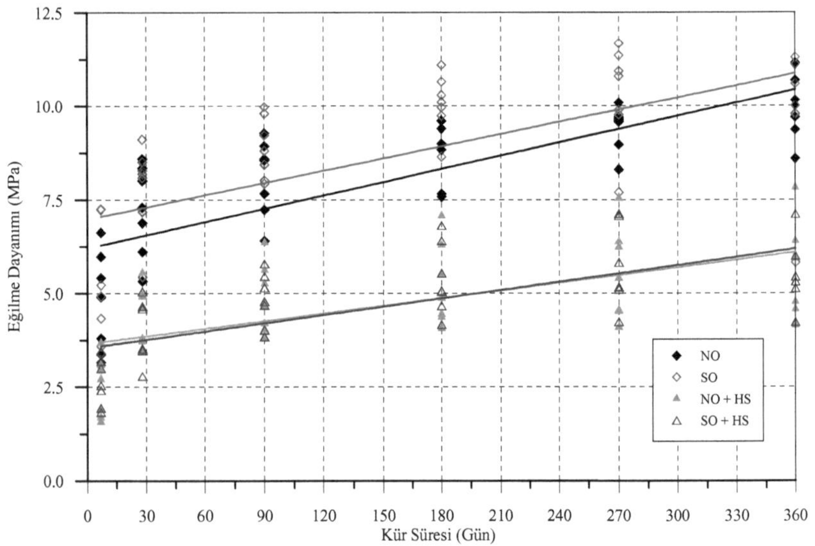

Şekil 113. Farklı kür şartlarındaki yedi çimento harç örneğinin eğilme dayanımının zamanla değişimi

Tüm bu incelemelerden sonra genel bir değerlendirme yapıldığında, ortamda bulunan sülfatın, çimentoya dışarıdan ilave edilen jipse benzer bir işlev üstlenerek, ilk günlerde hidratasyonun oldukça kusursuz bir şekilde gerçekleşmesine ve böylece bağlayıcı kristallerin daha mükemmel oluşmasına katkıda bulunduğu söylenebilir. Bu bağlamda, hamurdaki doğal boşlukları dolduran, özellikle jips ve etrenjit mineralleri ilk zamanlarda, hamura yüksek doluluk kazandırarak, dayanımının da artmasına yardımcı olmuştur. Böylece sülfat oluşumlarının boşlukları doldurdukları ölçüde dayanıma katkıda bulundukları, ancak bu ölçüyü aşan oranlarda bulunmaları durumunda da hamur dokusunu kısmen parçalanması nedeniyle dayanımı düşürdükleri anlaşılmaktadır. Özellikle eğilme dayanımının sülfatlı ortamda bekletilen örneklerde artış göstermesini de bu nedene bağlamak gerekir. Sülfat etkisiyle, gözle görülebilecek düzeyde zarar görmüş numuneler yakından incelendiğinde, bu örneklerin basınç dayanımının düşük çıkması da bu gerekçeyi destekler niteliktedir.

Öte yandan, puzolanik ilave bileşen oranları nispeten daha düşük (<%25) çimento numunelerinin hem hava sürükleyici içeren hem de içermeyen harç örneklerinde eğilme dayanımı sülfatlı ortamda bekletilen örneklerde, suda bekletilen örneklerden daha yüksek oranda (%3-17) çıkmıştır. Ancak kütlece %25'den daha yüksek oranda bu katkıları içeren örneklerde ise eğilme dayanımları %7 - %20 arasında değişen oranlarda suda bekletilen numuneler lehine daha yüksek çıkmıştır. Bu sonuç 3.3.1 ve 3.3.2 bölümlerinde elde edilen sonuçlarla birlikte değerlendirildiğinde; kütlece %25'den daha düşük oranda puzolanik malzeme içeren örneklerde, sülfatta kür edilenlerin bu dayanımlarının yüksek çıkması, jips oluşumlarının eğilme dayanımına katkı sağladığı anlamına gelmektedir. Daha önce de değinildiği üzere sülfat iyonu, çimentonun kendi bünyesinde mevcut halde bulunabileceği gibi, çevre etkileriyle de bünyeye girebilmektedir. Düşük derişimlerdeki sülfat iyonları çimentoda daha çok etrenjit oluşumu şeklinde ortaya çıkarken, yüksek derişimlerde daha çok jips oluşumu şeklinde ortaya çıkmaktadır (Biczok, 1967; Gonzalez ve Irasar, 1997; Xu vd., 1998). Buna göre, kütlece %25 oranlarından daha yüksek ikame edilen puzolanik bileşenler dışarıdan giren sülfatı azaltmasa da özellikle ilave alçı aracılığıyla gelen sülfatı azaltmaktadır. Dolayısıyla bu orandan yüksek, puzolanik ilave içeren hamurlarda etrenjit oluşumu ve beraberinde nispeten daha düşük eğilme dayanımı, diğer numunelerde ise jips oluşumu ve nispeten daha yüksek eğilme dayanımı tespit edilmiştir.

Boşluk oranı nispeten daha yüksek örnekler için su ortamında kür edilen örnekler, sülfat ortamında bekletilen örneklerden ortalama %2 ile %6 arasında değişen oranlarda daha yüksek basınç dayanımı sergilemektedir (CEM IV/B örneği hariç). Öte yandan boşluk oranı daha düşük örneklerde ise bu fark daha düşük çıkmakla birlikte bazı örneklerde (CEM I, CEM II/B-M, CEM V/A) sülfatlı ortam lehine daha yüksek basınç dayanımı tespit edilmiştir.

Diğer taraftan, hava sürükleyici içeren örnekler, hava sürükleyici içermeyen örneklerden %50 ila %70'e varan düzeyde daha düşük basınç dayanımı sergilemektedir. Bu durum eğilme dayanımı için %35 - %55 arasında değişmektedir.

Sülfatın dayanımla olan ilişkisinin diğer bir etkeni de geçen süredir; buna göre 6 ay süreyle sülfat ortamında bekletilen harç örneklerinde dayanım yükselişi görülürken, bu süreyi aşan örneklerin dayanımlarında düşüş gözlemlenmiştir.

Genel olarak, klinker ilk günlerden itibaren çimento dayanımına katkı sağlarken, puzolanik malzemeler ortamda ancak $Ca(OH)_2$ oluşumundan sonra bağlayıcılık özelliği olan bileşikler oluşturmaktadır (Çavdar, Yetgin, 2007). Bu nedenle erken yaşlarda klinker oranı yüksek çimentolardan üretilen harçlar daha yüksek bir dayanım sergilerken, ilerleyen yaşlarda puzolanik içeriğe sahip çimentolardan üretilen harçların nispeten daha yüksek dayanım göstermesi beklenmektedir. Nitekim böyle bir sonuç deney süresi olan 12 aylık süre zarfında, sınırlı oranda puzolanik malzemeye sahip (kütlece %15) CEM II/A-M çimento harç numunelerinde gerçekleşmiştir. Ayrıca kütlece %25-30 oranlarında puzolanik ilave içeren, CEM IV/A ve CEM IV/B örneklerinde de CEM I çimentosundan üretilen harç örneklerine yakın basınç dayanımı değerleri (55 MPa) elde edilmiştir.

Genel olarak grafikler incelendiğinde klinker oranı yüksek çimento harçlarının özellikle 6 aydan sonra dayanım kazanma hızları yavaşlarken, diğer bir deyişle nihai dayanımlarına yaklaşırken puzolan ağırlıklı çimento harçlarının dayanım kazanmaya devam ettikleri görülmektedir. Bu olgu puzolan içeriğinin büyük oranda ancak uzun sürede tepkimeye katılmış olduğunu göstermektedir.

3.3.3. Çimento Harç Örneklerinin Mineral Katkı Oranı ile Basınç Dayanımı Arasındaki İlişki

Daha önceki bölümlerde, oluşan sülfatlı bileşenlerin basınç dayanımına etkisi, zamanla basınç dayanımı değişimi ve bunların sülfatlı ortamla ve/veya hava sürükleyici içeriğiyle olan ilişkileri tartışılmıştır. Bu bölümde ise kullanılan beş farklı puzolanik bileşenin, sülfat ortamı ve/veya hava sürükleyici içeriği ile bu etkenlerin basınç dayanımına etkisi irdelenecektir. Burada karşılaştırmalar yalnız 360 gün sonunda elde edilen basınç dayanımı değerleri ile gerçekleştirilmiştir.

Bu çalışmada çimentolar üretilirken CEM I 42.5 çimentosu klinker olarak kabul edilmiş ve puzolanik bileşenler buna ilave edilerek diğer çimento terkipleri elde edilmiştir. Bu başlık altındaki değerlendirmelerde her bileşenin tek başına basınç dayanımına olan etkisi sorgulanmış olacaktır.

Buna göre öncelikle klinker içeriğine bağlı olarak, 360 gün sonundaki basınç dayanımı değerleri irdelenecek olursa; klinker içeriğindeki (%35 ila %100 ikame oranı) artışla basınç dayanımının da yaklaşık %50 düzeyinde arttığı görülmektedir. Suda kür edilen numunelerde bu artışın sülfatta bekletilen numunelere göre daha yüksek olduğu ancak artış hızlarının özdeş düzeyde seyrettiği görülmektedir (Şekil 114). Hava sürükleyici içeren örneklerde ise daha farklı bir durum söz konusudur. Su ortamında kür edilen numunelerde, klinker içeriğine bağlı olarak basınç dayanımlarında bir artış gözlemlenmemiştir. Ancak sülfatta kür edilen örneklerde ise klinker oranındaki artışla, basınç dayanımlarında yine yaklaşık %50 düzeyinde bir yükselme görülmüştür. Klinker oranındaki artış puzolanik içeriğin azalması anlamına gelmektedir. Çizelge 21'de daha genç örneklerin sonuçları birbiriyle karşılaştırıldığında, klinker oranındaki artışla ilk günlerde dayanımdaki artışın daha hızlı cereyan ettiği görülmektedir.

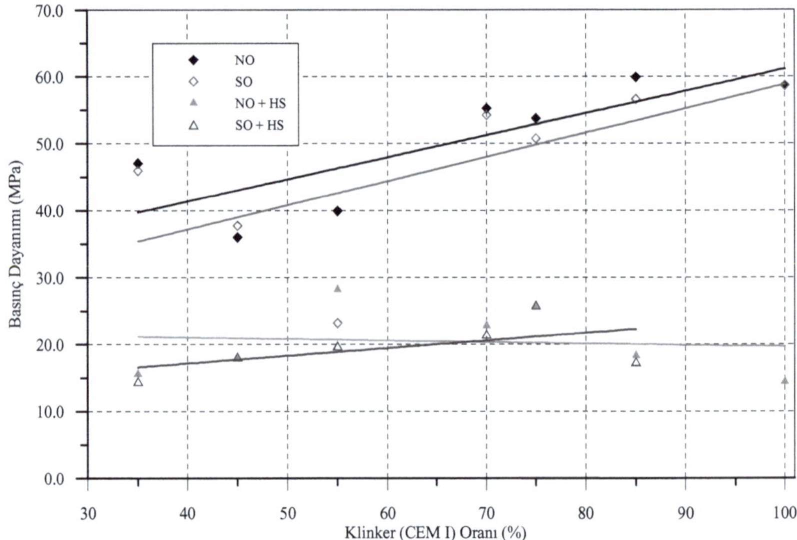

Şekil 114. 360 gün kür edilmiş çimento harç örneklerinin klinker (CEM I) oranı ile basınç dayanımı arasındaki ilişkiler

Yüksek fırın cürufu katılım oranıyla basınç dayanımı arasında ise genel itibariyle ters orantılı bir ilişki söz konusu olmaktadır (Şekil 115). Hava sürükleyici içermeyen örneklerden suda kür edilenleri, yüksek fırın cürufu katılım oranının %40 düzeyine erişmesine bağlı olarak daha hızlı dayanım kaybına uğrarken (%15), sülfat içeren örneklerde bu dayanım kaybı daha düşük düzeyde (%6) kalmıştır. Hava sürükleyici içeren örneklerde ise basınç dayanımı sülfatlı ortam etkisinden bağımsız bir durum arz etmekte ve iki farklı ortamda bekletilen numuneler de hemen hemen özdeş dayanım düzeyi sergilemektedirler.

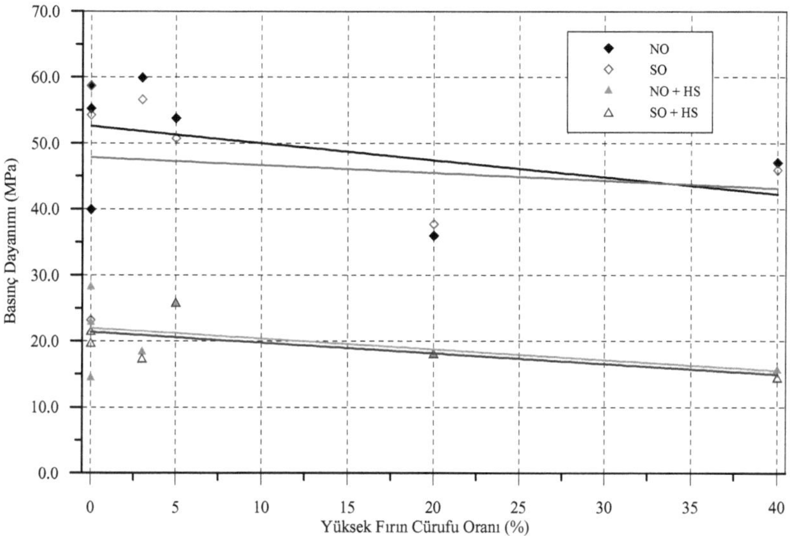

Şekil 115. 360 gün kür edilmiş çimento harç örneklerinin yüksek fırın cürufu oranı ile basınç dayanımı arasındaki ilişkiler

Kütlece en fazla %20 oranında karıştırılan doğal puzolan katkısı, hava sürükleyici içeren örneklere göre farklı bir durum ortaya koymaktadır (Şekil 116). Buna göre, hava sürükleyici içermeyen örneklerde doğal puzolan oranındaki artış, basınç dayanımında yaklaşık %30 düzeyinde bir düşüşe sebep olurken, hava sürükleyici içeren örneklerde durum biraz daha farklıdır. Sülfata maruz olup ancak hava sürükleyici içermeyen örneklerde, suda kür edilen numunelere göre az da olsa daha düşük bir dayanım düşüşü görülse de hava sürükleyici içeren örneklerde bu düşüş dikkat çekici bir ölçüde (%25) kendisini göstermemektedir. Öte yandan, yine suda kür edilen örneklerden, hava sürükleyici içermeyenleri doğal puzolan içeriğindeki artışa bağlı olarak önemli oranlarda dayanım kayıpları sergilerken, hava sürükleyici içeren örneklerde doğal puzolan içeriğiyle bir miktar (4-5 MPa) dayanım kazanımından söz etmek olanaklı gözükmektedir.

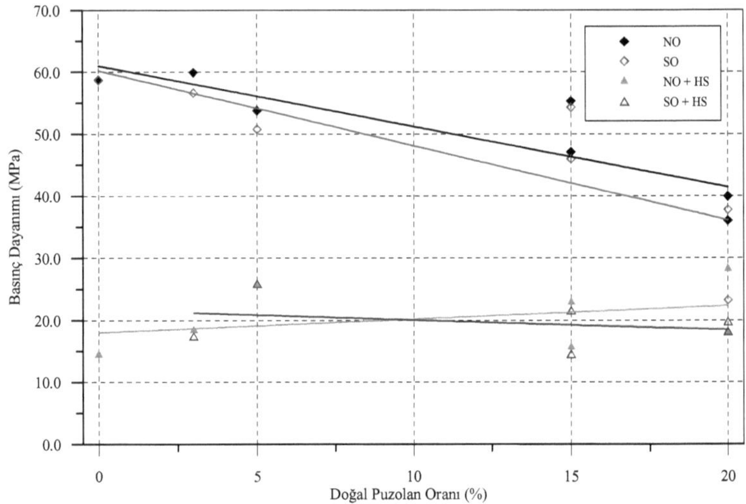

Şekil 116. 360 gün kür edilmiş çimento harç örneklerinin doğal puzolan oranı ile basınç dayanımı arasındaki ilişkiler

Doğal puzolanla aynı oranlarda karıştırılan uçucu kül katkısı için de doğal puzolan katkısının etkisine benzer bir durum ortaya çıkmıştır (Şekil 117). Daha açık bir anlatımla, uçucu kül oranındaki %20 oranındaki bir artışla birlikte hava sürükleyici içermeyen örneklerde basınç dayanımı kaybı (%30-50) meydana gelirken, hava sürükleyici içeren örneklerde bu sonuç farklılık arz etmektedir. Hava sürükleyici içeren örneklerden su ortamında kür edilenler, uçucu kül oranındaki artışa bağlı olarak dayanım kazanırken (%50), sülfatlı ortamda bekletilen örneklerin dayanımı yaklaşık özdeş düzeyde kalmaktadır.

Silis dumanı katkısı diğer puzolanik malzemelerden farklı etkilere sahiptir. Özgül yüzey (Blaine) değerleri çok yüksek olan bu malzemeler çimentolara daha çok dayanım artırıcı etkileri nedeniyle ilave edilmektedirler. Bazı koşullarda (alkali-silika reaksiyonu vb.) bu malzemelerin dayanıklılık yönünden sakıncaları da söz konusu olabilmektedir. Çimento örneklerine çok düşük oranlarda katılmış olmasına rağmen (kütlece %3-5), hava sürükleyici içermeyen örneklerin suda kür edilenlerinde, silis dumanının dayanıma olan katkısı (%10) görülmektedir (Şekil 118). Aynı dayanım etkisi hava sürükleyici içeren örneklerde de görülmüştür (%45). Öte yandan hava sürükleyici içermeyip sülfatta bekletilen örneklerde ise az da olsa (%5) bir dayanım kaybına sebep olmuştur.

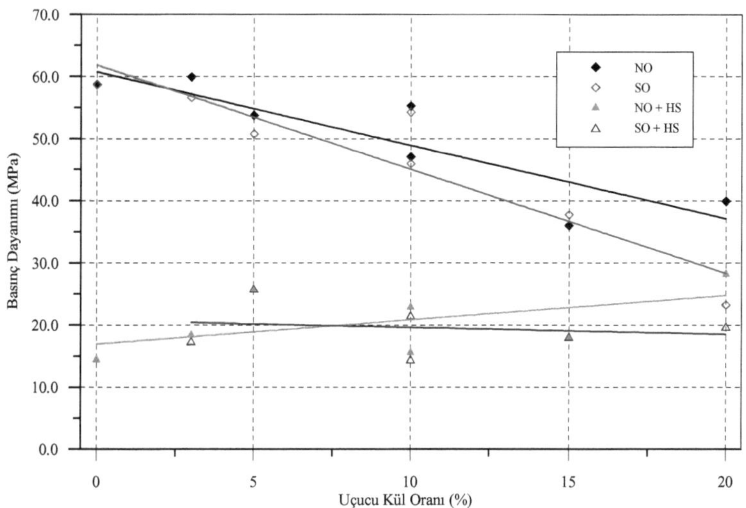

Şekil 117. 360 gün kür edilmiş çimento harç örneklerinin uçucu kül oranı ile basınç dayanımı arasındaki ilişkiler

Şekil 119'da görüldüğü gibi, sınırlı oranda (kütlece %3-5) ve yalnız iki farklı tür çimentoya ilave edilen kalker katkısı için yapılan değerlendirmede, bu katkının çimento harçlarına basınç dayanımı yönünden olumlu etkileri olduğu görülmektedir. Hava sürükleyici içermeyen, sülfatlı ortamda bekletilmiş numuneler için de bu olumlu etki görülmekle birlikte, suda bekletilen örneklere göre küçük bir dayanım farkıyla (%8) daha düşük bir seyir izlemektedirler. Hava sürükleyici içeren numunelerin ortaya koyduğu dayanım düzeyleri birbiriyle karşılaştırıldığında ise, burada, suda kür edilenlerle sülfatlı ortamda bekletilen örnekler arasında kayda değer bir farkın ortaya çıkmadığı görülmektedir.

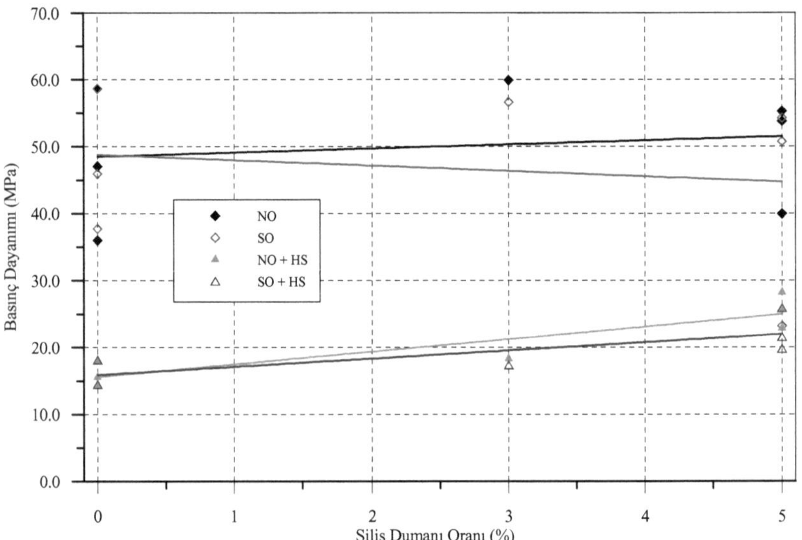

Şekil 118. 360 gün kür edilmiş çimento harç örneklerinin silis dumanı oranı ile basınç dayanımı arasındaki ilişkiler

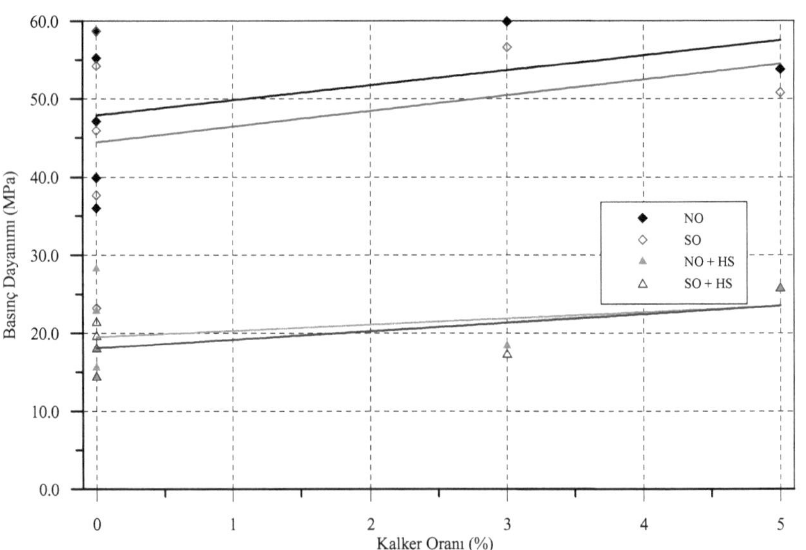

Şekil 119. 360 gün kür edilmiş çimento harç örneklerinin kalker oranı ile basınç dayanımı arasındaki ilişkiler

Sonuç olarak genel bir değerlendirme yapmak gerekirse, çimentoların puzolanik katkı (doğal puzolan, yüksek fırın cürufu vb.) içeriği arttıkça dayanım kazanma hızı ilk zamanlarda daha düşükken, ilerleyen kür sürelerinde arttığı görülmektedir. Bundan farklı olarak klinker oranındaki artışın özellikle erken dayanım üzerinde etkili olduğu görülmektedir. Öte yandan kütlece %15-30'dan fazla puzolanik malzeme içeren örneklerde bir dayanım artışı ancak 12 aylık kür döneminin sonunda ortaya çıkacağı beklenmelidir. Çünkü bu çalışmada seçilen örneklerden özellikle yüksek oranda puzolan katkısı içerenlerin 12 ayın sonunda dahi dayanım kazanmaya devam ettikleri görülmektedir. Bu bulguya göre, puzolan özellikli bileşenlerin henüz bu kadar uzun süreye rağmen tam anlamıyla tepkimeye girmediği anlaşılmaktadır.

Sülfatlı ortam etkisi incelendiğinde ise, hava sürükleyici içermeyen örneklerden genel itibariyle sülfat etkisine maruz bırakılan numunelerin, basınç dayanımının su ortamında bekletilen örneklere göre düşük kaldığı görülmektedir. Hava sürükleyici içeren örneklerde ise sülfatlı ortamda ya da suda bekletilenlerde olduğu gibi birbirlerine yakın değerlerde dayanım sergiledikleri gözlemlenmektedir.

Hava sürükleyici katkı içermeyen örneklerde, puzolanik malzeme oranındaki artış, bunlardan klinker, kalker ve silis dumanı katkıları sayesinde basınç dayanımında bir yükselme meydana getirirken, buna karşın yüksek oranda karıştırılan uçucu kül, doğal puzolan ve yüksek fırın cürufu için dayanımda bir düşüşten söz etmek gerekmektedir.

3.3.4. Çimento Harç Örneklerinin Kimyasal Bileşim Oranı ile Basınç Dayanımı Arasındaki İlişki

Daha önceki bölümde çimentoların puzolanik katkı oranları ile bu çimentolardan üretilen harç örneklerinin basınç dayanımları arasındaki ilişki ortaya konulmuştur. Bu bölümde ise çimentoların kimyasal bileşimleri ve özellikle temel bileşen oranları ile harçların basınç dayanımı arasındaki ilişki irdelenecektir.

Bilindiği gibi çimentoların bağlayıcılık özelliği, CaO ile birlikte oluşan temel bileşenlerin işlevleri sayesinde ortaya çıkmaktadır. Örnek çimentolarda kütlece %25 ila %60 oranında bulunan CaO bileşiğinin, özellikle kalker hammaddesinden gelmekte olduğu bilinmektedir. Şekil 120'de görüldüğü gibi hava sürükleyici içermeyen örneklerde CaO oranındaki artışa bağlı olarak 360 günlük basınç dayanımı da önemli derecede (%50) yükselmektedir. Basınç dayanımındaki artışın sülfat içeren örneklerde ise öncekine göre daha hızlı (%100) yükseldiği görülmektedir. Bu durum daha önce de ifade edildiği gibi, sülfatın çimentoya ilave edilen jipsin işlevini destekleyerek tepkime hızını düşüren ve ortamdaki kristalleşmenin daha mükemmel bir şekilde gerçekleşmesini sağlayarak dayanımı artıran bir etki kazandırmasından kaynaklandığı düşünülmektedir. Bu sav özellikle nispeten yüksek sayılabilecek orandaki CaO içeriği ile geçerli olmaktadır. Nitekim hava sürükleyici içeren örnekler incelendiğinde, bunlardan suda bekletilen numunelerde CaO oranındaki artış basınç dayanımını bir miktar (%25) aşağı çekerken, sülfatlı ortamda oluşan sülfatlı bileşiklerin hamur yapısını sıkılaştırarak harç dayanımına katkı sağladığı görülmektedir.

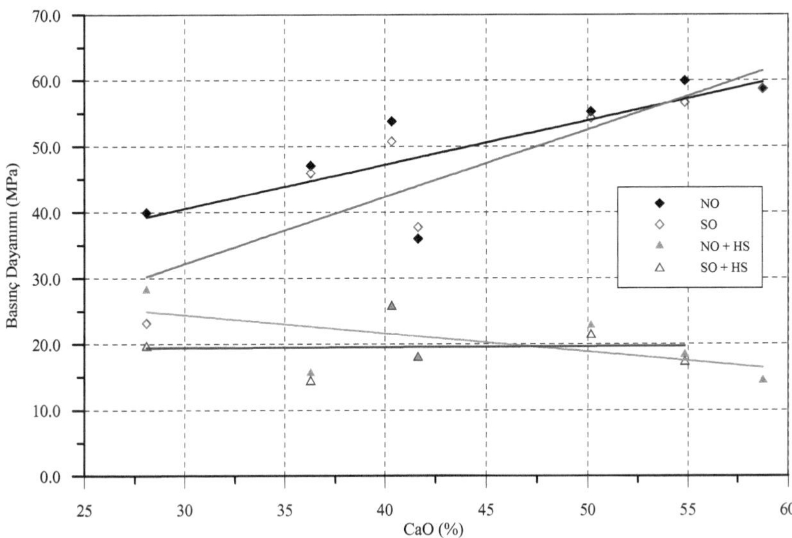

Şekil 120. 360 gün kür edilmiş çimento harç örneklerinin CaO oranı ile basınç dayanımı arasındaki ilişki

Genel olarak, SiO_2 bileşeni puzolanik malzemeler için puzolanik aktivitenin bir göstergesi sayılırken, çimentolarda bağlayıcılık özelliğine katkısı düşük düzeyde kalmaktadır. Bu çalışmada kullanılan çimento örneklerinde bu bileşen, kütlece %15 ila %45 oranında bulunmaktadır. Hava sürükleyici içermeyen örneklerde, SiO_2 oranındaki artışa bağlı olarak 360 günlük basınç dayanımındaki açık bir düşüş (%40-50) görülmektedir (Şekil 121). CaO bileşiğinin aksine, SiO_2 bileşiği, sülfat etkisine maruz bırakılan numunelerde, düşük katılım oranlarında suda kür edilen numunelerin basınç dayanımlarına yakın değerler verirken, bu oran arttıkça, sülfatlı ortamda basınç dayanımında ayrıca bir düşüşü beraberinde getirmektedir. Hava sürükleyici içeren örneklerde ise SiO_2 bileşiğinin oranındaki değişim, sülfatlı ortamda kür edilen numuneleri etkilemezken, aksine su ortamında bekletilen numunelerin basınç dayanımını bir miktar (10 MPa) artırmaktadır.

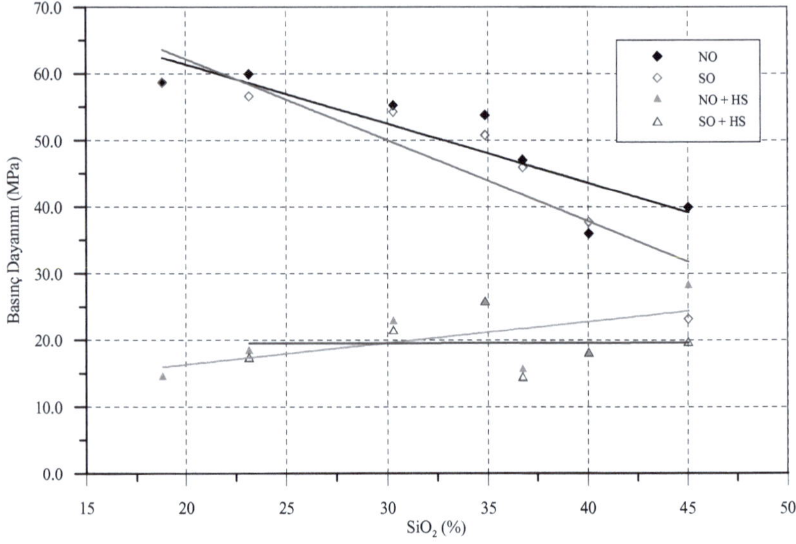

Şekil 121. 360 gün kür edilmiş çimento harç örneklerinin SiO_2 oranı ile basınç dayanımı arasındaki ilişki

Çimento örneklerinde, kütlece yaklaşık %5 ile %13 arasında bulunan Al_2O_3 bileşiği de yine SiO_2 bileşiğine benzer özellikler sergilemektedir. Al_2O_3 oranındaki artış, hava sürükleyici içermeyen örneklerde basınç dayanımının düşüşüne (%35-50) neden olmaktadır. Sülfatlı ortamda bekletilen numunelerde bu düşüş, Al_2O_3 oranındaki artışla hızlanmaktadır. Yine hava sürükleyici içeren örneklerin sülfatlı ortamda kür edilenlerinde de bir miktar dayanım kaybı (3-5 MPa) söz konusuyken, su ortamında kür edilenlerde de bir miktar artış (8 MPa) kaydedilmektedir.

Şekil 120-122'den görüldüğü gibi CaO bileşeni basınç dayanımını yükseltmekteyken, bunun tersine SiO_2 ve Al_2O_3 bileşenleri bu dayanımı düşürücü bir etkide bulunmaktadır. Hava sürükleyici içeren örneklerde ise belirgin bir artış veya azalış söz konusu değildir. CaO bileşeni ve özellikle serbest CaO öğesi dayanıklılık açısından sakıncalı görülse de dayanım yönünden sağladığı başarım bu sakıncayı hafifletmektedir.

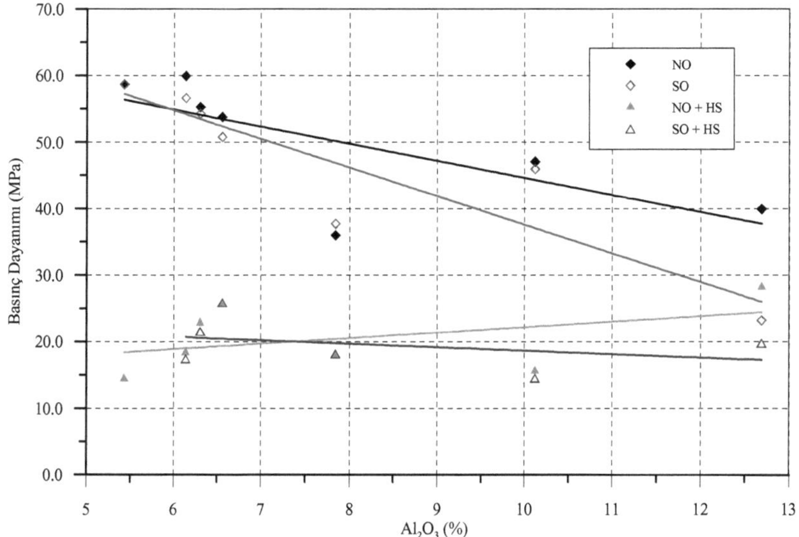

Şekil 122. 360 gün kür edilmiş çimento harç örneklerinin Al_2O_3 oranı ile basınç dayanımı arasındaki ilişki

3.4. Aşınma Etkisine Maruz Kalan Çimento Harç Örnekleri

Aşınma direncinin, özellikle yaya ve araç trafiğine maruz kalan beton yapılarda büyük önem arz ettiğine daha önce değinilmişti. Bu bölümde üretilen çimento harçlarının aşınma dirençleri irdelenecek ve hangi tür çimentolardan üretilen harçların daha yüksek aşınma direnci gösterdiği konusunda bir sonuca varılmaya çalışılacaktır.

Çalışma kapsamında üretilen yedi farklı çimento örneği kullanılarak hazırlanan harçlar, 360 gün boyunca suda kür edilmiş ve basınç deneylerine paralel olarak aşınma deneylerine de tabi tutulmuştur. Harçların boşluk oranı, hava sürükleyici ilavesiyle çeşitlendirilmiştir. Elde edilen aşınma derinliği ile zaman, basınç dayanımı, eğilme dayanımı, mineral katkı ve kimyasal bileşimleri arasında ilişkiler kurularak konu ayrıntılarıyla irdelenmiştir.

3.4.1. Aşınma Etkisindeki Çimento Harç Örneklerinin Aşınma Direncinin Zamanla Değişimi ve Basınç ve Eğilme Dayanımları ile Arasındaki İlişkiler

Böhme aşındırma düzeneği ile gerçekleştirilen deneylerden elde edilen aşınma derinliği 7., 28., 90., 180., 270. ve 360. günlere kadar bekletilen numuneler üzerinde belirlenmiştir. Sonuçlar Çizelge 23 ve Şekil 123-130'da bir anlam ilişkisi içerisinde gösterilmiş bulunmaktadır. Böylece bu başlık altında numunelerin aşınma derinliklerinin zamanla değişimi ve yine bu derinliğin basınç dayanımı ve eğilme dayanımı arasındaki ilişkisi ortaya konulmuş olacaktır.

CEM I portland çimentosu örneğinden üretilen harç numuneleri beklenildiği gibi ilk günlerde daha yüksek aşınma derinliği gösterirken ilerleyen sürelerde bu derinliğin düştüğü görülmüştür. Özellikle hava sürükleyici içeren örnekler ilk günlerde daha derin aşınmalara maruz kalırken (>15 mm), altı ay sonunda hava sürükleyici içermeyen numunelerin aşınma derinliğine ancak yaklaşmaktadır (yaklaşık 5 mm). Bu süreden sonra ise aşınma derinliklerinin, gerek hava sürükleyici içeren ve gerekse içermeyen numunelerde birbirine hemen hemen paralel ilerlediği görülmüştür. Nitekim altı aydan sonra hava sürükleyici içeren numuneler 5 mm civarında bir aşınma derinliği sergilerken hava sürükleyici içermeyen CEM I örneği bu değerin yaklaşık %17 oranında altında kalarak daha düşük bir aşınma derinliği göstermiş olmaktadır (Şekil 123).

Bu çimentodan üretilen harç örneklerinin basınç dayanımı ile aşınma derinliği arasındaki ilişki değerlendirildiğinde ise gerek hava sürükleyici içeren örneklerde gerekse hava sürükleyici içermeyen örneklerde basınç dayanımındaki artışla aşınma derinliğinde bir azalma görülmektedir. Bu bağlamda, Şekil 124'te de görüldüğü gibi hava sürükleyici içeren örneklerde basınç dayanımındaki küçük artışlar dahi aşınma derinliğinde büyük adımlı azalmalar ortaya koymaktadır. Hava sürükleyici içermeyen örneklerde ise bu düşüş bir miktar daha yavaş gerçekleşmektedir.

Yine benzer şekilde aşınma derinliği ile eğilme dayanımı arasındaki ilişki, CEM I çimentosu için değerlendirildiğinde, sonucun basınç dayanımı ile aşınma derinliği arasındaki ilişkiye benzediği görülür. Nitekim eğilme dayanımındaki artışla, hava sürükleyici içeren numunelerin aşınma derinlikleri daha hızlı bir şekilde düşmekteyken, hava sürükleyici içermeyen numunelerde ise bu düşüşün daha yavaş seyrettiği (Şekil 125) ve genel olarak eğilme dayanımının birincisine göre iki katı daha yüksek çıktığı görülmektedir.

Çizelge 23. Yedi çimento harç örneği için zamanla (gün) aşınma derinliği (mm) değişimi

Sınıfı	HS içeriği	7 Gün	28 Gün	90 Gün	180 Gün	270 Gün	360 Gün
CEM I	HSsiz	7.70	6.12	5.20	4.66	4.56	4.15
	HSli	18.02	13.14	7.60	5.05	5.36	4.90
CEM II/A-M	HSsiz	10.5	9.12	6.10	4.16	4.00	3.91
	HSli	14.00	12.10	7.90	6.50	5.76	5.51
CEM II/B-M	HSsiz	9.26	7.47	5.60	4.89	3.98	3.96
	HSli	15.84	13.20	8.70	5.96	4.43	4.91
CEM IV/A	HSsiz	7.80	5.51	4.30	3.76	3.16	3.14
	HSli	9.80	7.14	6.00	5.41	5.52	4.88
CEM IV/B	HSsiz	11.10	8.76	6.75	5.00	4.01	3.60
	HSli	10.20	8.25	7.10	6.50	5.59	4.77
CEM V/A	HSsiz	11.25	9.53	7.40	6.52	5.38	5.30
	HSli	15.20	13.29	8.70	7.00	6.62	6.70
CEM V/B	HSsiz	9.90	9.17	6.90	5.10	5.26	5.30
	HSli	14.75	12.95	9.40	7.45	7.26	7.25

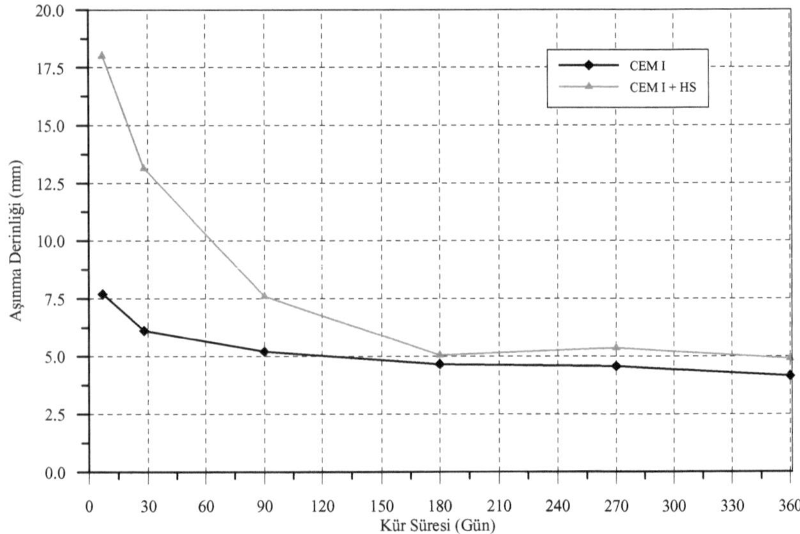

Şekil 123. CEM I çimentosu harç örneklerinin aşınma derinliğinin zamanla değişimi

Gerek basınç dayanımı gerekse eğilme dayanımı ile aşınma derinlikleri arasındaki ilişkiler birbiriyle değerlendirildiğinde yüksek korelasyon katsayısı (>%92) yardımıyla varılan yaklaşım ve yargının isabetli olduğu görülür. Bununla birlikte, hava sürükleyici içeren örneklerle hava sürükleyici içermeyen örneklerin sonuçlarını özdeş eğri denklemiyle ifade etmek doğru olmayacağı için genel olarak şu kanıya varmak mümkün gözükmektedir: Aşınma direnci ile gerek basınç dayanımı gerekse eğilme dayanımı yüksek benzerlik ilişkisi içerisinde olmasıyla birlikte hava sürükleyici içeren numunelerin, hava sürükleyici içermeyen numunelerden farklı bir davranış biçimi ortaya koyduğu görülmüştür. Çünkü hava sürükleyici içeren ve içermeyen örneklerin altı ay sonundaki basınç ve eğilme dayanımları birbirinden büyük farklılıklarla ayrılmasına karşın aşınma derinlikleri birbirine yakın düzeylerde gerçekleşmiş bulunmaktadır.

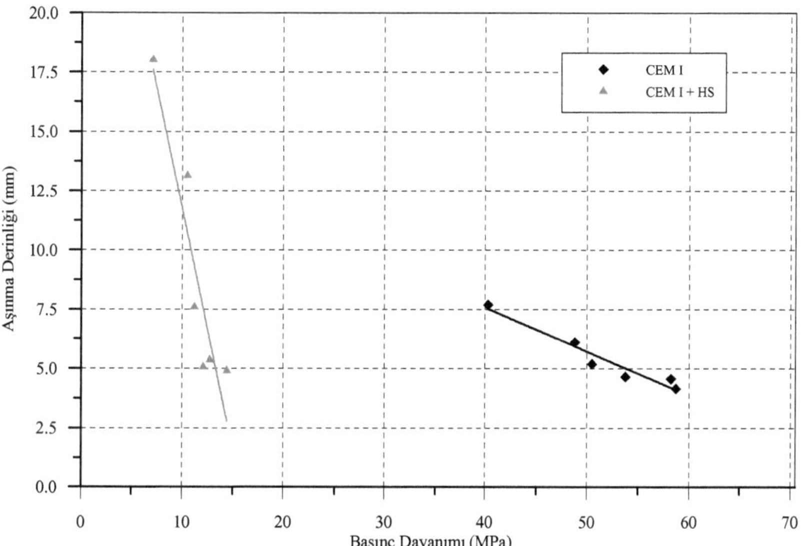

Şekil 124. CEM I çimentosu harç örneklerinin aşınma derinliği ile basınç dayanımı arasındaki ilişki

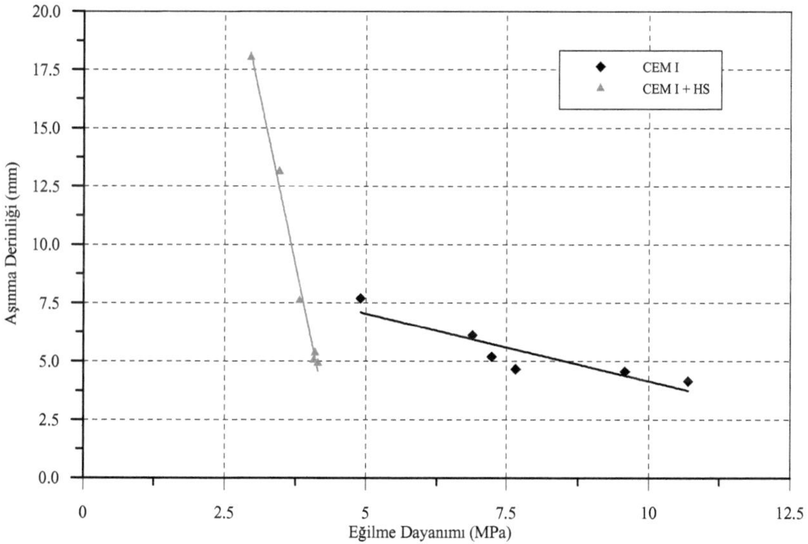

Şekil 125. CEM I çimentosu harç örneklerinin aşınma derinliği ile eğilme dayanımı arasındaki ilişki

Çimento harç örnekleri içerisinde en yüksek ortalama dayanım gösteren CEM II/A-M örneği incelendiğinde, bunlardan hava sürükleyici içermeyen örneklerde 360 gün sonundaki düşük aşınma derinliği (4 mm) dikkat çekmekte olup, bu düşük derinlik yüksek basınç dayanımının bir sonucu olarak görülmektedir (Şekil 126). Hava sürükleyici içeren örneklerde ise bu derinlik bir miktar daha yüksek çıkmıştır (5.5 mm). Bu iki örnek arasındaki farkın tüm numune yaşları için yaklaşık sabit kaldığı görülmektedir (yaklaşık %30). Diğer bir deyişle, iki örnekte de yıl boyunca elde edilen sonuçlar birbirine paralel bir seyir sergilemiştir. Altı aydan sonra hava sürükleyici içermeyen numuneler yaklaşık sabit aşınma direncine erişirken hava sürükleyici içeren örneklerde bu direncin artışında az da olsa bir yavaşlama olduğu görülmüştür. Basınç (Şekil 100) ve eğilme (Şekil 101) dayanımlarındaki artış birlikte değerlendirildiğinde, hava sürükleyici içermeyen numunelerde basınç dayanımının dokuzuncu aydan, içerenlerde ise altıncı aydan itibaren yaklaşık nihai dayanıma eriştiği görülür. Eğilme dayanımı ile aşınma derinliği sonuçları da benzer bir davranış ilişkisi göstermektedir. Dolayısıyla bu deneylerden elde edilen aşınma dirençleri ile basınç ve eğilme dayanımları arasındaki davranış farkı kurulan ilişkileri de bir miktar zayıflatmaktadır (Şekil 127-128).

Basınç dayanımı ile aşınma direnci sonuçları arasındaki ters orantı Şekil 127'de açık bir biçimde görülmektedir. CEM I örneğinden farklı olarak bu örnekte hava sürükleyici içeren ve içermeyen numunelerin dayanımlarındaki artışla aşınma derinliklerinin düşüş hızı (grafiğin eğimi) yaklaşık özdeş düzeyde kalmıştır.

Yine basınç dayanımı ile kurulan ilişkiye benzer şekilde, eğilme dayanımlarındaki artış da hava sürükleyici içeren ve içermeyen örneklerde geçen süre ile yaklaşık eşit düzeyde bir aşınma direnci artışı ortaya koymaktadır (Şekil 128).

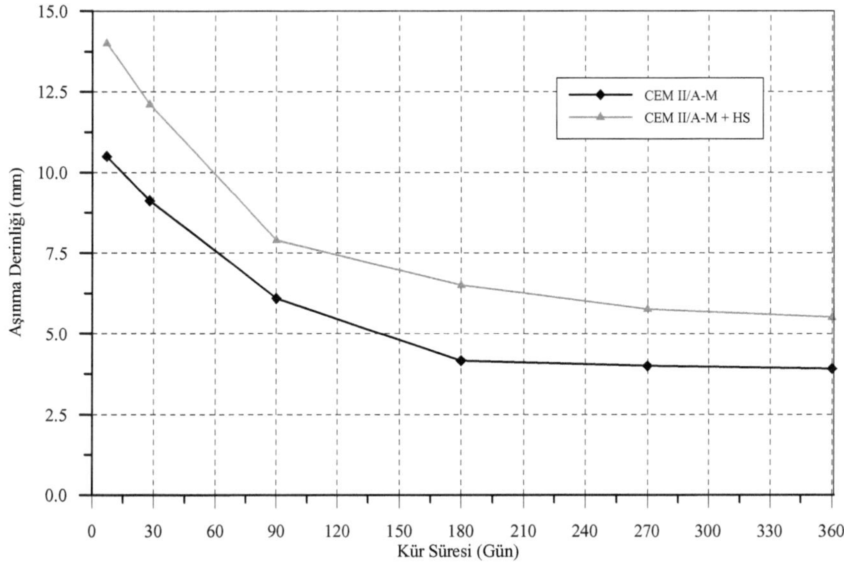

Şekil 126. CEM II/A-M çimentosu harç örneklerinin aşınma derinliğinin zamanla değişimi

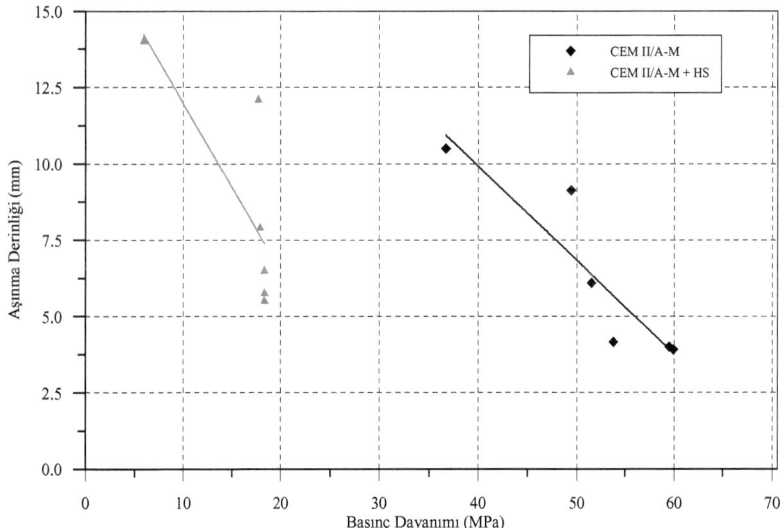

Şekil 127. CEM II/A-M çimentosu harç örneklerinin aşınma derinliği ile basınç dayanımı arasındaki ilişki

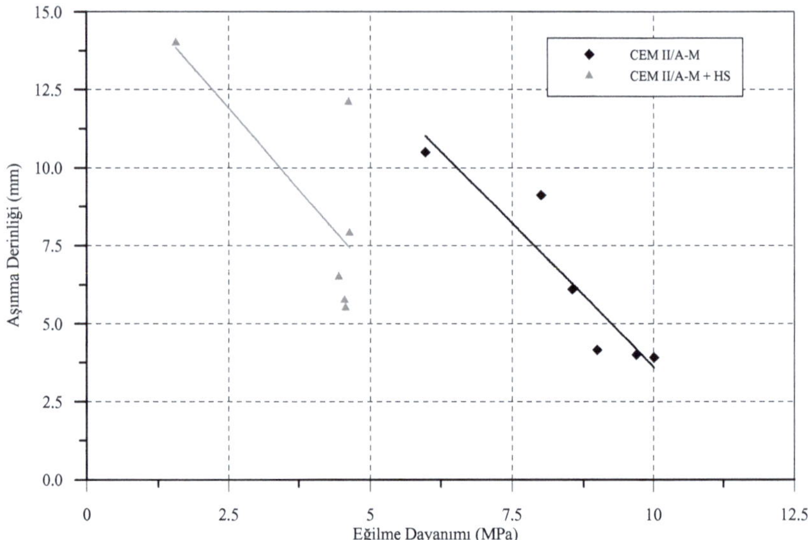

Şekil 128. CEM II/A-M çimento harç örneklerinin aşınma derinliği ile eğilme dayanımı arasındaki ilişki

Puzolanik bileşen oranı kütlece %25 olan CEM II/B-M çimentosu harç örnekleri genel olarak CEM II/A-M harçlerına yakın aşınma derinliği değerleri göstermiştir (Şekil 129). Bu çimentonun hava sürükleyici içermeyen harçlarında, ilk günlerde 10 mm civarında olan aşınma derinliği dokuzuncu aydan sonra 4 mm civarında değerlere düşerek böylece nihai derinliğe ulaşmış gözükmektedir. Hava sürükleyici içeren örneklerde ise bu değerler 16 mm'den başlayarak 5 mm'ye kadar düşmüştür. Yine bu örnekler için de dokuzuncu aydan sonra nihai aşınma derinliğine erişilmiştir. Burada da diğer harçlara benzer şekilde hava sürükleyici içeren ve içermeyen örnekler arasındaki fark (%15), özellikle altı aydan sonra azalmaya başlamış ve birbirlerine yaklaşık paralel bir gelişme sergilemiştir.

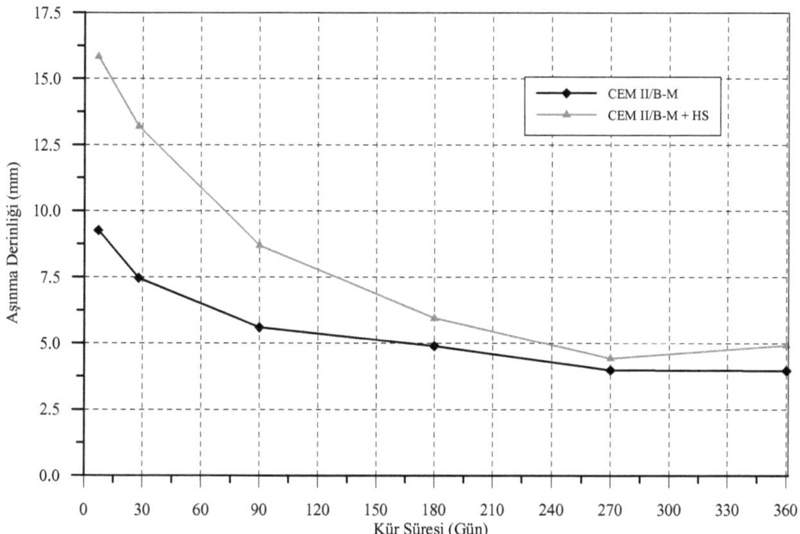

Şekil 129. CEM II/B-M çimentosu harç örneklerinin aşınma derinliğinin zamanla değişimi

Basınç dayanımları ile aşınma derinliği arasındaki ilişkiye bakıldığında ise basınç dayanımlarındaki artışla aşınma direncinin arttığı diğer bir anlatımla aşınma derinliğinin azaldığı görülmüştür. Bu azalma hızı hava sürükleyici içeren örneklerde, hava sürükleyici içermeyen örneklerden daha yüksek çıkmıştır (Şekil 130).

Yine benzer şekilde eğilme dayanımı ile aşınma derinliği arasında da ters bir ilişki söz konusudur. Hava sürükleyici içermeyen numunelerin eğilme dayanımındaki artışla aşınma direnci kazanma hızı, hava sürükleyici içeren örneklere göre daha düşük kalmaktadır (Şekil 131). Bu da daha yüksek eğilme dayanımı gösteren hava sürükleyici içermeyen örneklerin daha düşük aşınma derinliği ile daha yüksek aşınma direnci gösterdiği anlamına gelmektedir.

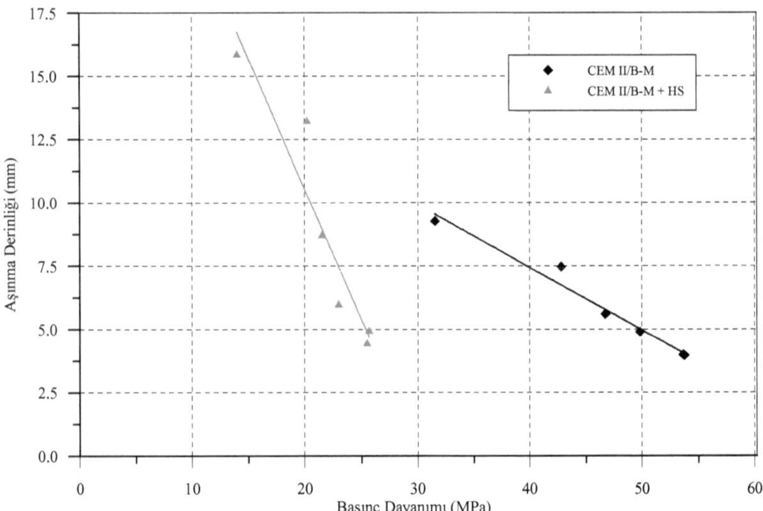

Şekil 130. CEM II/B-M çimentosu harç örneklerinin aşınma derinliği ile basınç dayanımı arasındaki ilişki

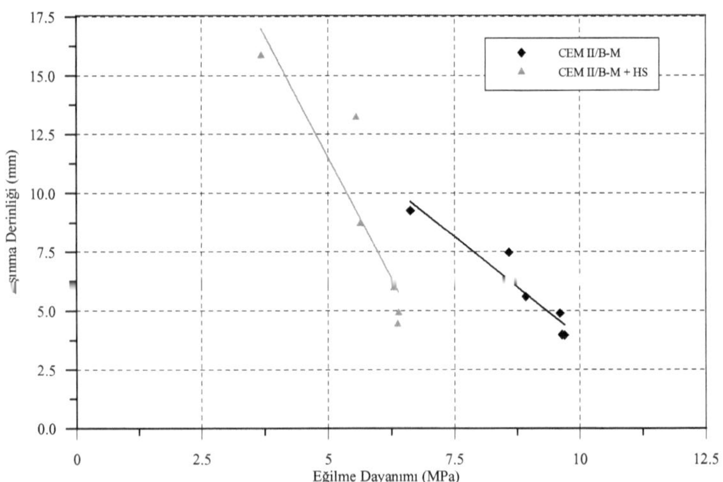

Şekil 131. CEM II/B-M çimentosu harç örneklerinin aşınma derinliği ile eğilme dayanımı arasındaki ilişki

CEM IV/A çimentosu harç örnekleri 3.14 mm'lik aşınma derinliği ile oniki ay sonunda en düşük aşınma derinliğine sahip bir örnek olmuştur. Bu çimento örneğinin hava sürükleyici içermeyen harç numuneleri ilk deney günlerinde 8 mm aşınma derinliğinden başlayarak bu değere (3.14 mm) gerilemiştir (Şekil 132). Hava sürükleyici içeren örnekte ise 10 mm'den başlayarak 360 gün sonunda yaklaşık 5 mm aşınma derinliğine inmiştir. Hava sürükleyici içeren ve içermeyen örnekler başlangıçtan itibaren birbirine yaklaşık paralel bir seyir izlerken üç aydan sonra aşınma direnci kazanma hızları düşmüş ve dokuzuncu aydan itibaren yaklaşık sabit bir derinliğe ulaşmıştır. Bu iki örnek arasındaki aşınma derinliği farkı %35'in üzerinde gerçekleşmiştir.

Basınç dayanımı ile aşınma derinliği arasındaki ilişki daha önceki örneklere benzer sonuçlar göstermektedir (Şekil 133). Buna göre basınç dayanımı artışıyla gerek hava sürükleyici içeren örneklerde ve gerekse hava sürükleyici içermeyen örneklerde basınç dayanımı arttıkça aşınma derinliği düşmektedir. Yine burada da korelasyon katsayısı oldukça yüksek çıkmış bulunmaktadır (>%95).

Öte yandan, yine aşınma derinliği, eğilme dayanımındaki artışla beklentiye uygun biçimde ters orantılı olarak bir düşüş göstermektedir (Şekil 134). Burada da korelasyon katsayısı yüksek sayılabilecek bir düzeydedir (>%85).

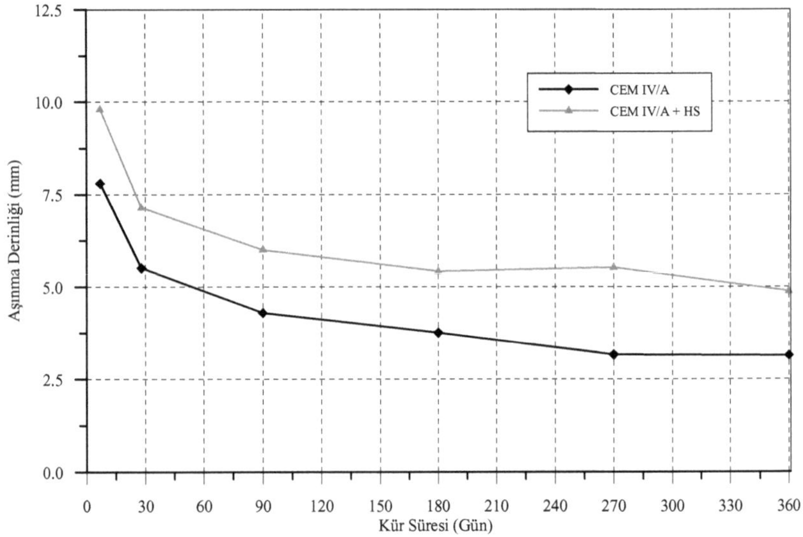

Şekil 132. CEM IV/A çimentosu harç örneklerinin aşınma derinliğinin zamanla değişimi

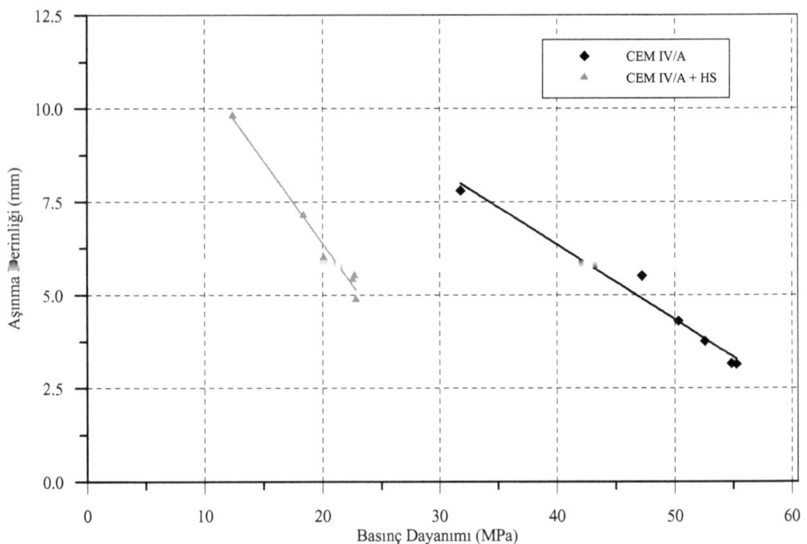

Şekil 133. CEM IV/A çimentosu harç örneklerinin aşınma derinliği ile basınç dayanımı arasındaki ilişki

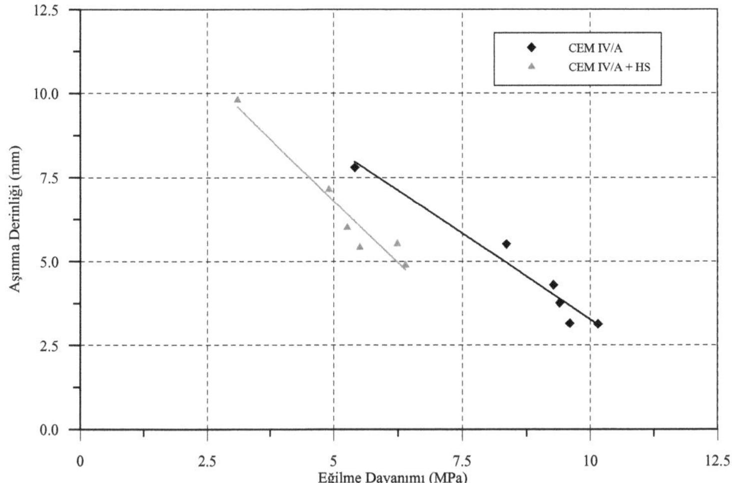

Şekil 134. CEM IV/A çimentosu harç örneklerinin aşınma derinliği ile eğilme dayanımı arasındaki ilişki

CEM IV/B çimentosu kütlece %45 oranındaki puzolanik bileşene sahiptir. Ancak 28 günlük ortalama dayanımı standart anma dayanımına (32.5 MPa) göre sınır düzeyde kalmaktadır (32.2 MPa). 360 gün sonunda ise yaklaşık 40 MPa dayanıma ulaşmış bulunmaktadır. Bu düşük sayılabilecek dayanım özelliklerine karşın CEM IV/B çimentosu harç örnekleri iyi sayılabilecek düzeyde bir aşınma direncine sahiptir. Hava sürükleyici içermeyen örneklerde 11 mm'den başlayan aşınma derinliği 360 gün sonunda, 3.6 mm'ye kadar gerilemiştir. Hava sürükleyici içeren örneklerde yine 11 mm'den başlayan aşınma derinlikleri 12 ay sonunda 4.8 mm mertebesine gerilemiş bulunmaktadır (Şekil 135). Son aylarda boşluk oranları farklı olan bu iki örnek arasındaki fark %27 olarak ortaya çıkmıştır. Şekil 135'ten görüldüğü gibi 360 gün sonunda dahi her iki numune de nihai aşınma dirençlerine ulaşmamış görünmektedir. Bu sonucun tıpkı basınç dayanımında olduğu gibi puzolanik ilavelerin henüz tepkimeye tam anlamıyla girmemesi nedeniyle ortaya çıktığı düşünülmektedir.

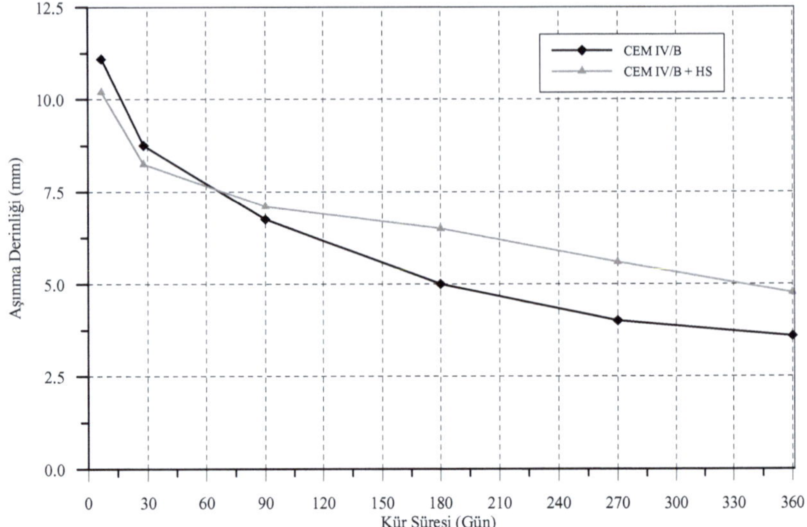

Şekil 135. CEM IV/B çimentosu harç örneklerinin aşınma derinliğinin zamanla değişimi

Basınç dayanımları ile aşınma dirençleri arasındaki ilişki incelendiğinde, diğer çimento harç örneklerinden farklı olarak buradaki izlemlerin birbirlerine daha yakın bir seyir sergiledikleri görülmektedir. Ancak yine de boşluk içeriği farklı olan bu iki örneğin ortaya koyduğu başarım birbiriyle örtüşmemektedir (Şekil 136).

Eğilme dayanımı ile aşınma derinliği arasındaki ilişki incelendiğinde ise önceki çimento harç örneklerinin aksine bu çimentonun gerek hava sürükleyici içeren gerekse hava sürükleyici içermeyen harç örneklerinde iki doğrunun da birbirine çok yakın aralıklı ve birbiriyle örtüşecek değerlerde seyrettiği görülmektedir (Şekil 137). Yine bu örnekte de iki farklı boşluk içeriğine sahip deney numunelerinin eğilme dayanımları yükseldikçe aşınma derinliklerinde bir düşüş gözlemlenmektedir.

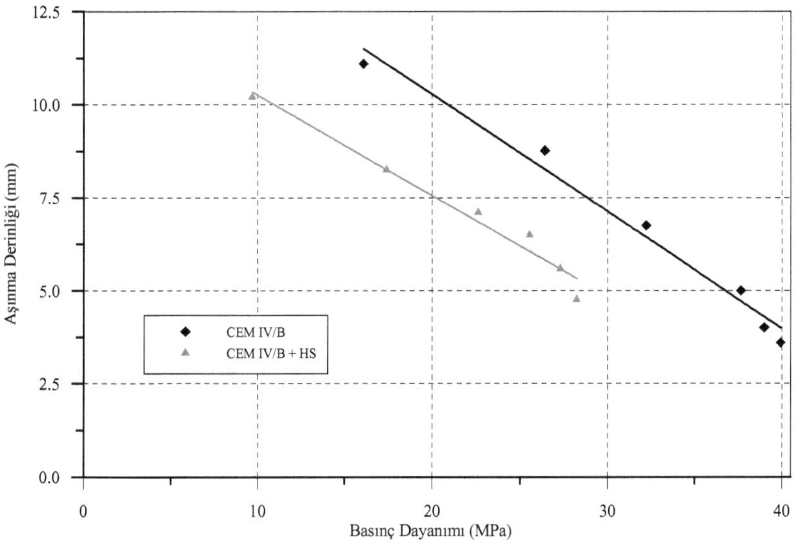

Şekil 136. CEM IV/B çimentosu harç örneklerinin aşınma derinliği ile basınç dayanımı arasındaki ilişki

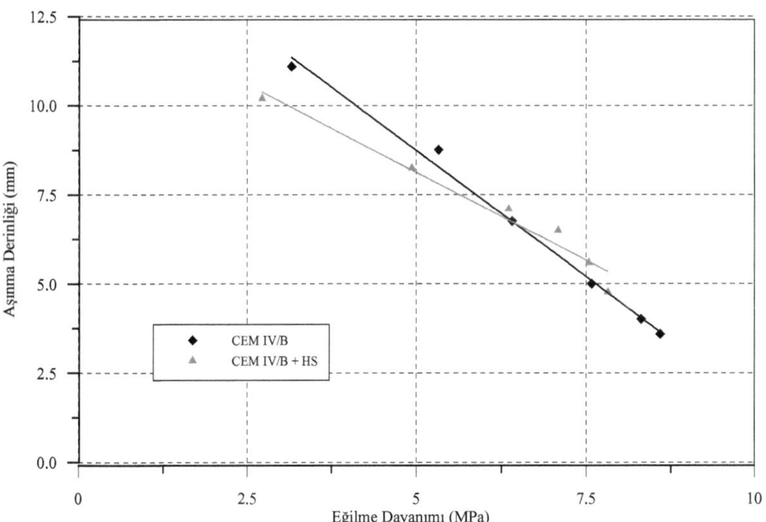

Şekil 137. CEM IV/B çimentosu harç örneklerinin aşınma derinliği ile eğilme dayanımı arasındaki ilişki

CEM V/A çimentosu harçları, örnekler arasında en yüksek aşınma derinliğine sahip çimento terkiplerinden birini oluşturmaktadır. Hava sürükleyici içermeyen örneğin, 11 mm'den başlayan aşınma derinliği değeri, dokuzuncu aydan sonra sabit kalarak ancak 5.3 mm'ye kadar gerilemiştir. Hava sürükleyici içeren örnek ise 15 mm'den başlayarak 360 gün sonunda 6.7 mm derinliğe kadar aşınmıştır (Şekil 138). Dolayısıyla bu iki örnek arasında boşluk oranına bağlı olarak %20 oranında bir aşınma derinliği farkı meydana gelmiş bulunmaktadır. Aynı zamanda bu örnek tüm çimento örnekleri arasında en düşük 28 günlük ortalama basınç dayanımına (23.7 MPa) sahip bulunmaktadır (Çizelge 21).

Basınç dayanımı ile aşınma direnci arasındaki ilişki incelendiğinde ise hava sürükleyici içeren örneklerde basınç dayanımındaki artışla aşınma direncindeki artışın daha çabuk gerçekleştiği, dolayısıyla bu örnekte aşınma derinliklerinin basınç dayanımına oranla çok daha yüksek çıktığı görülmektedir. Öte yandan hava sürükleyici içermeyen örneklerde ise basınç dayanımındaki artışa bağlı olarak aşınma direncinin daha yavaş bir artış gösterdiği tespit edilmiştir (Şekil 139).

Eğilme dayanımı ile aşınma direnci arasında da yine basınç dayanımı ilişkisine benzer şekilde, hava sürükleyici içeren örneklerde daha hızlı, hava sürükleyici içermeyen örneklerde nispeten daha yavaş artış gösteren bir ilişki söz konusudur (Şekil 140).

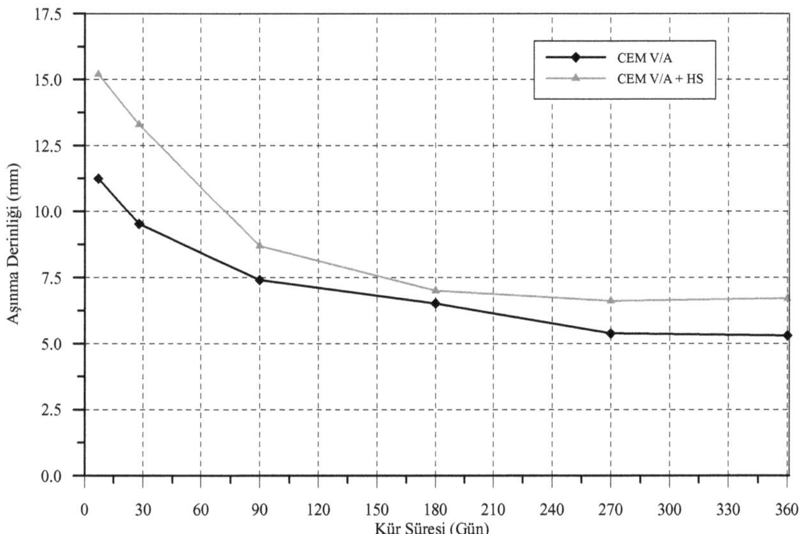

Şekil 138. CEM V/A çimentosu harç örneklerinin aşınma derinliğinin zamanla değişimi

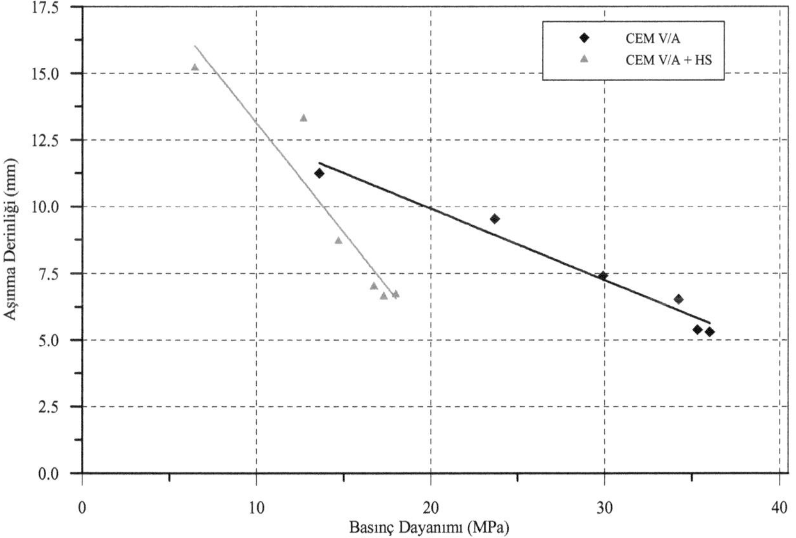

Şekil 139. CEM V/A çimentosu harç örneklerinin aşınma derinliği ile basınç dayanımı arasındaki ilişki

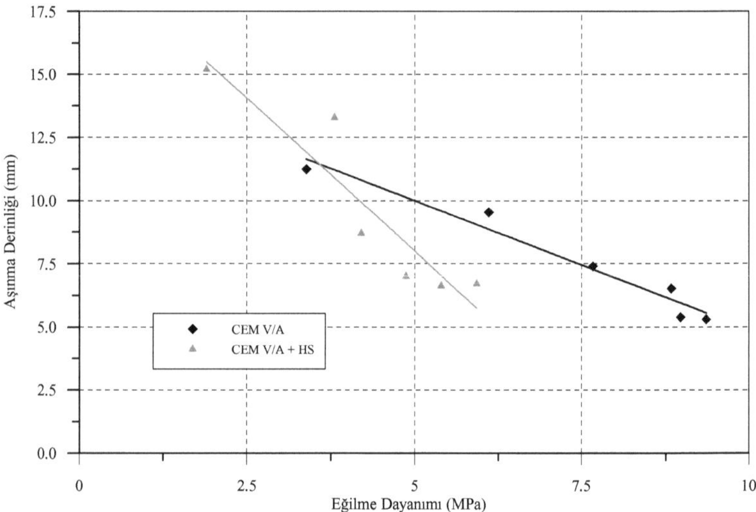

Şekil 140. CEM V/A çimentosu harç örneklerinin aşınma derinliği ile eğilme dayanımı arasındaki ilişki

Diğer örneklerle kıyaslandığında ilave edilen en yüksek puzolanik bileşene sahip (kütlece %65) CEM V/B örneği, 33.6 MPa ile 28 günlük ortalama dayanım itibariyle en düşük niteliğe sahip olmasa da aşınma yönünden en dirençsiz örnek olarak çıkmıştır. Hava sürükleyici içermeyen örnekleri ilk haftada 10 mm aşınma derinliği gösterirken, 360 gün sonunda 5.3 mm'lik bir aşınma derinliği sergilemiştir. Hava sürükleyici içeren örneklerde ise 15 mm'den başlayan aşınma derinliği, 12 ay sonunda 7 mm'nin üzerinde kalmıştır (Şekil 141). Yüksek puzolanik bileşimine rağmen, bu örnek basınç dayanımından bağımsız olarak, altıncı aydan sonra aşınma direnci yönünden bir gelişme gösterememiştir. Bu örnek için hava sürükleyici içeren ve içermeyen numunelerin davranışları birbirine paralel (fark %30) bir izlemle gerçekleşmiş bulunmaktadır.

Basınç dayanımı ile aşınma derinliği arasındaki ilişki incelendiğinde ise basınç dayanımındaki artış ile aşınma direncinin yükselişi arasında anlamlı bir bağlantı olduğu görülmektedir. Hava sürükleyici içermeyen örnekler daha yavaş bu direnci kazanırken, hava sürükleyici içeren örneklerde bu artış daha hızlı bir şekilde gerçekleşmiştir (Şekil 142).

Yine eğilme dayanımı ve aşınma direnci arasındaki ilişkiler incelendiğinde basınç dayanımıyla benzer bir sonuç elde edildiği görülür (Şekil 143).

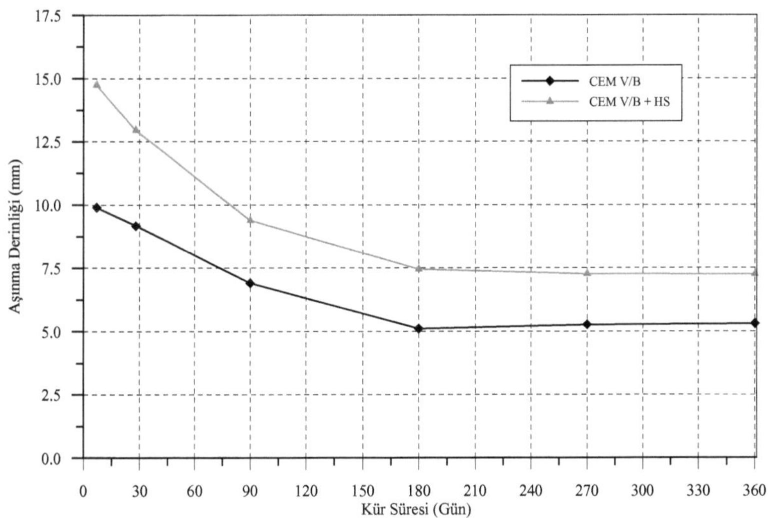

Şekil 141. CEM V/B çimentosu harç örneklerinin aşınma derinliğinin zamanla değişimi

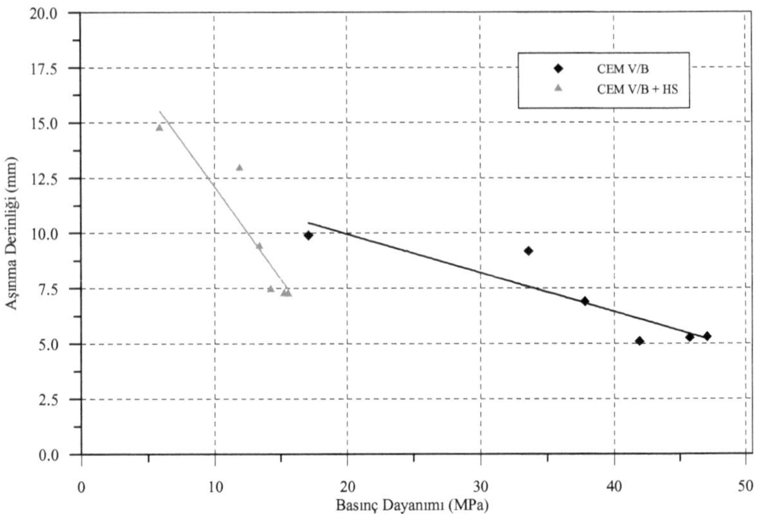

Şekil 142. CEM V/B çimentosu harç örneklerinin aşınma derinliği ile basınç dayanımı arasındaki ilişki

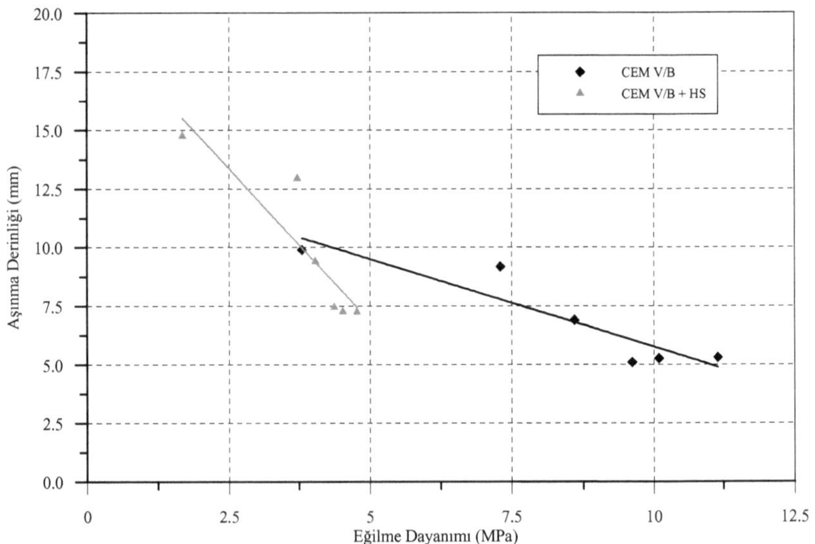

Şekil 143. CEM V/B çimentosu harç örneklerinin aşınma derinliği ile eğilme dayanımı arasındaki ilişki

Bütün çimento harç örnekleri için, bileşim ayırımı yapılmaksızın aşınma derinliklerinin zamanla değişimi incelenecek olursa, zamanla aşınma direncinin artış gösterdiği ya da diğer bir ifadeyle aşınma derinliğinin azaldığı görülmektedir. Bu durum gerek hava sürükleyici içeren numuneler gerekse hava sürükleyici içermeyen numuneler için de geçerli bulunmaktadır. Şekil 144'te görülen doğrulardan bütün hava sürükleyici içermeyen numuneleri temsil eden grafik %80 oranında bir doğruluğa (korelasyon) sahipken, hava sürükleyici içeren örnekleri temsil eden doğru %77 düzeyinde bir ilişki katsayısına sahip bulunmaktadır. Bütün örnekler tek bir doğru ile ifade edildiğinde ise ilişki katsayısı %70'lere kadar gerilemektedir. Buradan hareketle hava sürükleyici katkı içeriğinin ya da diğer bir deyişle boşluk oranının, aşınma derinliği üzerinde, çimento bileşiminden daha yüksek derecede etkili olduğu kanaatine varmak mümkün gözükmektedir. Dolayısıyla hava sürükleyici içeren örnekleri ve hava sürükleyici içermeyen örnekleri ayrı ulamlar (kategoriler) içinde değerlendirmek daha doğru bir yöntem olarak ortaya çıkmaktadır.

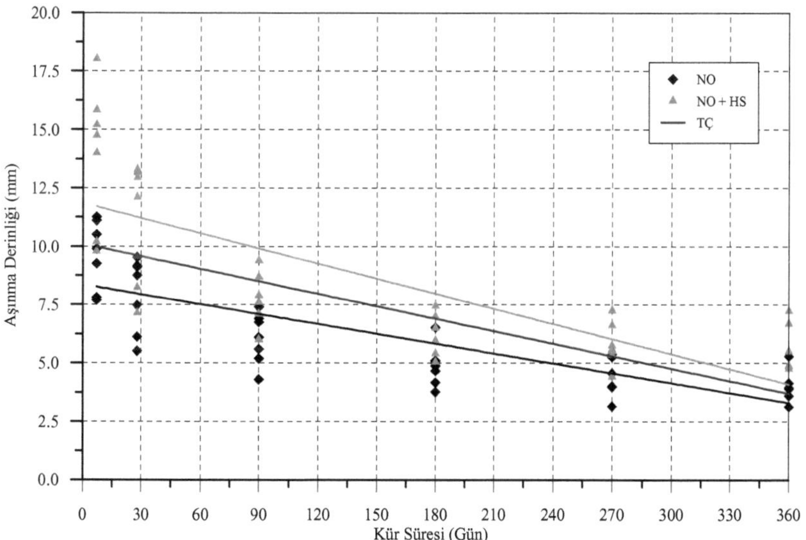

Şekil 144. Tüm çimento harç örneklerinin aşınma derinliğinin zamanla değişimi

Yine bütün çimento harç örnekleri için aşınma derinlikleriyle basınç dayanımları arasındaki ilişkiler incelendiğinde, basınç dayanımındaki yükselişin, aşınma direnci artışının bir göstergesi olduğu açık bir şekilde görülür. Ancak burada dikkati çeken en önemli husus yine hava sürükleyici içeren örneklerle hava sürükleyici içermeyen örneklerin birbirinden farklı davranışıdır. Yani kendi içinde hem hava sürükleyici içeren örnekler, hem de hava sürükleyici içermeyen numuneler basınç dayanımındaki artışla aşınma dirençlerini artırırken, bu iki farklı boşluk oranına sahip örnekler, özdeş basınç dayanımı karşısında eşit düzeyde aşınma direnci sergilememektedirler. Örneğin hava sürükleyici içermeyen örnekler yaklaşık 50 MPa'lık basınç dayanımı sergilerken 5 mm aşınma derinliğine sahiptirler, ancak hava sürükleyici içeren örnekler aynı aşınma derinliğine yaklaşık 25 MPa basınç dayanımı ile erişmektedirler (Şekil 145). Yine burada kurulan ilişkilerin uygunluğu irdelendiğinde de hava sürükleyici içermeyen örneklerde bu ilişki %80 doğrulukla, hava sürükleyici içeren örneklerde %70 doğrulukla ve tüm harçlar için ortalama %65 doğrulukla geçerli gözükmektedir.

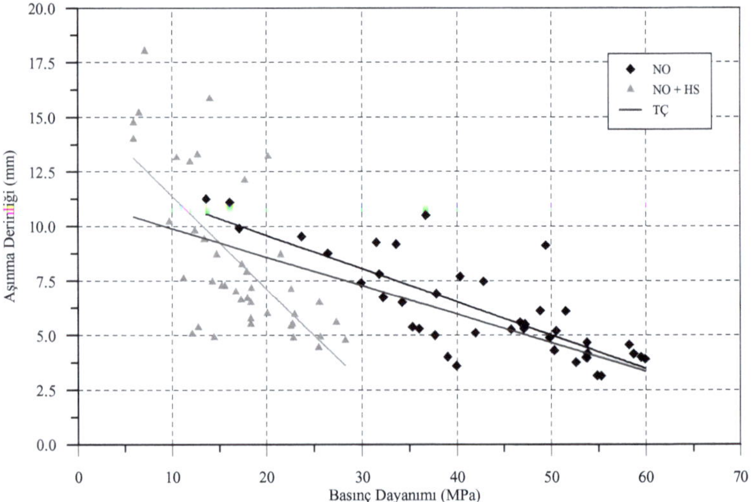

Şekil 145. Tüm çimento harç örneklerinin aşınma derinliği ile basınç dayanımı arasındaki ilişki

Şekil 146'da görüldüğü gibi, eğilme dayanımı arttıkça aşınma direnci de artmaktadır. Ancak burada basınç dayanımı ile aşınma derinliği arasında kurulan ilişkiden farklı olarak, tüm çimento harç örnekleri için hava sürükleyici içeren örneklerle, hava sürükleyici içermeyen numunelerin eğilme dayanımı ile aşınma derinlikleri arasındaki ilişkiyi gösteren doğruların birbirine daha yakın bir mesafede seyrettiği görülür. Diğer bir deyişle tüm harçları temsil eden ortak ilişki doğrusu farklı boşluk oranları için de yaklaşık geçerli gözükmektedir.

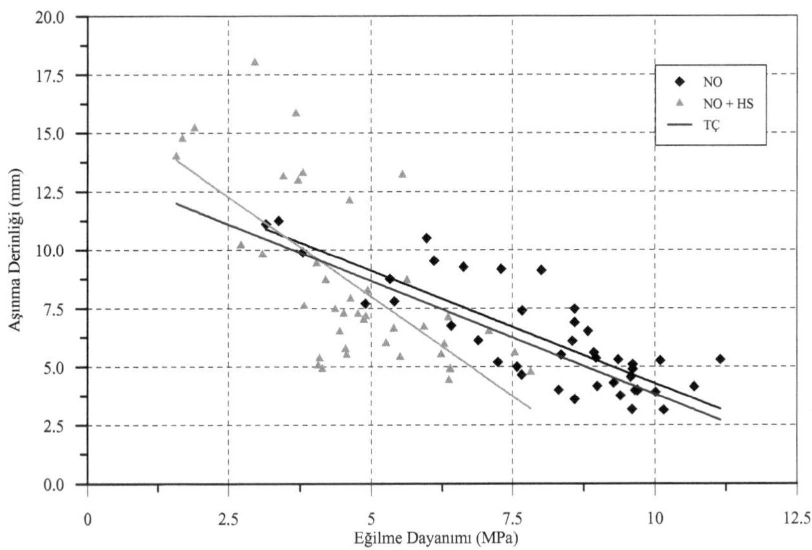

Şekil 146. Tüm çimento harç örneklerinin aşınma derinliği ile eğilme dayanımı arasındaki ilişki

Tüm bu irdelemelerden sonra kısa bir sonuç değerlendirmesi yapmak gerekirse; numunelerin aşınma derinliği zamanla azalmaktadır, diğer bir deyişle çimento harçlarının zamanla mukavemeti arttıkça aşınma dirençleri de yükselebilmektedir. Şu halde zamanla hem basınç dayanımı hem de eğilme dayanımı yükseliş gösterirken aşınma derinliği ise azalmaktadır. Numuneler 6 ila 9 ay arasında nihai aşınma derinliklerine yaklaşmış olmaktadırlar. Öte yandan hava sürükleyici içeren numuneler hava sürükleyici içermeyen numunelerden %15 ile %35 arasında değişen oranlarda daha derin aşınmaktadır.

Boşluk oranı daha yüksek olan numunelerde basınç dayanımı artışı aşınma derinliğine bağlı olarak kendini daha erken gösterirken, hava sürükleyici içermeyen örneklerde bu sonuç daha yüksek basınç dayanımında daha geç gerçekleşmiş olmaktadır. Benzer durum eğilme dayanımı için de geçerlidir.

Genel olarak en düşük aşınma derinliği CEM IV/A örneğinde tespit edilmişken en yüksek aşınma derinliği ise CEM V/A ve CEM V/B numunelerinde görülmüştür.

3.4.2. Aşınma Etkisindeki Çimento Harç Örneklerinin Aşınma Dirençleri ile Mineral Bileşimleri Arasındaki İlişki

Çimento harç örneklerinin 360 günlük deney süreci boyunca aşınma dirençlerindeki gelişim, basınç ve eğilme dayanımlarıyla ilişkilendirilerek incelendikten sonra bu bölümde, aşınma derinlikleri ile mineral bileşimleri arasındaki ilişki irdelenmeye çalışılacaktır. Aşağıda yer alan grafikler ise yalnız 360 günlük aşınma derinlikleri üzerinden oluşturulmuştur.

Klinker oranı kütlece %35 ile %100 (portland çimentosu) arasında değişmektedir. Bu bağlamda klinker oranındaki artışa bağlı olarak, aşınma derinliğinde azalma olduğu kolaylıkla anlaşılmaktadır (Şekil 147). Burada bu azalmanın basınç ve eğilme dayanımında meydana gelen artışa, diğer bir deyişle malzemenin dayanım kazanmasına paralel gerçekleştiği de düşünülebilir. Bu sonuç ilişkisi hem hava sürükleyici içeren örnekler hem de hava sürükleyici içermeyen örnekler için geçerli bulunmaktadır. Ancak hava sürükleyici katkı içeren örnekler hava sürükleyici içermeyen örneklere göre daha yüksek (yaklaşık %30) aşınma derinliği sergilemiştir. Çizelge 23'ten 28 günlük örneklerin gösterdiği aşınma derinlikleri değerlendirildiğinde hava sürükleyici içermeyen örneklerde durum 360 günlük numunelerden farklı değilken, hava sürükleyici içeren örneklerde ilk günlerde klinker oranındaki artışın aşınma direncini etkilemediği görülmektedir.

Kütlece %40 oranına kadar uygulanan yüksek fırın cürufu katkısı, katılım oranına bağlı olarak aşınma derinliğini artırmaktadır. Bu durum hem hava sürükleyici içeren örneklerde hem de hava sürükleyici içermeyen örneklerde özdeş bir artışla gerçekleşmesine rağmen, hava sürükleyici içeren örneklerde aşınmanın daha derin (%30 - %35) olduğu görülmektedir (Şekil 148). Buradan, yüksek fırın cürufunun 360 günlük örneklerde basınç dayanımını düşürdüğü gibi aşınma derinliğini de artırdığı görülmektedir. 28 günlük örnekler için bir değerlendirme yapıldığında ise, yine yaklaşık benzer bir sonuç elde edilmiş olmaktadır (Çizelge 23).

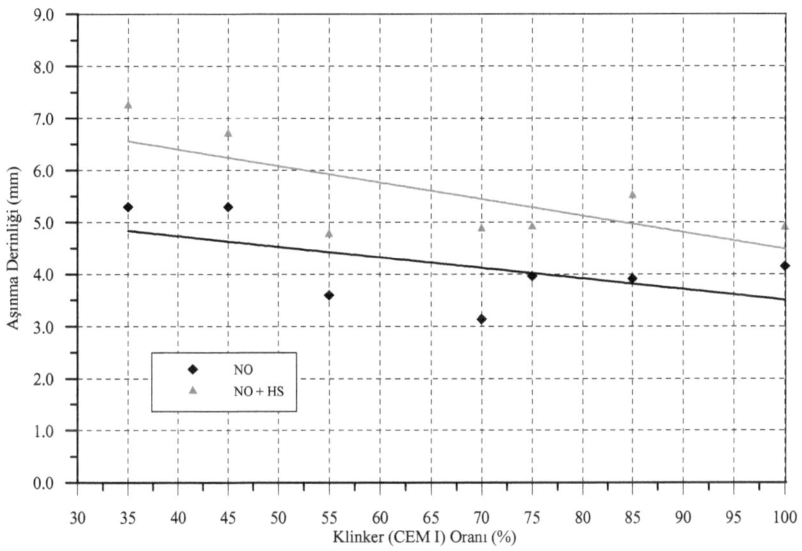

Şekil 147. 360 günlük çimento harç örneklerinin klinker (CEM I) oranı ile aşınma derinliği arasındaki ilişki

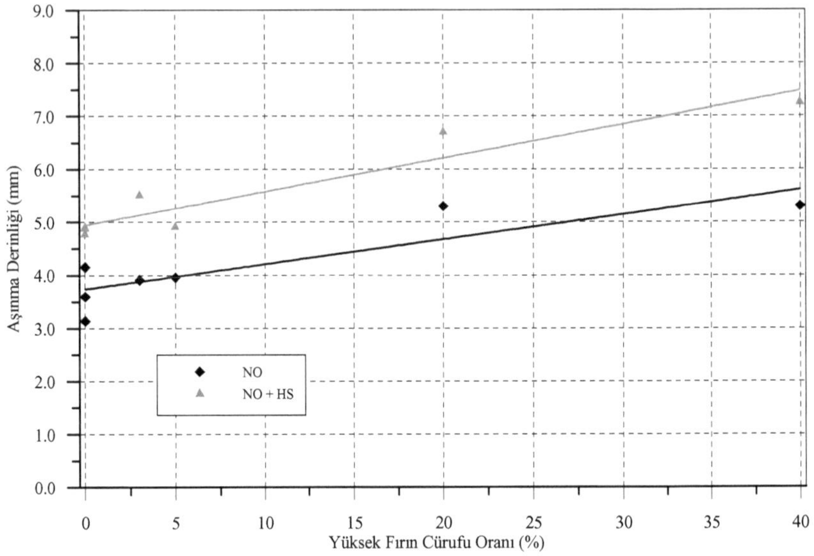

Şekil 148. 360 günlük çimento harç örneklerinin yüksek fırın cürufu oranı ile aşınma derinliği arasındaki ilişki

Doğal puzolan katkısı ise çimento örneklerine kütlece %20 oranına kadar ilave edilmiştir. Doğal puzolan ilavesi de yüksek fırın cürufu gibi aşınma direncini bir miktar düşürmektedir. Ancak doğal puzolan ilavesiyle aşınma derinliğinde meydana gelen yükselme cüruf ilavesindeki kadar belirgin değildir. Burada da hava sürükleyici içeren örnekler hava sürükleyici içermeyen örneklerden daha yüksek aşınma derinliği gösterirken (%30 - %40), doğal puzolan oranındaki artışla meydana gelen direnç kayıpları iki örnekte de paralel bir seyir izlemektedir (Şekil 149). Diğer yandan puzolanik ilave içeren 28 günlük örneklerde durum biraz farklılık arz etmektedir. Buna göre ilk günlerde hava sürükleyici içeren örneklerde doğal puzolan oranındaki artışla aşınma derinliği azalırken, hava sürükleyici içermeyen örneklerde ise aşınma direncindeki bu artış daha düşük ölçüde gerçekleşmiş bulunmaktadır (Çizelge 23).

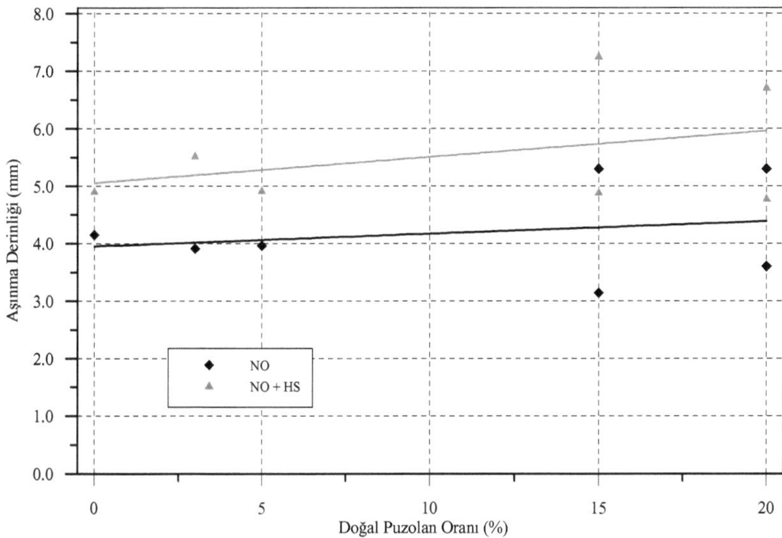

Şekil 149. 360 günlük çimento harç örneklerinin doğal puzolan oranı ile aşınma derinliği arasındaki ilişki

İlk günlerde uçucu kül oranındaki artışın hava sürükleyici içeren örneklerde olumlu bir etki ortaya koyduğu ve aşınma direncini artırdığı görülmektedir. Ancak hava sürükleyici içermeyen, doluluk oranı nispeten daha yüksek örneklerde benzer bir yükselme görülmemiştir (Çizelge 23). Bir yıl sonunda ise uçucu kül oranındaki artış hava sürükleyici içermeyen örneklerin aşınma direncine bir katkıda bulunmamış ancak hava sürükleyici içeren örneklerde daha etkili olmuştur (Şekil 150). Kütlece %20 oranında uygulanan uçucu kül katkısı, aşınma direnci üzerinde, basınç dayanımına olan olumsuz etkisinden daha düşük bir etkiye sahip görülmektedir. Uçucu kül içeren örnekler için de aşınma derinliği hava sürükleyici içeren örneklerden daha yüksek çıkmış bulunmaktadır.

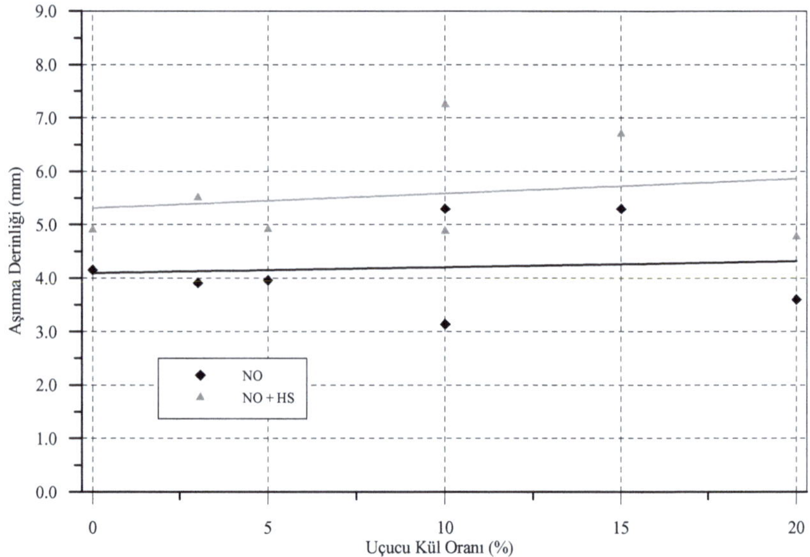

Şekil 150. 360 günlük çimento harç örneklerinin uçucu kül oranı ile aşınma derinliği arasındaki ilişki

Şekil 118 ve Şekil 119'dan da hatırlanacağı üzere silis dumanı ve kalker bileşeni çimento örneklerine küçük bir oranda (kütlece %5) ilave edilmelerine rağmen örneklerin basınç dayanımlarında artış görülmüştü. Bu ilavelerin aynı oranda aşınma direncine de olumlu yönde katkıda bulunduğu görülmektedir.

Silis dumanı ilavesindeki artış, ilk günlerde özellikle hava sürükleyici içeren örneklerde olumlu yönde etki gösterirken, bu etki hava sürükleyici içermeyen örneklerde sınırlı düzeyde kalmıştır (Çizelge 23). Ancak 12 ay sonunda bu bileşen daha etkili bir biçimde kendini hissettirmiş ve aşınma derinliğini gerek hava sürükleyici içeren gerekse içermeyen örneklerde önemli derecede (%25-%30) aşağı çekmiştir (Şekil 151).

Kalker bileşenin ise aşınma derinliği yönünden ilk günlerdeki davranışı ile 12 ay sonundaki davranışları büyük oranda birbirinden farklılık arz etmektedir. Kalker oranındaki artışla ilk günlerde, hava sürükleyici içeren numunelerde aşınma derinliği de artmaktayken (%15), hava sürükleyici içermeyen örneklerde önemli bir değişim

(%5) söz konusu olmamıştır. 360 gün sonunda ise gerek hava sürükleyici içeren örneklerde gerekse hava sürükleyici içermeyen numunelerde kalker oranındaki artış, aşınma derinliği üzerinde azaltıcı bir etkide bulunmuştur (Şekil 152).

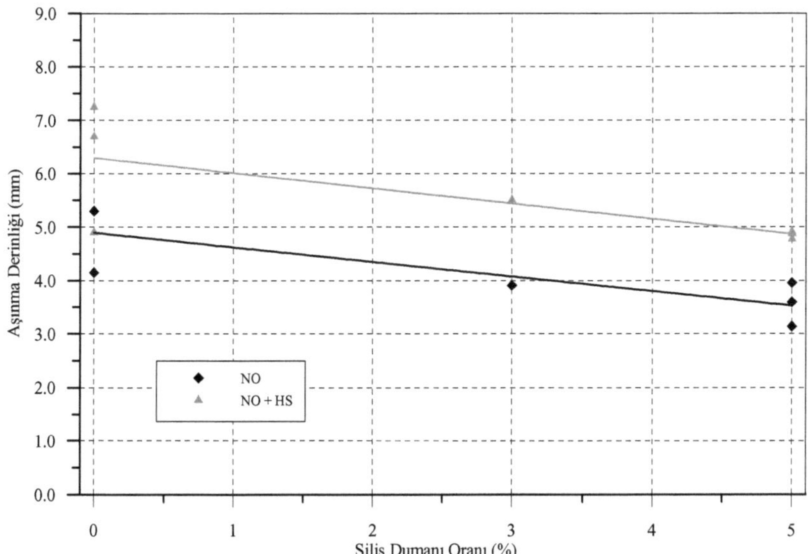

Şekil 151. 360 günlük çimento harç örneklerinin silis dumanı oranı ile aşınma derinliği arasındaki ilişki

Kısaca, aşınma direnci ya da derinliği ile ilave mineral bileşen çeşitleri ve bunların katılım oranları arasında bir ilişkinin mevcut olduğunu söylemek olanaklı bulunmaktadır. Bunun yanında, bu ilişkinin diğer bir etkeninin de zaman unsuru olduğu açık olarak gözükmektedir. Mineral ilavelerin, hava sürükleyici içeren numunelerdeki aşınma derinliğine etkisi, ilk günlerde hava sürükleyici içermeyen örneklerden farklılık arz etmekte ise de 360 gün sonunda paralel bir seyir izlenmektedir.

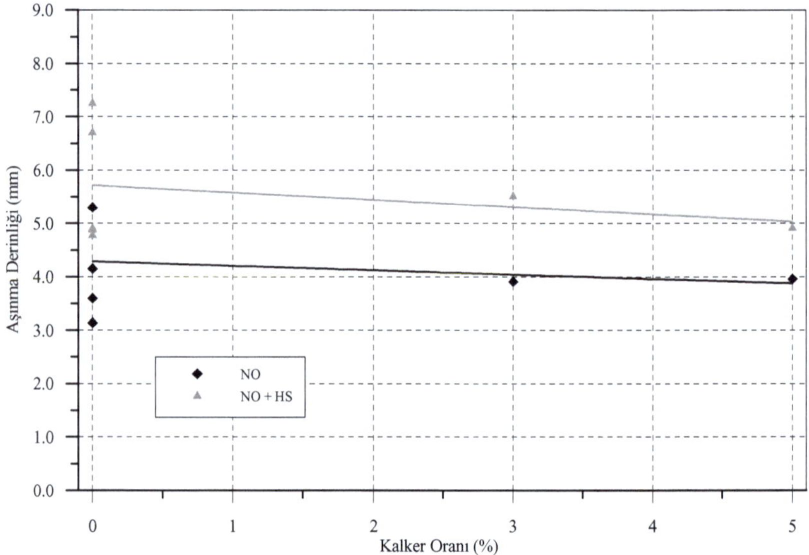

Şekil 152. 360 günlük çimento harç örneklerinin kalker oranı ile aşınma derinliği arasındaki ilişki

Genel olarak, hem hava sürükleyici içeren hem de hava sürükleyici içermeyen harç numunelerinde klinker, kalker ve silis dumanı oranındaki artış bir yıl sonundaki aşınma derinliğini azaltmaktayken, yüksek fırın cürufu, doğal puzolan ve uçucu kül için özdeş bir sonuca varmak mümkün olmamaktadır. Aşınma derinliği ile bileşen oranları arasındaki davranış, basınç ve eğilme dayanımlarıyla bu bileşenler arasındaki ilişkilere paralellik arz etmektedir. İlk günlerde ise yukarıda ayrıntısı verildiği üzere bazı farklılıklar bulunmaktadır.

3.4.3. Aşınma Etkisindeki Çimento Harç Örneklerinin Aşınma Dirençleri ile Kimyasal Bileşimleri Arasındaki İlişki

Çimento harçlarının aşınma dirençleri üzerinde ilave mineral bileşenlerin etkisi incelendikten sonra, bu bölümde yine bu direnç üzerindeki kimyasal bileşim etkisi irdelenecektir.

Genel olarak CaO oranındaki artış ilk günlerde hava sürükleyici içermeyen örneklerde aşınma direncini artırmaktayken, hava sürükleyici içeren örneklerde bu direncin düşmekte, dolayısıyla aşınma derinliğinin artmakta olduğu görülmektedir (Çizelge 23). 360 gün sonunda ise gerek hava sürükleyici içeren numunelerde gerekse içermeyen örneklerde CaO oranındaki artışla aşınma direncinde bir yükselme görülmektedir (Şekil 153). Ayrıca CaO oranındaki artışla, hava sürükleyici içeren ve içermeyen örnekler birbirine paralel bir davranış sergilemektedirler. Şu halde bundan önceki karşılaştırmalarda genellikle basınç dayanımı ile zıt bir ilişki içinde bulunan aşınma derinliği, hava sürükleyici içermeyen örneklerde CaO oranındaki artışa bağlı olarak farklı bir durum ortaya koymaktadır. Benzer şekilde hava sürükleyici içeren örneklerde de CaO oranındaki artışla, 360 günlük basınç dayanımı azalırken, aynı örneklerde aşınma derinliğinin düştüğü görülmektedir (Şekil 120, Şekil 153). Bu durum hava sürükleyici içermeyen örneklerde beklenildiği şekilde gerçekleşmiştir; basınç dayanımı artarken, aşınma derinliği azalmaktadır.

SiO_2 oranındaki artış, hava sürükleyici içermeyen örneklerde basınç dayanımında düşüşe sebep olurken, hava sürükleyici içeren örneklerde bu büyüklüğü bir miktar artırmaktadır (Şekil 121). Bu durum, 28 günlük örneklerin aşınma derinliği açısından paralellik arz etmektedir. Buna göre, hava sürükleyici içermeyen örneklerin ilk günlerdeki aşınma direnci SiO_2 oranındaki artışla düşmekteyken, hava sürükleyici içeren örneklerde yükseliş göstermektedir. 360 gün sonunda ise hava sürükleyici içermeyen örnekler için sonuç değişmezken, hava sürükleyici içeren örneklerde SiO_2 oranındaki artışla aşınma direncinin kayba uğradığı görülmektedir (Şekil 154).

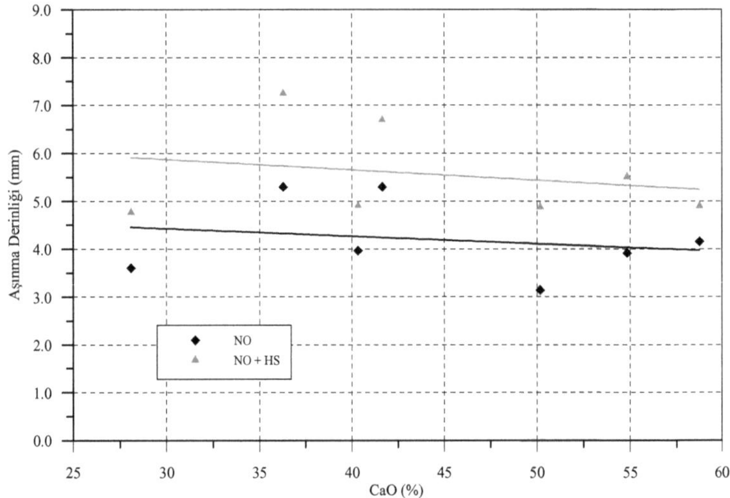

Şekil 153. 360 günlük çimento harç örneklerinin CaO oranı ile aşınma derinliği arasındaki ilişki

Bu bağlamda SiO_2 bileşeninin etkisine ilginç bir benzerlik Al_2O_3 oranındaki artışta görülmektedir. Buna göre hava sürükleyici içeren numunelerde, ilk günlerde Al_2O_3 oranındaki artış, aşınma derinliğini düşürürken, 12 ay sonunda bu derinlik üzerinde düşürücü bir etki göstermemektedir. Öte yandan hava sürükleyici içermeyen örneklerde ilk günden itibaren Al_2O_3 bileşiği aşınma derinliği üzerinde olumsuz bir etki göstermektedir (Şekil 155). Al_2O_3'ün basınç dayanımı üzerindeki etkisi SiO_2 etkisine benzemekte ve aşınma derinliğiyle, ters orantılı olarak yükseliş göstermektedir (Şekil 122).

Genel olarak ilk günlerde gerek hava sürükleyici içeren gerekse içermeyen harç numunelerinden elde edilen sonuçlar arasında, aşınma direnci itibariyle hava sürükleyici içeren numuneler aleyhine farklar gözükse de nihai dayanıma erişildiği varsayılan 360 günlük sürede CaO bileşeninin aşınma direnci üzerinde yükseltici bir etkide bulunduğu, buna karşın SiO_2 ve Al_2O_3 bileşenlerinin etkilerinin düşürücü nitelikte olduğu görülmüştür.

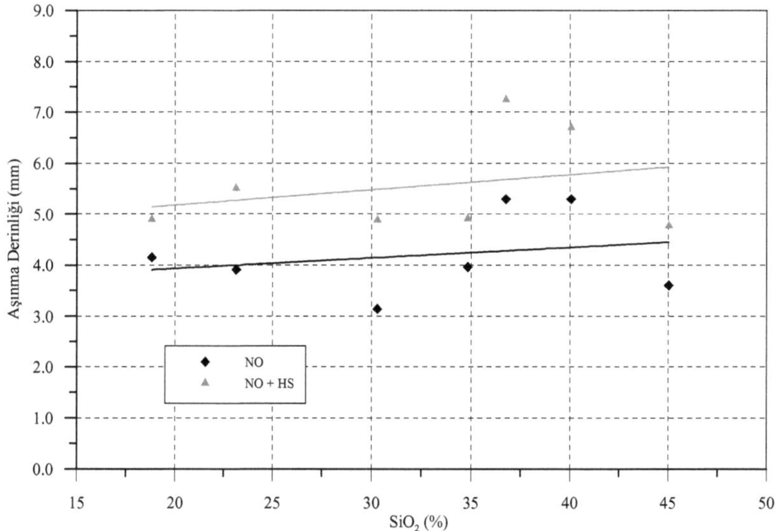

Şekil 154. 360 günlük çimento harç örneklerinin SiO_2 oranı ile aşınma derinliği arasındaki ilişki

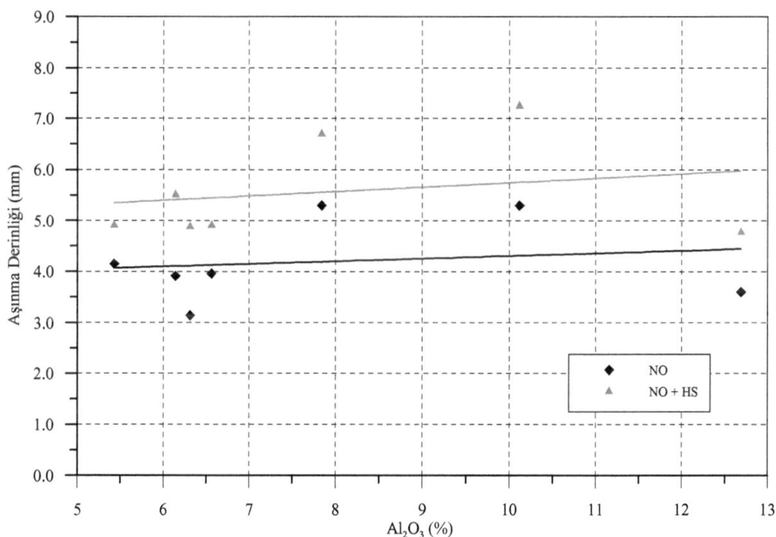

Şekil 155. 360 günlük çimento harç örneklerinin Al_2O_3 oranı ile aşınma derinliği arasındaki ilişki

3.5. Sülfat Etkisinde Bırakılan Çimento Harç Örneklerinin Aşınma Direnci

Beton yollar ve/veya bazı beton zeminler aşınma etkisine maruz kaldıkları kadar, bir yandan da sülfatlı ortam etkisi altında olabilmektedirler. Bu durum dikkate alınarak, sülfat etkisine maruz bırakılan numunelerin aşınma duyarlılığı da bu çalışmanın kapsamına alınmıştır. Buna göre bu bölümde, üretilen çimento harçları önce sülfatlı ortamda bekletilmiş ve daha sonra aşınma deneyine tabi tutulmuştur.

Bu çalışma kapsamında üretilen yedi farklı bileşimdeki çimentodan harç örnekleri hazırlanmış ve bunların bir kısmı 360 gün boyunca suda kür edilmiş, bir kısmı da sülfatlı ortamda bekletilmiştir. Aynı örnekler daha sonra basınç ve eğilme deneylerine paralel olarak, aşınma deneylerine de tabi tutulmuşlardır. Harçların boşluk oranı, hava sürükleyici ilavesiyle çeşitlendirilmiş ve bunlar üzerinde elde edilen aşınma derinliği ile zaman, basınç dayanımı, eğilme dayanımı, mineral katkı ve kimyasal bileşimleri arasında ilişkiler kurularak sonuçlar ayrıntılarıyla irdelenmiştir.

3.5.1. Sülfat Etkisinde Bırakılan Çimento Harç Örneklerinin Aşınma Direncinin Zamanla Değişimi, Basınç ve Eğilme Dayanımları ile Arasındaki İlişkiler

Sülfat ortamında bekletilen numunelerin, Böhme aşındırma düzeneği ile gerçekleştirilen deneylerden elde edilen aşınma derinlikleri 7., 28., 90., 180., 270. ve 360. günlük sürelerde belirlenmiştir. Sonuçlar Çizelge 24 ve Şekil 156-179'da gösterilmiş bulunmaktadır. Bu başlık altında numunelerin aşınma derinliklerinin zamanla değişimi ve yine bu derinlikle basınç dayanımı ve eğilme dayanımı arasındaki ilişki ve ayrıca sülfat ortamının aşınma direnci üzerine etkisi de tartışılacaktır.

CEM I portland çimentosu örneğinden üretilen harç numuneleri beklenildiği gibi ilk günlerde daha derin ölçülerde aşınırken ilerleyen bekletme sürelerinde bu derinliğin düşmekte olduğu görülmüştür. Genel olarak hava sürükleyici içeren harç örnekleri, hava sürükleyici içermeyen örneklere göre daha yüksek (%22) derinlikte aşınmaktadır. Altı aydan sonra, gerek hava sürükleyici içermeyen iki örnek ve gerekse hava sürükleyici içeren harç örnekleri 5 mm civarında bir aşınma derinliği sergilerken, bunlardan sülfatlı ortam etkisi altında olanlarının (CEM I (HSli, SO)) daha fazla aşınma derinliği gösterdiği belirlenmiştir (9.8 mm). Altı aydan sonra ise bu örnek, daha önce de değinildiği gibi parçalanmış olduğundan deneylere tabi tutulamamıştır. 6-12 aylık süre zarfında ise adı geçen üç örneğin birbirine paralel bir davranış sergilediği gözlemlenmiştir (Şekil 156). Buna göre CEM I (HSsiz, NO) örneği, CEM I (HSsiz, SO) örneğinden yaklaşık %20 oranında daha derin aşınmıştır.

Bu çimento harç örnekleri için basınç dayanımı ile aşınma derinliği arasındaki ilişki değerlendirildiğinde ise gerek hava sürükleyici içeren gerekse hava sürükleyici içermeyen dizilerde basınç dayanımındaki artışla aşınma derinliğinin azaldığı görülmüştür. Ancak Şekil 157'den de görüldüğü gibi hava sürükleyici içeren örneklerde basınç dayanımındaki küçük artışlar karşısında dahi aşınma direncinin hızla artmakta olduğu gözlemlenmiştir. Hava sürükleyici içermeyen örneklerde ise aşınma derinliğindeki düşüş dolaysıyla aşınma direncindeki artış daha yavaş gerçekleşmektedir. Sülfatlı ortamda bekleyen numunelerden hava sürükleyici içermeyen CEM I (HSsiz, SO) örneği CEM I (HSsiz, NO) harç örneğine yakın basınç ve aşınma direnci sergilerken, CEM I (HSli, SO) örneği ise CEM I (HSli, NO) örneğinden daha yüksek bir basınç dayanımı sergilemekte ancak daha büyük bir aşınma derinliği göstermektedir.

Çizelge 24. Yedi çimento harç örneği için zamanla (gün) aşınma derinliği (mm) değişimi

Sınıfı	HS içeriği	Ortam	7 Gün	28 Gün	90 Gün	180 Gün	270 Gün	360 Gün
CEM I	HSsiz	NO	7.70	6.12	5.20	4.66	4.56	4.15
		SO	7.80	6.50	5.30	4.12	4.05	3.24
	HSli	NO	18.02	13.14	7.60	5.05	5.36	4.90
		SO	17.5	14.08	11.40	9.80	-	-
CEM II/A-M	HSsiz	NO	10.5	9.12	6.10	4.16	4.00	3.91
		SO	10.8	9.50	6.90	5.00	4.16	4.25
	HSli	NO	14.00	12.10	7.90	6.50	5.76	5.51
		SO	13.89	10.15	7.30	5.74	5.01	5.03
CEM II/B-M	HSsiz	NO	9.26	7.47	5.60	4.89	3.98	3.96
		SO	9.80	7.67	5.90	5.00	3.93	4.25
	HSli	NO	15.84	13.20	8.70	5.96	4.43	4.91
		SO	15.39	13.60	9.40	6.98	5.38	5.96
CEM IV/A	HSsiz	NO	7.80	5.51	4.30	3.76	3.16	3.14
		SO	8.30	6.32	4.90	4.19	3.44	3.80
	HSli	NO	9.80	7.14	6.00	5.41	5.52	4.88
		SO	11.30	8.45	7.20	6.36	6.07	4.98
CEM IV/B	HSsiz	NO	11.10	8.76	6.75	5.00	4.01	3.60
		SO	10.40	7.76	7.30	6.96	4.86	5.05
	HSli	NO	10.20	8.25	7.10	6.50	5.59	4.77
		SO	11.05	9.95	8.45	7.56	6.52	7.75
CEM V/A	HSsiz	NO	11.25	9.53	7.40	6.52	5.38	5.30
		SO	10.76	7.92	7.10	6.70	5.76	5.34
	HSli	NO	15.20	13.29	8.70	7.00	6.62	6.70
		SO	14.80	13.23	9.30	7.94	7.60	7.48
CEM V/B	HSsiz	NO	9.90	9.17	6.90	5.10	5.26	5.30
		SO	9.31	8.45	6.50	5.30	4.76	4.35
	HSli	NO	14.75	12.95	9.40	7.45	7.26	7.25
		SO	17.30	15.40	10.30	7.66	8.01	7.95

Yine benzer şekilde aşınma derinliği ile eğilme dayanımı arasındaki ilişki CEM I çimentosu harçları için değerlendirildiğinde, sonucun basınç dayanımı ile aşınma derinliği arasındaki ilişkiye benzediği görülmektedir. Nitekim eğilme dayanımındaki artışla, hava sürükleyici içeren numunelerin aşınma derinlikleri daha hızlı bir şekilde düşmekteyken, hava sürükleyici içermeyen numunelerde bu düşüşün daha yavaş gerçekleştiği görülmüştür (Şekil 158). Sülfatlı ortamda bekletilen CEM I (HSsiz, SO) örneğinin, su ortamında bekletilen CEM I (HSsiz, NO) harç örneğine göre genel olarak daha yüksek bir eğilme dayanımı sergilemesine rağmen nispeten daha yüksek aşınma derinliği gösterdiği belirlenmiştir. Özetle, CEM I çimentosu harçları için, sülfatlı ortamda bekletilen numunelerden hava sürükleyici katkı maddesi içerenlerinin aşınma direnci, su ortamında bekletilen örneklere göre düşmüşken, bunlardan hava sürükleyici içermeyen örneklerinin bu özelliğinde yükselme görülmüştür.

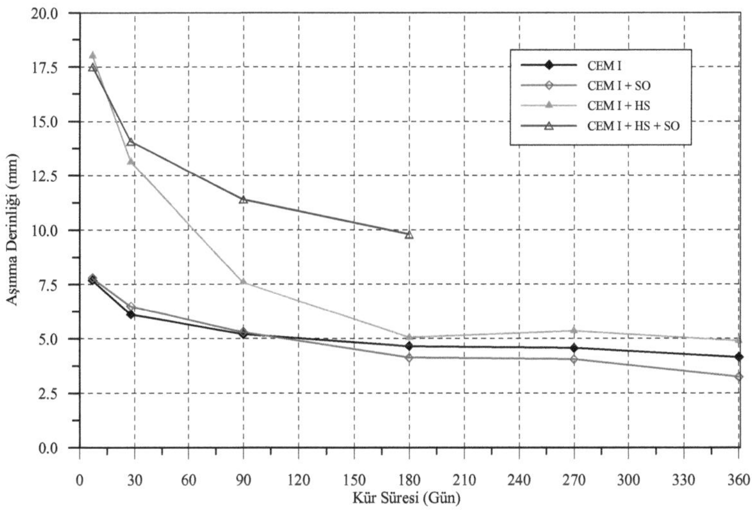

Şekil 156. CEM I çimentosu harç örneklerinin aşınma derinliğinin zamanla değişimi

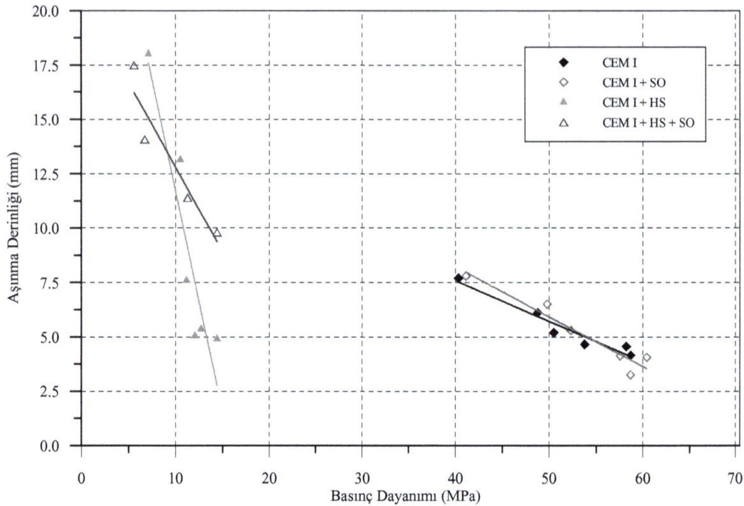

Şekil 157. CEM I çimentosu harç örneklerinin aşınma derinliği ile basınç dayanımı arasındaki ilişki

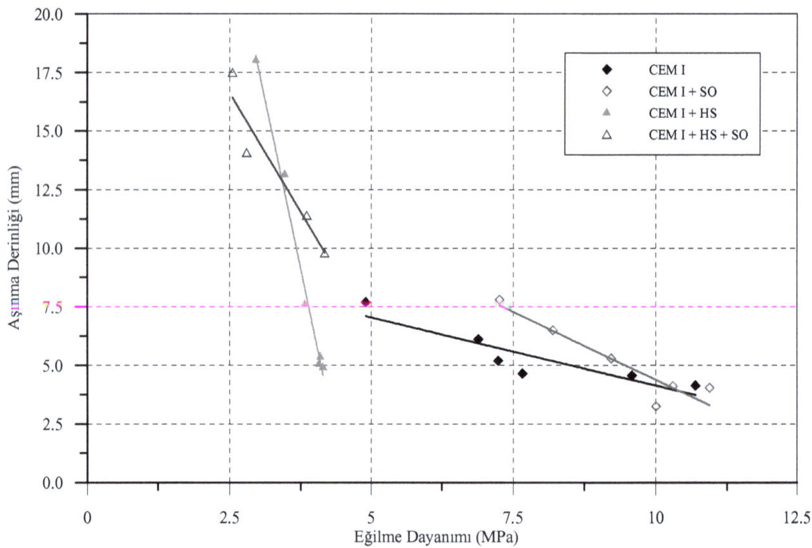

Şekil 158. CEM I çimentosu harç örneklerinin aşınma derinliği ile eğilme dayanımı arasındaki ilişki

Gerek basınç dayanımı gerekse eğilme dayanımı ile aşınma derinliği arasındaki ilişkiler değerlendirildiğinde, yüksek korelasyon katsayısı (>%90) yaklaşımın isabetli olduğunu göstermektedir. Bununla birlikte hava sürükleyici içeren örneklerle hava sürükleyici içermeyen örneklerin davranışlarının aynı eğri denklemiyle ifade edilemeyecek kadar da farklık gösterdiğini burada belirtmek gerekmektedir. Aşınma direnci ile gerek basınç dayanımı gerekse eğilme dayanımı arasında açık bir ilişki bulunmakta ve bunun yanında hava sürükleyici içeren numunelerin, hava sürükleyici içermeyen numunelerden farklı bir davranış ortaya koyduğu görülmektedir. Hava sürükleyici içeren ve içermeyen örneklerin altı ay sonundaki basınç ve eğilme dayanımları birbirinden çok farklı çıkmasına karşın bunların aşınma derinlikleri birbirine yakın değerler göstermektedir. Öte yandan sülfatlı ve sülfatsız ortamlarda bekletilen numunelerin dayanımları ve aşınma derinlikleri arasındaki ilişkinin birbirlerinden çok farklı çıkmadığı görülmektedir.

Çimento örnekleri içerisinde en yüksek ortalama dayanım gösteren CEM II/A-M örneği incelendiğinde, bunların hava sürükleyici içermeyen harç örneklerinde 360 gün sonunda çıkan düşük aşınma derinliği (4-4.5 mm) dikkat çekmektedir (Şekil 159). Hava sürükleyici içeren örneklerde ise bu değer az da olsa yüksek çıkmıştır (5-5.5 mm). Genel olarak dört örnek arasındaki bu fark (yaklaşık %23) tüm deney süreleri için sabit sayılabilecek düzeyde kalmıştır. CEM II/A-M (HSsiz, NO) örneği altıncı aydan itibaren en yüksek basınç ve eğilme dayanımıyla nihai aşınma direncine erişmişken, diğer üç örneğin dokuzuncu aydan sonra ancak nihai direncine kavuştuğu görülmektedir. Basınç (Şekil 100) ve eğilme (Şekil 101) dayanımlarındaki artışlar birlikte değerlendirildiğinde, hava sürükleyici içermeyen numunelerde basınç ve eğilme dayanımı dokuzuncu aydan, içerenlerde ise altıncı aydan itibaren yaklaşık nihai dayanıma erişildiği gözlemlenmektedir.

360 gün sonunda CEM II/A-M (HSsiz, SO) örneği, CEM II/A-M (HSsiz, NO) örneğinden %9 oranında daha derin aşınırken, bunun aksine CEM II/A-M (HSli, SO) örneği, CEM II/A-M (HSli, NO) örneğinden %10 daha düşük bir aşınma derinliği göstermiştir. Bu çimentodan üretilen harç örneklerinin, sülfatlı ortamda

bekletilmesine ve nispeten daha yüksek oranda boşluk içermesine rağmen yine aynı çimentodan üretilen daha az boşluk oranına sahip ve hava sürükleyici katkı içermeyen örneklerden daha yüksek aşınma direnci gösterdiği belirlenmiştir. Bu sonuç CEM II/A-M çimentosu harçlarının boşluklu yapısıyla sülfatlı ortamda aşındırıcı etkilere karşı daha dirençli olduğunu göstermektedir.

Basınç dayanımı ile aşınma derinliği arasındaki ilişkiden (Şekil 160) görüldüğü gibi hava sürükleyici içermeyen örneklerden sülfat ve su ortamında kür edilenlerin, basınç dayanımı ve aşınma derinlikleri birbiriyle tam olarak örtüşürken, hava sürükleyici içeren örneklerdeki seyrin farklılık gösterdiği açık olarak görülmektedir.

Eğilme dayanımı ile aşınma dirençleri kıyaslandığında, CEM II/A-M (HSsiz, SO) örneğinin CEM II/A-M (HSsiz, SO) harç örneğine göre daha yüksek eğilme dayanımına sahip olmasına karşın, yaklaşık aynı düzeyde aşınma derinliği gösterdiği (Şekil 161) gözlemlenmiştir. Yine sülfatlı ortamda bekletilen numuneler için de benzer sonuç ilişkisi elde edilmektedir. Puzolanik bileşen oranı kütlece %25 olan CEM II/B-M çimentosu harçları genel olarak CEM II/A-M çimentosu harç örneklerine yakın aşınma derinliği değerleri sunmaktadır (Şekil 162). Bu çimentonun hava sürükleyici içermeyen harç örneklerinde, ilk günlerde 10 mm civarında olan aşınma derinliği dokuzuncu aydan sonra 4 mm civarında değerlere düşerek nihai değerine ulaşmış gözükmektedir. Hava sürükleyici içeren örneklerde ise bu değerler 16 mm'den başlayarak 5 mm'ye kadar düşmüştür. Yine bu örnek için de dokuzuncu aydan sonra nihai bir aşınma derinliği söz konusudur. Burada diğer çimento harçlarına benzer olarak hava sürükleyici içeren ve içermeyen harç örnekleri arasındaki fark (yaklaşık %20), özellikle altı aydan sonra azalmaya başlamış ve birbirlerine yaklaşık paralel bir tavır sergilemişlerdir.

Diğer örneklerden farklı olarak bu çimentonun sülfat ortamında bekleyen harç örneklerinin gerek hava sürükleyici içerenleri (%3) gerekse içermeyenleri (%18) su ortamında bekleyen harç örneklerinden daha düşük bir aşınma direnci sergilemektedirler. 360 gün sonunda, CEM II/B-M (HSsiz, SO) örneği, CEM II/B-M

(HSsiz, NO) örneğinden yaklaşık %7 daha fazla aşınma gösterirken, hava sürükleyici içeren örneklerde bu fark %21 düzeyinde gerçekleşmiştir.

Basınç dayanımları ile aşınma derinliği arasındaki ilişki ortaya koyulduğunda ise basınç dayanımlarındaki artışla aşınma direncinin arttığı dolayısıyla aşınma derinliğinin azaldığı görülmektedir. Bu örnekler için sülfatlı ortamda bulunma koşulu kurulan bu ilişkileri belirgin şekilde etkilememiştir (Şekil 163).

Hava sürükleyici içermeyen numunelerin eğilme dayanımındaki artışla aşınma direnci kazanma hızı, hava sürükleyici içeren örneklere göre daha düşük kalmaktadır (Şekil 164). Ancak bu örnekte eğilme dayanımları birbirlerine yakın düzeyde gerçekleşmiş olduğu için grafiklerdeki doğrular da kendi aralarında, küçük eğim farklarıyla gözle görülür bir yakınlık içinde seyretmektedirler.

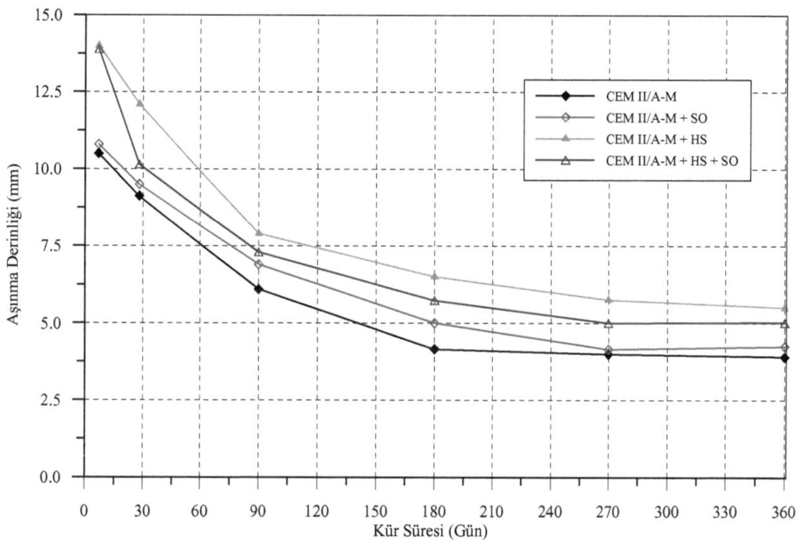

Şekil 159. CEM II/A-M çimentosu harç örneklerinin aşınma derinliğinin zamanla değişimi

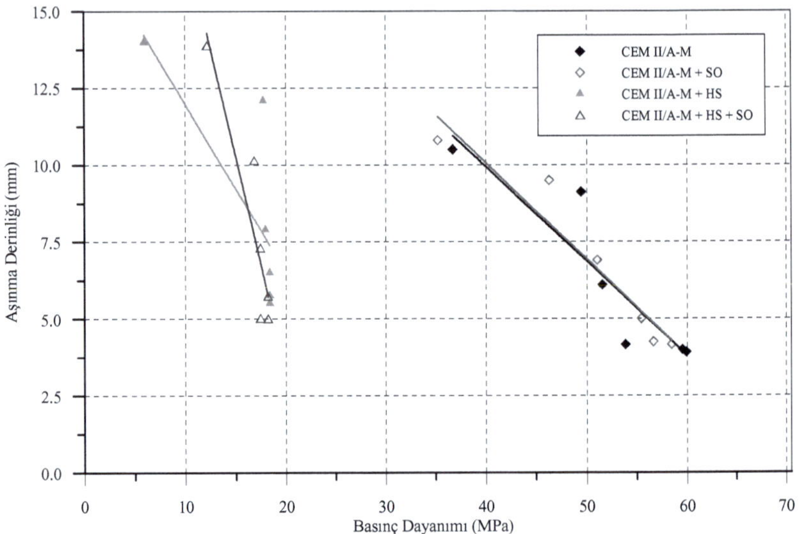

Şekil 160. CEM II/A-M çimentosu harç örneklerinin aşınma derinliği ile basınç dayanımı arasındaki ilişki

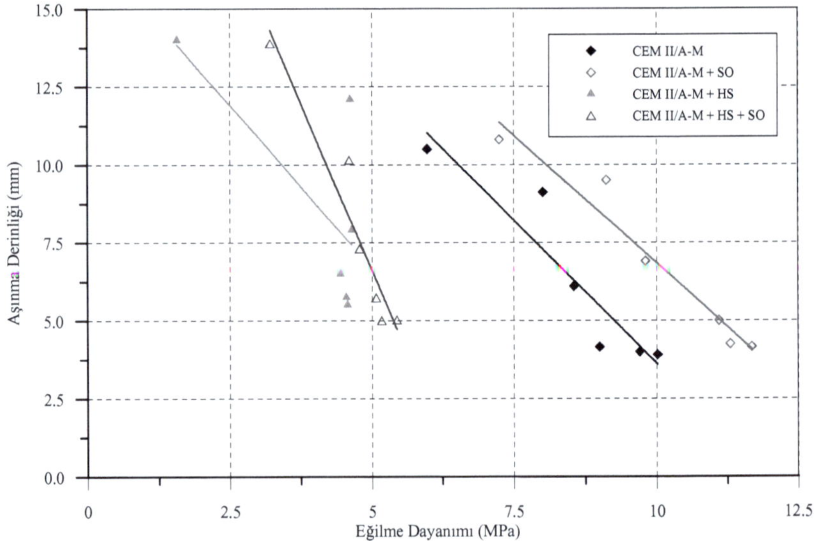

Şekil 161. CEM II/A-M çimentosu harç örneklerinin aşınma derinliği ile eğilme dayanımı arasındaki ilişki

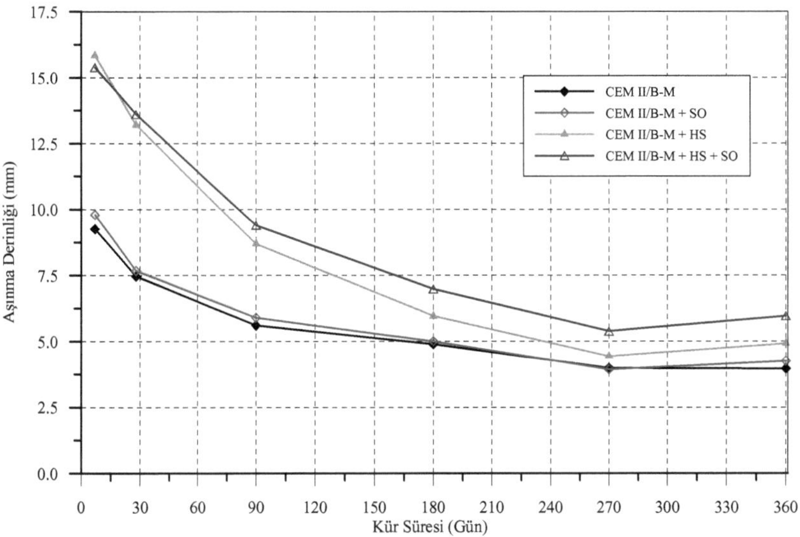

Şekil 162. CEM II/B-M çimentosu harç örneğinin aşınma derinliğinin zamanla değişimi

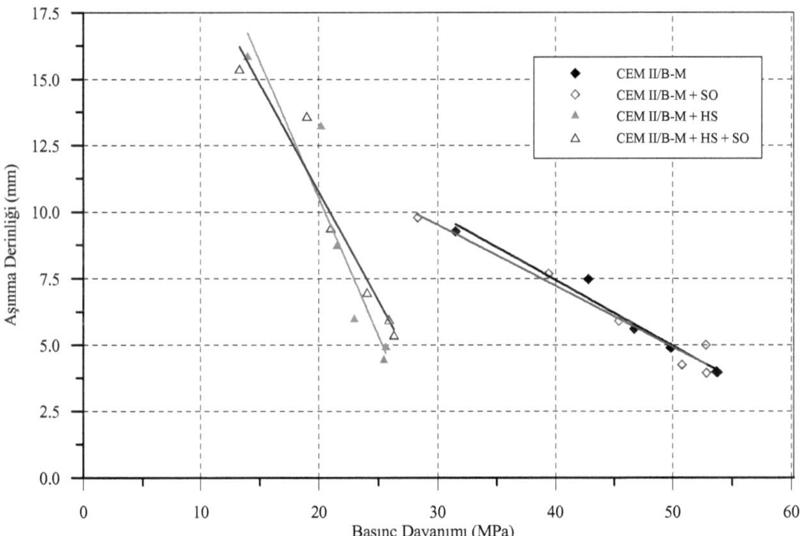

Şekil 163. CEM II/B-M çimentosu harç örneğinin aşınma derinliği ile basınç dayanımı arasındaki ilişki

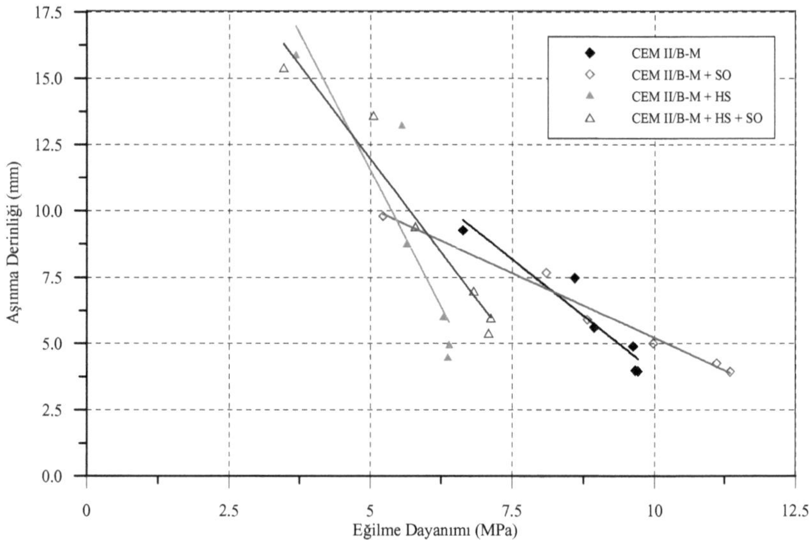

Şekil 164. CEM II/B-M çimentosu harç örneğinin aşınma derinliği ile eğilme dayanımı arasındaki ilişki

CEM IV/A çimentosu harç örnekleri 3.14 mm'lik aşınma derinliği ile oniki ay sonunda en düşük aşınma derinliğine sahip örnek olmuştur. Bu çimento örneğinin hava sürükleyici içermeyen numuneleri ilk günlerde 8 mm aşınma derinliğinden başlayarak bu değere ulaşmıştır. Hava sürükleyici içeren örnek ise 10 mm'den başlayarak 360 gün sonunda yaklaşık 5 mm aşınma derinliğine varmıştır. Hava sürükleyici içeren ve içermeyen örnekler başlangıçtan itibaren birbirine paralel bir seyir izlemiştir (Şekil 165).

Hava sürükleyici içeren örnekler, hava sürükleyici içermeyen örneklerden 360 gün sonunda ortalama olarak %40 daha derin bir aşınma göstermektedirler. Kendi içlerinde ise, CEM IV/A (HSsiz, SO) örneği, CEM IV/A (HSsiz, NO) örneğinden %21 daha derin aşınırken, CEM IV/A (HSli, SO) örneği ise, CEM IV/A (HSli, NO) örneğinden sadece %2 daha derin aşınmıştır. Bu fark ilk günlerde %10 civarında bulunmaktadır. Görüldüğü gibi tüm CEM IV/A örneği harçları için sülfatlı ortamda bekletilme aşınma derinliğini olumsuz yönde etkilemektedir (Şekil 165).

Basınç dayanımı ile aşınma derinliği arasındaki ilişki daha önceki örneklere benzer sonuçlar göstermektedir (Şekil 166). Gerek hava sürükleyici içeren örnekler için gerekse hava sürükleyici içermeyen örnekler için, sülfat içeren ortamda bekletilme koşulu basınç dayanımı ile aşınma derinliği arasında kurulan ilişkiyi belirgin düzeyde etkilememiştir. Yine burada da ilişki katsayısı yüksek bir düzeyde (>%95) gerçekleşmiştir.

Öte yandan, aşınma derinliği ile eğilme dayanımı arasındaki ilişkide ise sülfat içeren örneklerin daha derin aşınma gösterdikleri görülmektedir (Şekil 167). Bu durum hem hava sürükleyici içeren örnekler hem de içermeyen örnekler için geçerli bulunmaktadır. Burada da ilişki katsayısı yüksek sayılacak bir düzeydedir (>%85).

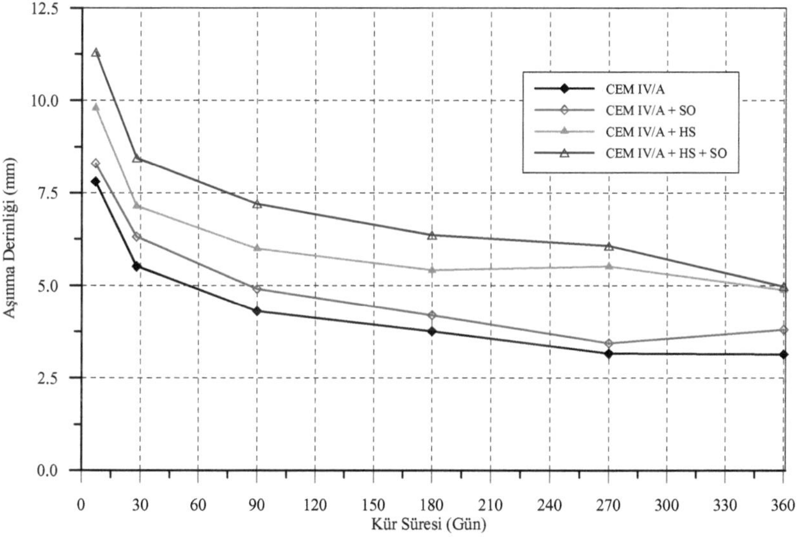

Şekil 165. CEM IV/A çimentosu harç örneklerinin aşınma derinliğinin zamanla değişimi

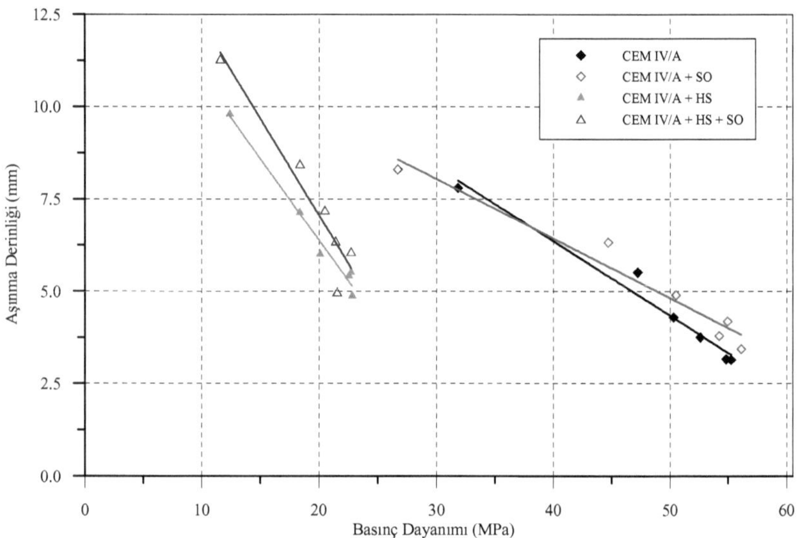

Şekil 166. CEM IV/A çimentosu harç örneklerinin aşınma derinliği ile basınç dayanımı arasındaki ilişki

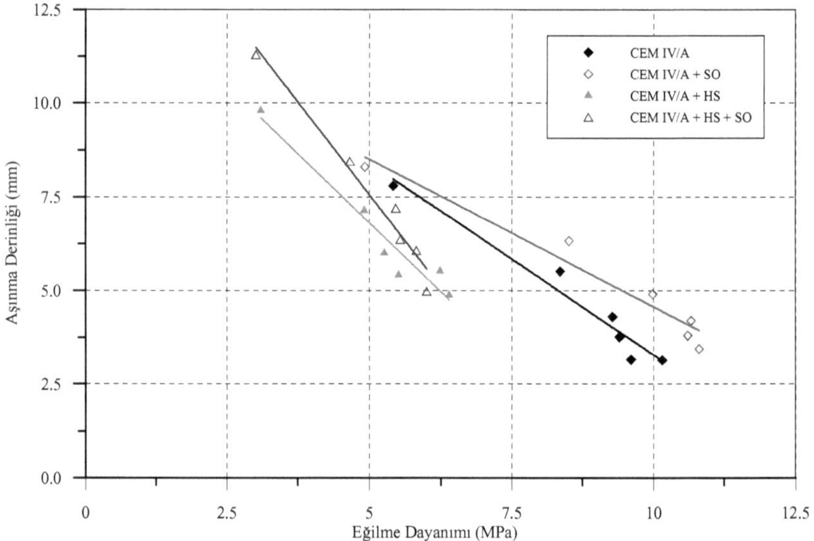

Şekil 167. CEM IV/A çimentosu harç örneklerinin aşınma derinliği ile eğilme dayanımı arasındaki ilişki

Ortalama dayanımı sınır düzeyde kalan (32.2 MPa) CEM IV/B çimentosu, kütlece %45 oranında puzolanik bileşene sahip olup 360 gün sonunda yaklaşık 40 MPa dayanıma ulaşmış bulunmaktadır. Bu düşük sayılabilecek dayanım özelliği ile CEM IV/B çimentosunun su ortamında kür edilen harç örnekleri yüksek sayılabilecek düzeyde aşınma direnci göstermişlerdir. CEM IV/B (HSsiz, NO) örneğinde 11 mm'den başlayan aşınma derinliği 360 gün sonunda, 3.6 mm'ye kadar gerilemiştir. CEM IV/B (HSli, NO) örneğinde ise yine 11 mm'den başlayan aşınma derinlikleri 12 ay sonunda 4.8 mm mertebesine inmiştir (Şekil 168). Sülfatlı ortam etkisine maruz bırakılan örnekler ise, daha yüksek aşınma derinliği göstermektedir. Bu örneklerin aynı zamanda sülfat etkisiyle dokusal bozulmalara maruz kaldığı unutulmamalıdır (Şekil 39). CEM IV/B (HSsiz, SO) örneği genel olarak suda kür edilen CEM IV/B (HSsiz, NO) harç örneğine göre daha derin ölçüde aşınmakla birlikte 360 gün sonunda bu fark %40 düzeyine inmiş bulunmaktadır. Diğer yandan aşınma farkı oranı hava sürükleyici katkı içeren örnekler için, %60 civarında bulunmaktadır. Bu sonucun yüksek etrenjit oluşumundan kaynaklandığı düşünülmektedir. Ayrıca Şekil 168'ten görüldüğü gibi 360 gün sonunda su ortamında kür edilen harç örneklerinin nihai aşınma dirençlerine ulaşmamış oldukları görülmektedir. Bu sonucun ise tıpkı basınç dayanımında olduğu gibi puzolanik ilavelerin henüz tepkimeye tam anlamıyla girmemesi sebebiyle ortaya çıktığı düşünülmektedir.

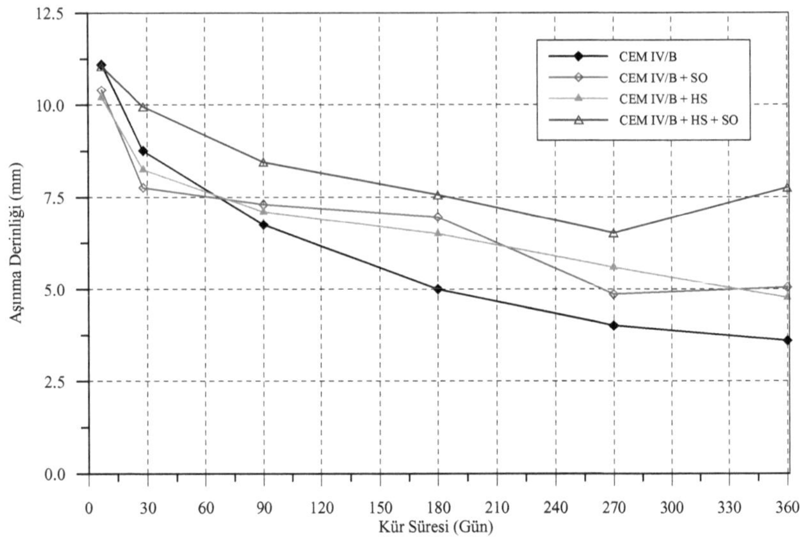

Şekil 168. CEM IV/B çimentosu harç örneklerinin aşınma derinliğinin zamanla değişimi

Basınç dayanımları ile aşınma dirençleri arasındaki ilişki incelendiğinde, CEM IV/B (HSsiz, SO), CEM IV/B (HSli, SO) ve CEM IV/B (HSli, NO) örneklerinin birbirine çok yakın grafikler ortaya koydukları görülmektedir (Şekil 169). CEM IV/B (HSsiz, NO) örneği ise diğerlerinden daha yüksek basınç dayanımı ve daha düşük aşınma direnci sergilemektedir. Bu örnekte etrenjit fazlalığının etkisi ise belirgin bir şekilde ortaya çıkmaktadır.

Eğilme dayanımı ile aşınma derinliği arasındaki ilişkiye bakıldığında ise bunların grafikleri arasında yakın izlemler ve kesişmeler görülmektedir (Şekil 170). Bu sebeple, önceki çimento örneklerinin aksine bu çimentodan üretilen dört farklı harç bileşimi de birbirini temsil edebilecek derecede dayanım ve aşınma değerlerine sahip bulunmaktadır.

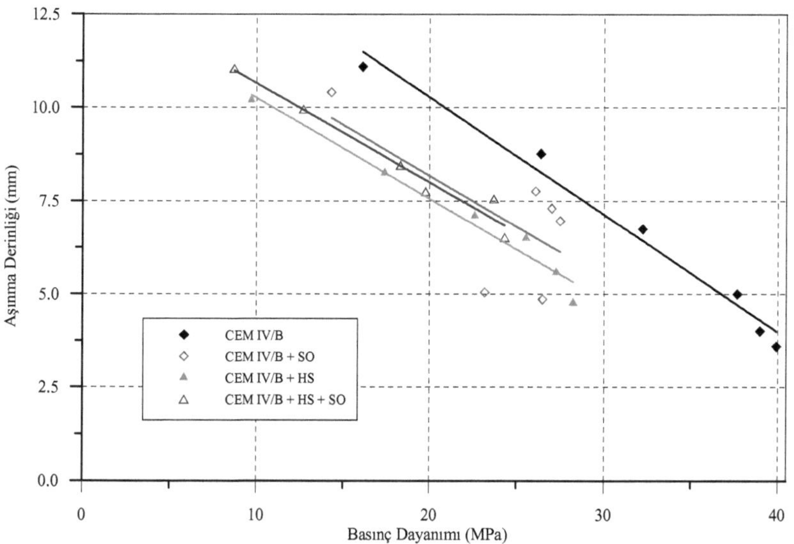

Şekil 169. CEM IV/B çimentosu harç örneklerinin aşınma derinliği ile basınç dayanımı arasındaki ilişki

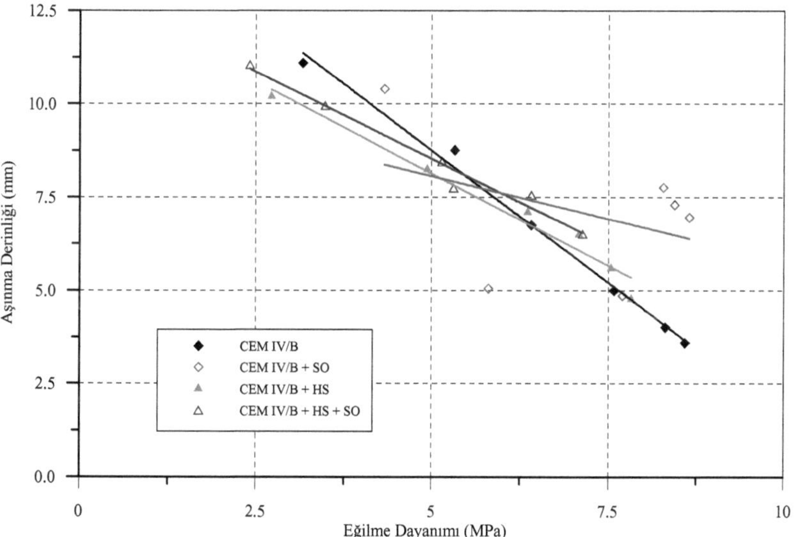

Şekil 170. CEM IV/B çimentosu harç örneklerinin aşınma derinliği ile eğilme dayanımı arasındaki ilişki

CEM V/A çimentosu harç örnekleri en derin aşınmaya maruz örneklerdendir. Aynı zamanda bu örnek tüm çimento örnekleri arasında en düşük 28 günlük ortalama basınç dayanımına sahip bulunmaktadır (Çizelge 21). Yine bu çimentonun hava sürükleyici içeren harç örneklerinde, sülfat etkisiyle meydana gelen yüzeysel soyulmalar söz konusudur (Şekil 40). Hava sürükleyici içermeyen örneklerin, yaklaşık 11 mm'den başlayan aşınma derinliği değerleri dokuzuncu aydan sonra sabit kalarak yaklaşık 5 mm derinliğe kadar ancak gerileyebilmiştir. Hava sürükleyici içeren örnekleri, 15 mm'den başlayarak 360 gün sonunda CEM V/A (HSli, NO) örneğinde 6.7 mm derinliğe, CEM V/A (HSli, SO) örneğinde ise 7.48 mm derinliğe kadar inmiştir (Şekil 171). Bu sonuçlardan da anlaşılacağı üzere bu çimentonun hava sürükleyici içermeyen harç örneklerinin sülfatlı ortam etkisine maruz kalması aşınma direncini etkilemezken, hava sürükleyici içeren örneklerden sülfatlı ortam etkisine maruz kalan CEM V/A (HSli, SO) örneği, CEM V/A (HSli, NO) harç örneğine göre yaklaşık %11 daha yüksek derinlikte aşınmış bulunmaktadır. Ortalama değerleri birbiriyle karşılaştırıldığında ise, hava sürükleyici içeren örneklerin hava sürükleyici içermeyen örneklerden yaklaşık %33 oranında daha yüksek derinlikte aşındıkları görülür.

Basınç dayanımı ile aşınma direnci arasındaki ilişki incelendiğinde ise hava sürükleyici içeren örneklerde basınç dayanımındaki artışa bağlı olarak aşınma direncindeki artışın daha hızlı adımlarla gerçekleştiği, öte yandan hava sürükleyici içermeyen örneklerde ise basınç dayanımındaki artışla bu direncin daha yavaş artış gösterdiği ve böylece bu örneklerin daha yüksek basınç dayanımına karşılık daha yüksek aşınma direnci gösterdiği tespit edilmiştir (Şekil 172). Sülfat etkisine maruz kalan numunelerle suda kür edilen örnekler ise birbirlerine yakın grafik izlemleri vermektedirler.

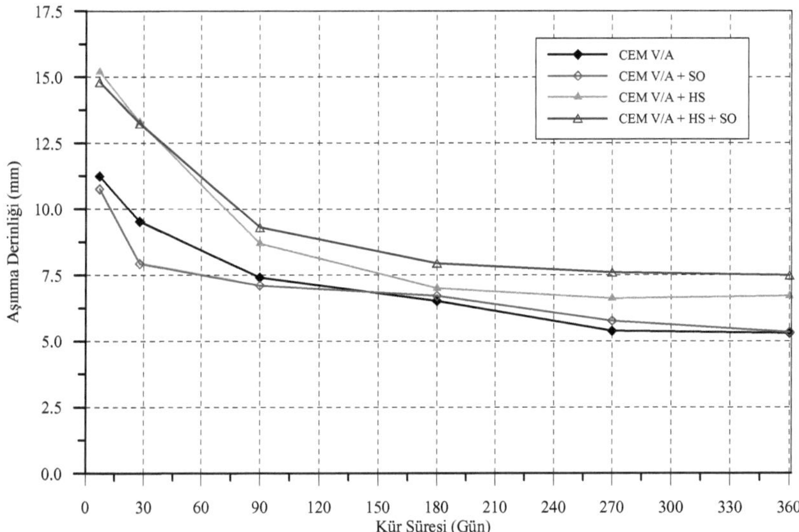

Şekil 171. CEM V/A çimentosu harç örneklerinin aşınma derinliğinin zamanla değişimi

Eğilme dayanımı ile aşınma direnci arasında da yine benzer şekilde, hava sürükleyici içeren örneklerde hızlıca artan, hava sürükleyici içermeyen örneklerde nispeten daha yavaş artış gösteren bir ilişki söz konusudur (Şekil 173). Yine burada da sülfatlı ortam etkisine maruz bırakılan numunelerin, suda kür edilen örneklerin ortaya koyduğu grafiksel izlemlere yakın kesişme değerleri göstermektedir.

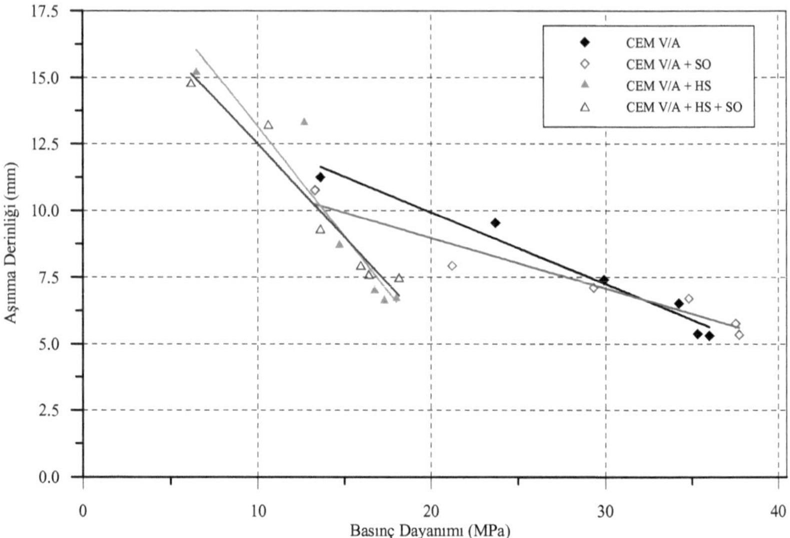

Şekil 172. CEM V/A çimentosu harç örneklerinin aşınma derinliği ile basınç dayanımı arasındaki ilişki

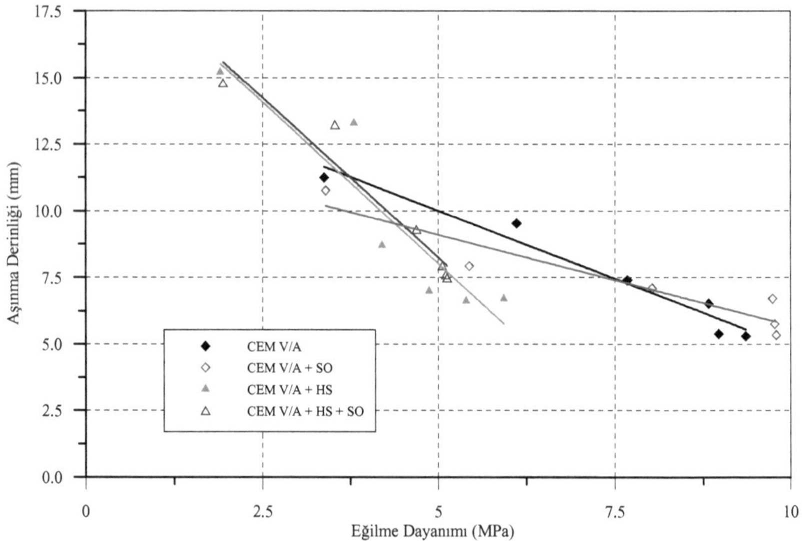

Şekil 173. CEM V/A çimentosu harç örneklerinin aşınma derinliği ile eğilme dayanımı arasındaki ilişki

Diğer örneklerle kıyaslandığında en yüksek oranda puzolanik ilave bileşene sahip (kütlece %65) CEM V/B örneği, en düşük düzeyde aşınma direnci göstermiş olup, 28 günlük ortalama dayanımı da tatmin edici düzeye çıkamamıştır. Hava sürükleyici içermeyen örnekleri ilk haftada 10 mm aşınma gösterirken, 360 gün sonunda CEM V/B (HSsiz, NO) örneği 5.3 mm'ye, CEM V/B (HSsiz, SO) örneği ise daha sığ bir ölçüde aşınarak 4.35 mm'ye gerilemiştir. Hava sürükleyici içeren örneklerde ise 15-16 mm'den başlayan aşınma derinlikleri, 12 ay sonunda CEM V/B (HSli, NO) örneği için 7 mm'nin üzerinde kalırken, CEM V/B (HSli, SO) örneğinde bu değer 8 mm düzeyinde kalmıştır (Şekil 174). Oransal olarak bu değişimleri ifade etmek gerekirse, hava sürükleyici içermeyen örnekler birbirine yakın grafik seyri oluştursa da bir yıl sonunda sülfatlı ortamda bekletilen numuneler, suda bekletilen örneklere göre yaklaşık %20 oranında daha yüksek aşınma derinliği sergilemişlerdir. Hava sürükleyici içeren harçlardan ise suda bekletilen örneklerin %10 daha az aşındıkları görülmüştür. Ortalama değerler açısından düşünüldüğünde, hava sürükleyici içeren örneklerin, hava sürükleyici içermeyen örneklere göre yaklaşık %50 oranında daha yüksek derinlikle aşındıkları belirlenmiştir. CEM V/B çimentosundan üretilen harç örnekleri, yüksek puzolanik bileşimlerine rağmen, basınç dayanımından bağımsız olarak, altıncı aydan sonra aşınma direnci yönünden bir gelişme göstermemişlerdir. Bu örnekler için hava sürükleyici içeren ve içermeyen numunelerin davranışları birbirine paralel bir izlem sergilemişlerdir. Basınç dayanımlarının aksine hava sürükleyici içermeyen örneklerde aşınma direnci sülfatlı ortamda bekletilen numunelerde daha yüksek oranda çıkmıştır. Hava sürükleyici içeren örneklerde durum bunun tersi olup Şekil 175'ten açık olarak görülmektedir.

Yine eğilme dayanımı ve aşınma direnci arasındaki ilişkiler incelendiğinde bunların basınç dayanımıyla paralel bir davranış sergiledikleri gözlemlenmiştir (Şekil 176).

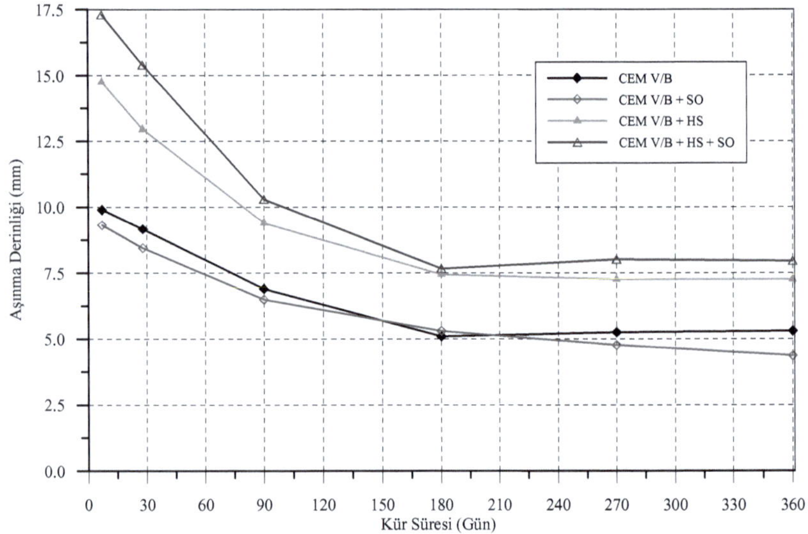

Şekil 174. CEM V/B çimentosu harç örneklerinin aşınma derinliğinin zamanla değişimi

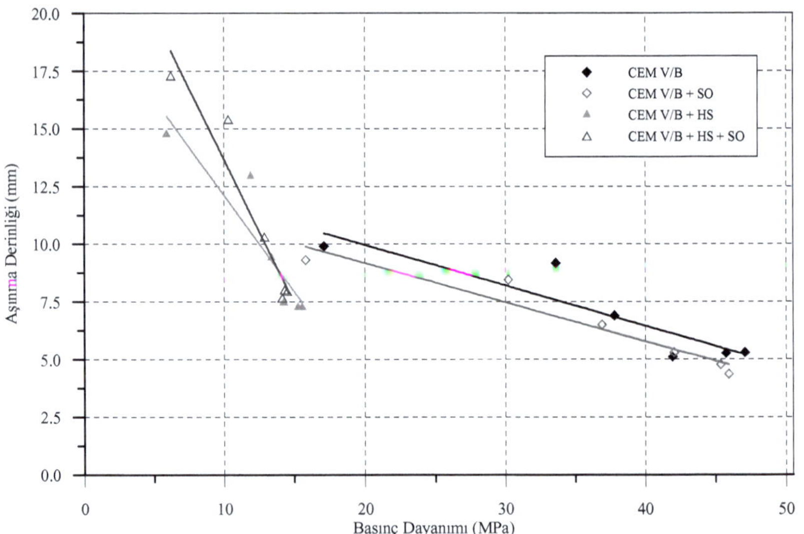

Şekil 175. CEM V/B çimentosu harç örneklerinin aşınma derinliği ile basınç dayanımı arasındaki ilişki

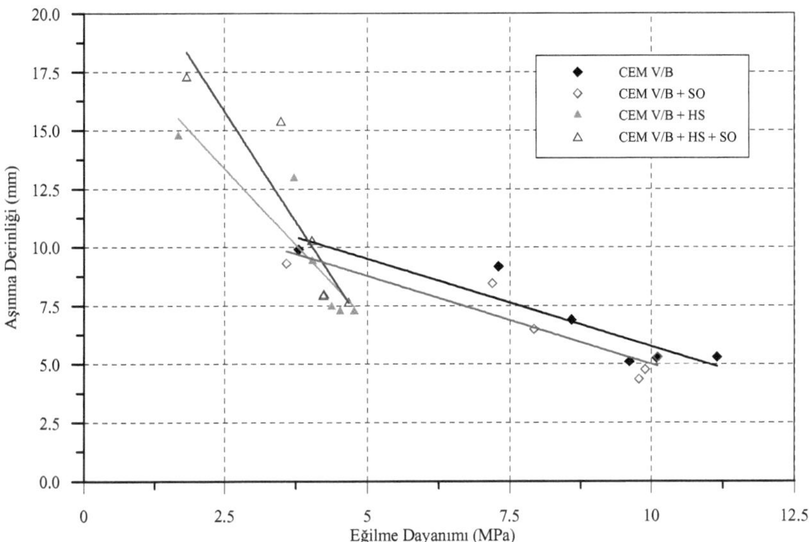

Şekil 176. CEM V/B çimentosu harç örneklerinin aşınma derinliği ile eğilme dayanımı arasındaki ilişki

Bütün çimento harç örnekleri için, bileşim ayrımı yapılmaksızın aşınma derinliklerinin zamanla değişimi incelenecek olursa, bekletilme süresiyle aşınma direncinin artış gösterdiği ya da diğer bir ifadeyle aşınma derinliğinin azaldığı görülmektedir. Bu dört farklı tür harç örneği için ilk günlerde aşınma değerleri birbirine daha uzakken, 360 gün sonunda bu değerler birbirlerine daha yakınlaşmış bulunmaktadır.

Bütün harçlar birlikte değerlendirildiğinde, hava sürükleyici içeren numunelerin, beklenildiği gibi, hava sürükleyici içermeyen örneklerden (ilk günlerde %8, yıl sonunda %20), yine benzer olarak sülfatlı ortamda bekletilenlerin de su ortamında kür edilen numunelerden yıl sonunda %13 daha derin aşındığı görülmüştür. Ancak özellikle hava sürükleyici katkı içermeyen numunelerde sülfatlı ortamın aşınma direnci üzerinde az da olsa etkili olduğu tespit edilmiştir. Şekil 177'de görülen doğrulardan bütün hava sürükleyici katkı içermeyen örneklerin, suda kür edilmiş numuneleri temsil edenleri %80 oranında bir doğruluğa sahipken, bu oran sülfat ortamında bekletilen örnekler için %82 düzeyinde gerçekleşmiş bulunmaktadır. Benzer şekilde hava sürükleyici içeren örneklerden, hem suda kür edilenleri hem de sülfatlı ortamda bekletilenleri %77 oranında bir ilişki katsayısına sahip bir doğru temsil etmektedir. Bütün çimento harç örnekleri tek bir doğru ile ifade edildiğinde ise ilişki katsayısı %70 düzeyinde gerçekleşmiş olmaktadır.

Yine bütün çimento harç örnekleri için aşınma derinlikleriyle basınç dayanımları arasındaki ilişkiler incelendiğinde, basınç dayanımındaki artışla aşınma dirençlerinin de arttığı açık bir şekilde görülmektedir (Şekil 178). Hava sürükleyici içeren örneklerden sülfatlı ortamda bekletilenler daha yüksek derinlikte aşınırken, hava sürükleyici içermeyen numunelerde, yaklaşık 40 MPa'dan düşük basınç dayanımları ile suda bekletilen, bu değerden daha yüksek dayanım düzeyi ile de sülfatta kür edilen örneklerin daha büyük aşınma derinliği gösterdikleri görülmüştür. Yine burada kurulan ilişkilerin uygunluğuna bakıldığında ise hava sürükleyici içermeyen harç örneklerinde bu ilişkinin %80, hava sürükleyici içeren örneklerde %70 ve tüm harçlar için %65 oranında isabetle birer doğru tarafından temsil edildiği görülmektedir.

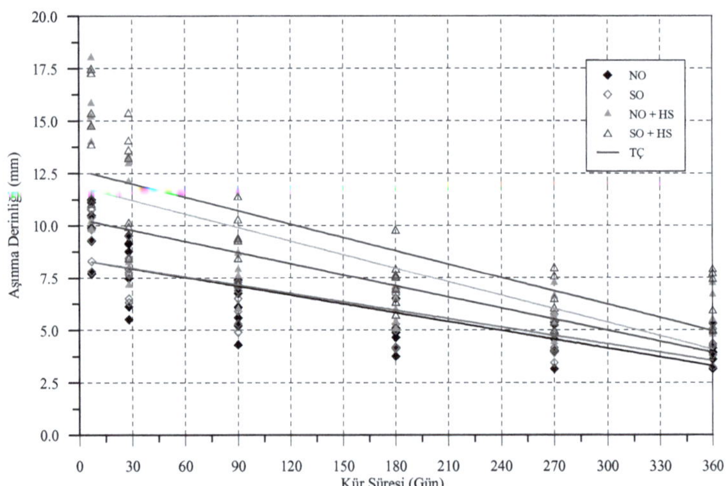

Şekil 177. Tüm çimento harç örneklerinin aşınma derinliğinin zamanla değişimi

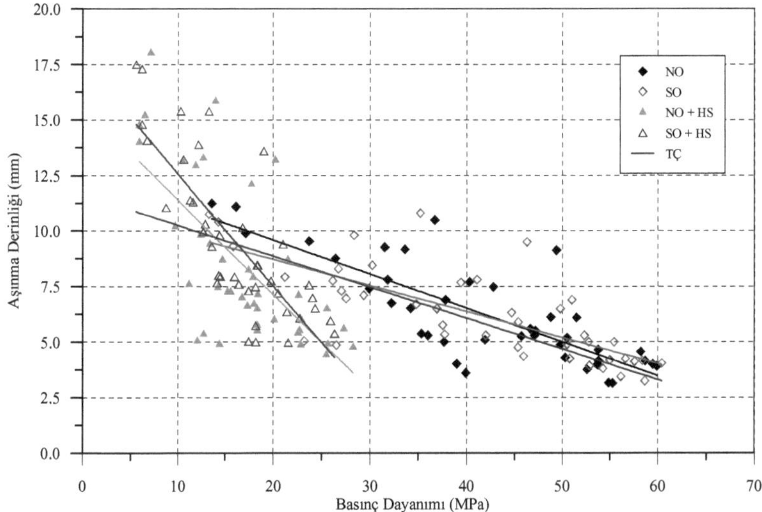

Şekil 178. Tüm çimento harç örneklerinin aşınma derinliği ile basınç dayanımı arasındaki ilişki

Şekil 179'da görüldüğü gibi, eğilme dayanımı arttıkça aşınma derinliği azalmaktadır. Grafikler incelendiğinde, hava sürükleyici içermeyen harçlardan su ortamında kür edilen örneklere ait doğru ile tüm harçların bileşkesinin üst üste çakıştığı görülmektedir. Sülfat içeren örnekler genel olarak su ortamında kür edilen örneklere göre eğilme dayanımındaki artışla nispeten daha yüksek derinlikte aşınmaktadır. Burada kurulan ilişkilerin korelasyon katsayıları değerlendirildiğinde hava sürükleyici içermeyen numunelerden su ortamında kür edilenler %83, sülfatlı ortamda kür edilenler %81, hava sürükleyici içeren örneklerden suda kür edilenler %70, sülfatta kür edilenler %81 isabetle birer doğru etrafında konumlanmış bulunmaktadır. Hava sürükleyici içermeyen ve suda kürlenmiş örneklerle aynı doğru üzerinden geçen tüm çimento harçlarının bileşke doğrusunun ise bütün örnekleri %75 gibi yüksek sayılabilecek bir düzeyde temsil etmekte olduğu görülmektedir.

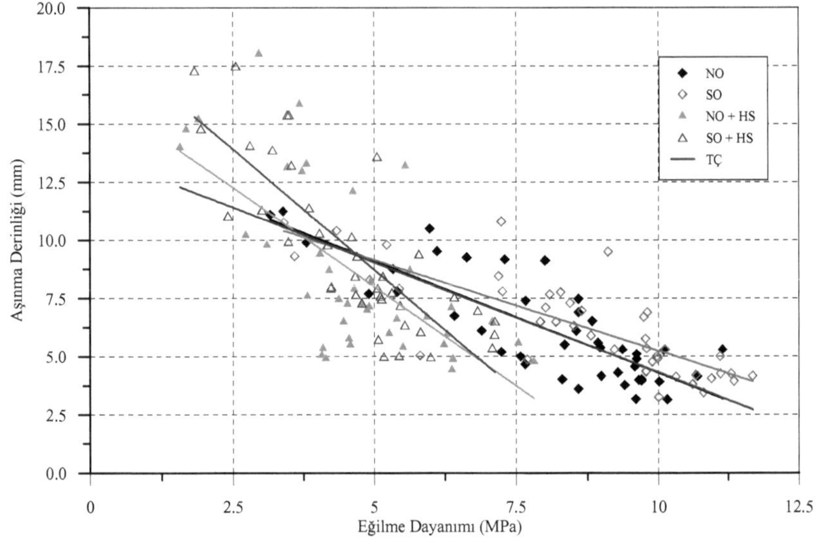

Şekil 179. Tüm çimento harç örneklerinin aşınma derinliği ile eğilme dayanımı arasındaki ilişki

Tüm bu karşılaştırmalardan sonra kısa bir sonuç değerlendirmesi yapmak gerekirse; numunelerin aşınma derinliği zamanla azalmakta ve bu nispette de basınç dayanımı yükseliş göstermektedir. Eğilme dayanımı ile aşınma direnci arasındaki ilişkiyi de benzer şekilde yorumlamak mümkündür. Numuneler 6 ila 9 ay arasında nihai aşınma derinliklerine yaklaşmış bulunmaktadırlar.

Boşluk oranı daha yüksek olan numunelerde basınç dayanımı artışı aşınma derinliğinin daha çabuk azalmasıyla, daha düşük bir düzeyde son bulmaktadır. Oysa özdeş ilişki sonucu hava sürükleyici içermeyen örneklerde, basınç dayanımındaki daha yüksek artışa karşılık aşınma derinliğindeki daha yavaş bir azalmayla kendini göstermektedir. Benzer bir karşılaştırma, değerler farklı olmakla birlikte eğilme dayanımı için de geçerli bulunmaktadır.

Genel olarak, hava sürükleyici içeren harçların sülfatlı ortamda kür edilen örnekleri, suda kür edilen örneklere göre %6 ile %27 arasında değişen oranlarda daha yüksek derinlikte aşınmıştır. Yine hava sürükleyici içermeyen örnekler için de benzer bir durum (%3-23) geçerli bulunmaktadır. Bu da hava sürükleyici içeren örneklerde sülfat etkisiyle oluşan aşınma derinliği farkının daha yüksek olduğunu göstermektedir. Daha önceki bölümlerde üzerinde durulduğu gibi kısmen farklı sonuçlar ortaya çıksa da sülfatlı ortamda bekleyen numuneler içerisinde etrenjit oluşumu daha yüksek düzeyde oluşmuş bulunmaktadır. Buradan hareketle bu oluşumun aşınma derinliğini artıran bir etken olarak tanımlanması gerektiği düşünülmektedir. Bu bağlamda farklı başlıklar altında gösterilmiş olan, Şekil 97 ve Şekil 177 ile tanıtılan ilişkilerin bu savı grafiksel olarak desteklediği ve anlamlandırdığı ortaya çıkmaktadır. Öte yandan hava sürükleyici içeren örnekler de hava sürükleyici içermeyen örneklerden yaklaşık %22 ile %37 arasında değişen oranlarda daha derin aşınmaktadır. Böylece buradan çıkan bir diğer sonuç da boşluk oranındaki değişimin, aşınma direnci üzerinde, sülfatlı ortam etkisinden daha büyük önem arz ettiğidir.

Aşınma derinlikleri göz önüne alındığında, en düşük aşınma derinliği CEM I (HSsiz, SO) ve CEM IV/A (HSsiz, NO) örneklerinde tespit edilmişken (<3.5 mm), buna karşın en yüksek aşınma derinliği CEM IV/B (HSli, SO) ve CEM V/B (HSli, SO) numunelerinde ölçülmüş bulunmaktadır (>7.5 mm).

3.5.2. Sülfat Etkisinde Bırakılan Çimento Harç Örneklerinin Aşınma Dirençleri ile Mineral Bileşimleri Arasındaki İlişki

Sülfat ortamında 360 gün bekletilen çimento harç örneklerinin aşınma dirençleri ile basınç ve eğilme dayanımları arasındaki ilişkiler incelendikten sonra, bu bölümde aşınma derinlikleri ile mineral bileşimleri arasındaki ilişki irdelenmeye çalışılacaktır. Aşağıda yer alan grafikler yalnız 360 günlük aşınma derinlikleri dikkate alınarak oluşturulmakla birlikte, Çizelge 24'teki verilerden yararlanılarak erken bekletme sürelerinde ortaya çıkan aşınma derinlikleri ile de bu kapsamda karşılaştırma imkanı değerlendirilmiş olacaktır.

Klinker (CEM I) oranı kütlece %35 ile %100 arasında değişmektedir. Klinker oranındaki artışla aşınma derinliği, basınç ve eğilme dayanımında meydana gelen yükselişe paralel olarak azalma göstermektedir (Şekil 180). Bu sonuç hem hava sürükleyici katkı içeren hem de içermeyen örnekler için geçerli bulunmaktadır. Öte yandan, sülfatlı ortamda kür edilen örneklerin daha yüksek bir aşınma derinliği gösterdiği de görülmektedir. Hava sürükleyici içermeyen örneklerden, sülfatlı ortamda bekletilenlerin aşınma derinlikleri, su ortamında kür edilmiş örneklerin gösterdiği aşınma derinliğinden az da olsa yüksek çıkmaktadır (yaklaşık %5). Hava sürükleyici içeren örneklerde ise aşınma derinlikleri klinker oranlarına bağlı olarak değişmekte, diğer bir söyleyişle klinker oranı arttıkça aşınma derinliği azalmaktadır. Çizelge 24'te görülen 28 günlük örnekler için aşınma derinlikleri birbiriyle karşılaştırıldığında ise grafiklerde daha yüksek aşınma değerleri bulunmasına karşın, hava sürükleyici içeren örneklerin birbirine göre durumu değişmemektedir. Hava sürükleyici içermeyen örneklerde yine benzer bir durum söz konusudur.

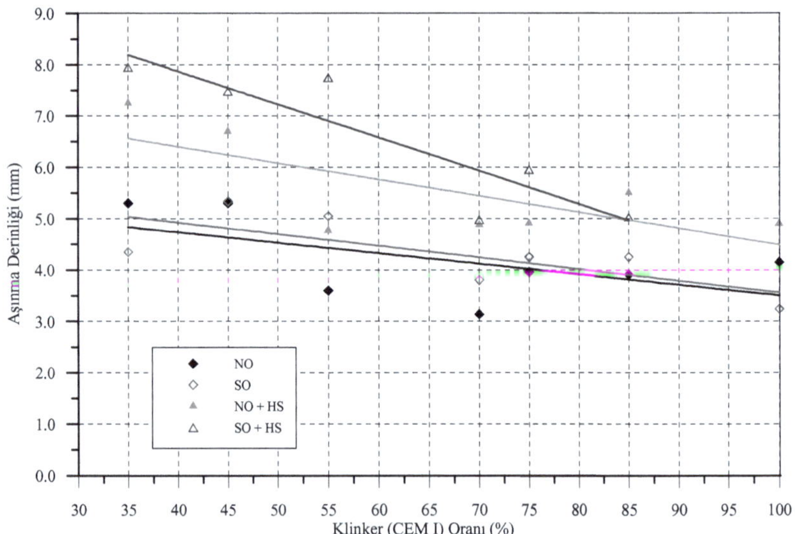

Şekil 180. 360 günlük çimento harç örneklerinin klinker (CEM I) oranı ile aşınma derinliği arasındaki ilişki

Örnek çimentolara kütlece %40 oranına kadar karıştırılan yüksek fırın cürufu katkısı, katılım oranına bağlı olarak aşınma derinliğini arttırmaktadır. Bu sonuç hem hava sürükleyici içeren örneklerde hem de içermeyen örneklerde özdeş bir hızda gerçekleşmesine rağmen, hava sürükleyici içeren örneklerde aşınmanın daha derin çıktığı da göze çarpmaktadır (Şekil 181). Sülfatlı ortam etkisi dikkate alındığında ise, bu ortamda bekletilen örneklerden hava sürükleyici içerenlerin, su ortamında bekletilenlere göre, yüksek fırın cürufu katılım oranı arttıkça, açık bir şekilde daha yüksek derinlikte aşındıkları görülmektedir. Hava sürükleyici içermeyen örneklerde ise kütlece yaklaşık %15 uçucu kül içeriğinden sonra, bu katılımcının artışına bağlı olarak sülfat ortamında kür edilen numunelerin daha yüksek aşınma direnci, dolayısıyla daha düşük aşınma derinliği sergiledikleri görülür. Yüksek fırın cürufunun 360 günlük örneklerde basınç dayanımını düşürdüğü gibi aşınma derinliklerini de artırdığı görülmektedir. 28 günlük örnekler için bir değerlendirme yapıldığında ise, yine yaklaşık benzer ilişkide sonuçlarla karşılaşıldığı görülmektedir (Çizelge 24).

Doğal puzolan katkısı ise çimento örneklerine kütlece %20 oranına kadar ilave edilmiş olup, bu katkının yüksek fırın cürufunda olduğu gibi aşınma direncini bir miktar düşürdüğü görülmüştür. Ancak aşınma direncindeki bu düşüş yüksek fırın cürufu etkisi düzeyinde değildir. Burada da hava sürükleyici içeren harç örneklerinin, hava sürükleyici içermeyen örneklerden daha derin aşınma göstermesine rağmen, doğal puzolan oranındaki artışla meydana gelen direnç kayıpları iki örnekte de paralel bir seyir izlemektedir (Şekil 182). 28 günlük örneklerde, doğal puzolan oranındaki artış, suda bekletilen örneklerde bir miktar aşınma direnci kaybına sebep olmaktayken, sülfatlı ortamda bekletilen örneklerin aşınma direncinde bir değişiklik getirmemiştir. 360 gün sonunda ise bunun, tam tersi olarak sülfat ortamında bekletilen örneklerin, puzolan ilavesiyle daha yüksek aşınma derinlikleri sergiledikleri görülmüştür (Çizelge 24). Hatta suda bekletilen örneklerde, doğal puzolan oranındaki artış, aşınma derinliğini ancak çok az etkilemiş bulunmaktadır.

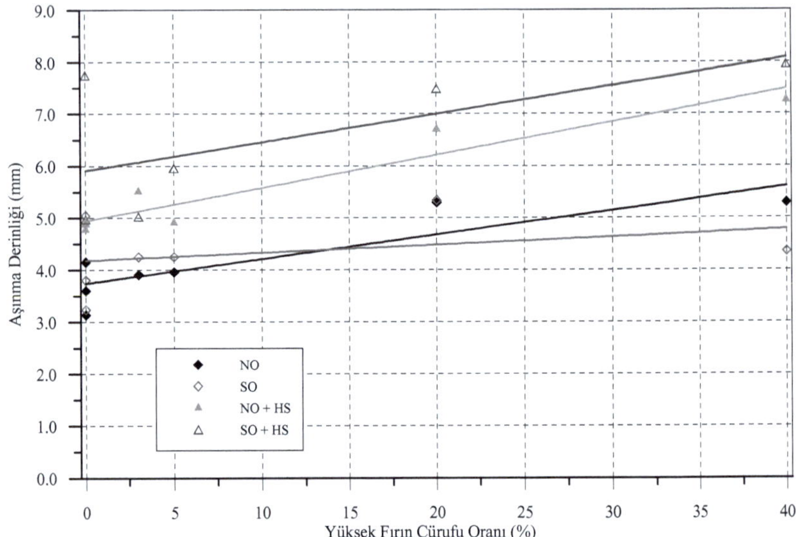

Şekil 181. 360 günlük çimento harç örneklerinin yüksek fırın cürufu oranı ile aşınma derinliği arasındaki ilişki

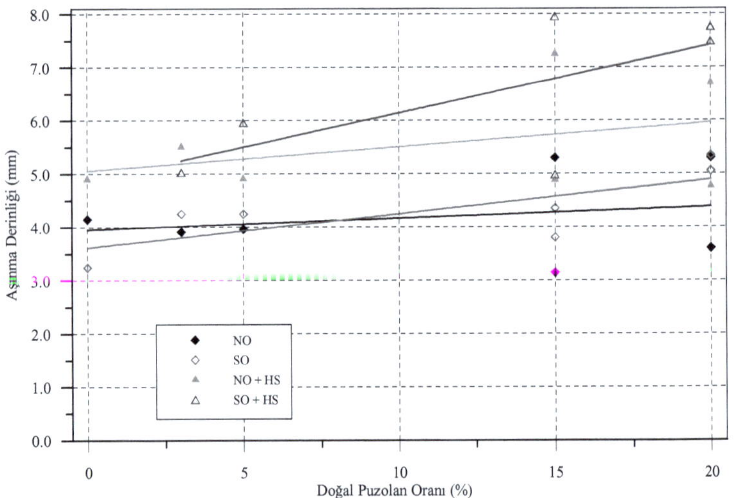

Şekil 182. 360 günlük çimento harç örneklerinin doğal puzolan oranı ile aşınma derinliği arasındaki ilişki

İlk günlerde uçucu kül oranındaki artışla, hava sürükleyici içeren örneklerde (hem suda ve hem sülfatta bekletilenler için) olumlu bir etki görülmekte ve aşınma direncinin artırmış olduğu gözlemlenmektedir. Ancak suda kür edilmiş ve hava sürükleyici içermeyen, kısmen doluluk oranı daha yüksek örneklerde ise özdeş bir durum ortaya çıkmamıştır (Çizelge 23). Sülfat içeren örneklerin ise bu artışla aşınma dirençleri değişmemiştir. Bir yıl sonunda ise farklı bir sonuç ortaya çıkmış olup, su ortamında bekletilen örneklerin aşınma derinliğinin uçucu kül oranındaki artıştan etkilenmediği, buna karşın sülfatta bekletilen örneklerin aşınma derinliklerinin ise arttığı görülmüştür (Şekil 183).

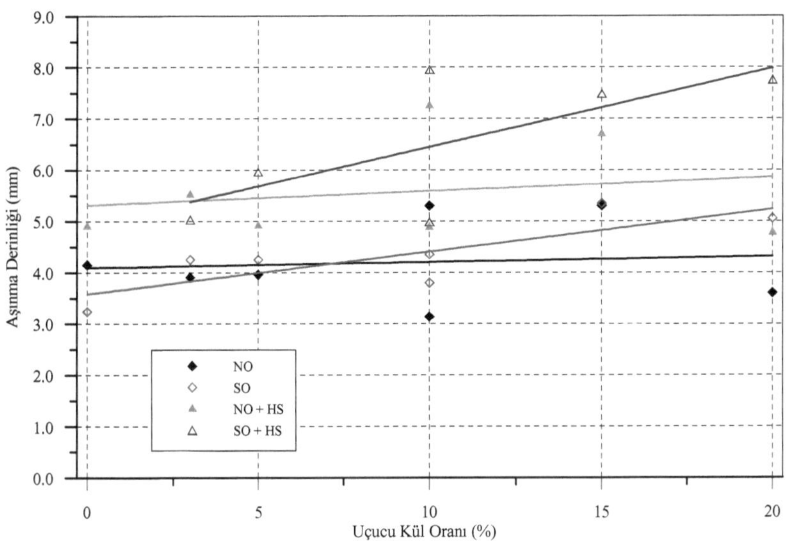

Şekil 183. 360 günlük çimento harç örneklerinin uçucu kül oranı ile aşınma derinliği arasındaki ilişki

Şekil 118 ve Şekil 119'dan da görüleceği üzere silis dumanı ve kalker bileşeni küçük bir oranda (en fazla kütlece %5) ilave edilmelerine rağmen basınç dayanımı üzerinde etkili olabilmişlerdir. Silis dumanı ilavesindeki artış ilk günlerde özellikle hava sürükleyici içeren örneklerde olumlu yöndeki etkisini gösterirken, hava sürükleyici içermeyen örneklerdeki etkisi ise sınırlı düzeyde kalmıştır (Çizelge 24). Nitekim 12 ay sonunda da buna benzer bir sonuç söz konusu olmuştur (Şekil 184). Sülfatlı ortamda bekletilen örneklerden hava sürükleyici içerenler ise suda bekletilenlere göre daha düşük bir aşınma direnci sergilemişlerdir. Hava sürükleyici içermeyen harçlarda ise sülfatlı ortamda bekletilen örneklerin aşınma direnci, silis dumanı artışından etkilenmemiş bulunmaktadır.

Kalker bileşeni genel olarak ilk günlerde aşınma direncini çok etkilememekle birlikte (Çizelge 24), ilerleyen sürelerde ve ancak 12 ay sonunda az bir miktarda katkı sağlamıştır (Şekil 185). Bu katkı özellikle hava sürükleyici içeren örneklerde daha da belirginleşmiş gözükmektedir. Sülfatlı ortamda kür edilen örnekler, genel olarak daha yüksek aşınma derinliği göstermiştir. Bu aşınma farkı hava sürükleyici içeren örneklerde daha belirgin ölçülerde ortaya çıkmış bulunmaktadır.

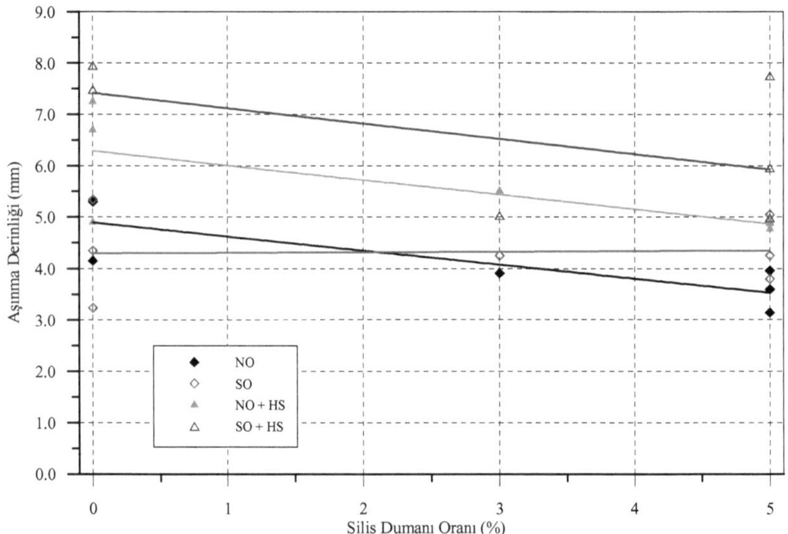

Şekil 184. 360 günlük çimento harç örneklerinin silis dumanı oranı ile aşınma derinliği arasındaki ilişki

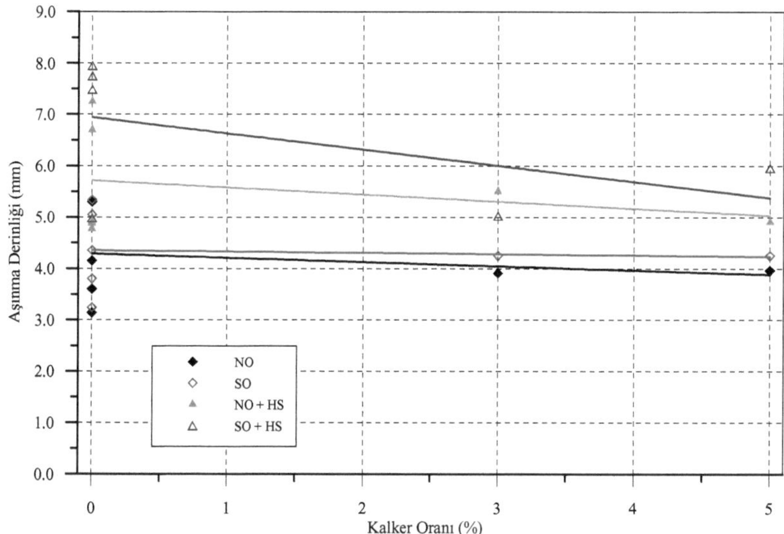

Şekil 185. 360 günlük çimento harç örneklerinin kalker oranı ile aşınma derinliği arasındaki ilişki

Kısaca özetlemek gerekirse, aşınma direnci ya da derinliği ile mineral ilave bileşen türleri ve katılım oranları arasında bir ilişki mevcut bulunmaktadır. Bunun yanında, bu ilişkinin önemli bir etkeni de zaman olmaktadır. Genel olarak, klinker, kalker ve silis dumanı oranındaki artış bir yıl sonundaki aşınma derinliğini azaltmaktayken, yüksek fırın cürufu, doğal puzolan ve uçucu kül bunu artırmaktadır. Bu sonuç basınç ve eğilme dayanımlarındaki, bu bileşenlerin artışına bağlı olarak gerçekleşen yükselişe paralellik arz etmektedir. Yine sülfat içeren ortamda bekletilen örneklerde, mineral ilavelerin aşınma derinliğine olan azaltıcı veya artırıcı etkisi daha belirgin bir şekilde ortaya çıkmıştır.

3.5.3. Sülfat Etkisinde Bırakılan Çimento Harç Örneklerinin Aşınma Dirençleri ile Kimyasal Bileşimleri Arasındaki İlişki

Sülfat ortamında bekletilen çimento harçlarının aşınma dirençleri üzerinde mineral bileşenlerin etkisi incelendikten sonra, bu bölümde ayrıca bu direnç üzerindeki kimyasal bileşimin etkisi değerlendirilmeye çalışılacaktır.

Burada, elde bulunan yedi farklı çimento içerisinde CaO oranı %25 ile %60 arasında değişmektedir. CaO oranındaki artışla basınç ve eğilme dayanımında olduğu gibi, aşınma direncinde de genel bir artış olduğu ortadadır (Şekil 186). Bu direnç artışı, 360 gün sonunda, suda bekletilen örneklerde, çok belirgin olarak gözükmese de sülfatta bekletilen örneklerde daha açık bir şekilde belirlenmiştir. İlk günlerde ise CaO oranı artışı hava sürükleyici içeriği ve kür şartlarına göre birbirinden farklı sonuçlar arz etmektedir (Çizelge 24). 360 gün sonundaki aşınma derinlikleri incelendiğinde yaklaşık %50 oranında CaO içeriğinin sülfatlı ortamda ve suda bekletilen örneklerde eşdeğer düzeyde aşınma derinliği oluşturduğu, dolayısıyla sülfatta ve suda bekletilen bu örneklerin, hava sürükleyici içerikleri de aynı olmak şartıyla, eşit ölçüde aşınma değerleri kazandırdığı görülmektedir (Şekil 186). CaO içeriği %50'den daha düşük harçların, sülfatlı ortamda bekleyen örneklerinde daha düşük aşınma direnci görülürken, daha yüksek CaO içeren ve suda bekletilen örneklerin daha yüksek aşınma direnci ortaya koydukları gözlemlenmiştir.

SiO_2 bileşeni, çimento örneklerinde, CaO bileşeninden sonra en yüksek oranda (%20 - %45) bulunan bileşiktir. Hatta CEM IV/B, CEM V/A ve CEM V/B çimentolarında CaO bileşeni oranında SiO_2 bileşiği de mevcut bulunmaktadır. Daha önce de değinildiği üzere bu bileşenin oranlarındaki artışın ise gerek basınç dayanımını, gerekse eğilme dayanımlarını düşürdüğü görülmüştür. Şekil 187'den de görüldüğü gibi bu düşüş sonucu aşınma direnci için de söz konusudur. Çimentoda yaklaşık %30 oranına kadar bulunan SiO_2 bileşiği aşınma direnci yönünden sülfatlı ortamda bekletilen örneklere bir katkı sağlarken, bu orandan daha yüksek bulunması halinde, sülfatlı ortamda bekletilen örneklerin aşınma direncinde olumsuz bir etkide bulunmuştur. Şu halde her iki kür şartı ve farklı hava sürükleyici içeriği için SiO_2 oranı artışı aşınma derinliği üzerinde artırıcı olmuştur. İlk günlerde ise SiO_2 oranındaki artış aşınma direncini belirgin ölçülerde etkilememektedir (Çizelge 24). Buna göre, hava sürükleyici içermeyen örneklerin ilk günlerdeki aşınma direnci SiO_2 oranındaki artışla bir miktar düşmekteyken, hava sürükleyici içeren örneklerin aşınma direncinde ise yine bir miktar artış görülmektedir.

Al_2O_3 bileşeni çimentolarda kısmen daha düşük oranda (%5-10) temsil edilmesine rağmen 360 gün sonunda, özellikle sülfatlı ortamda bekletilen örneklerde önemli derecede aşınma direnci kayıplarına neden olmuştur. Suda kür edilen örneklerde ise nispeten daha düşük bir aşınma direnci kaybı söz konusudur (Şekil 188). İlk günlerde ise artış ve azalış yönünde çok belirgin bir durum söz konusu değildir (Çizelge 24).

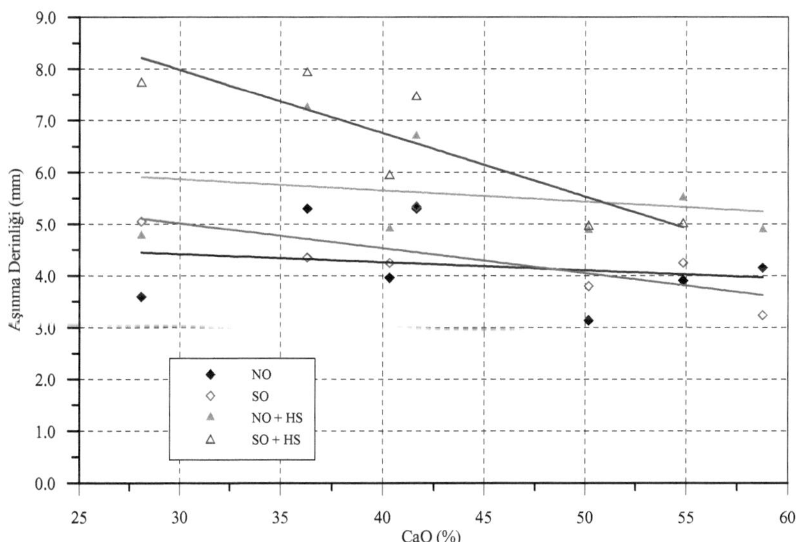

Şekil 186. 360 günlük çimento harç örneklerinin CaO oranı ile aşınma derinliği arasındaki ilişki

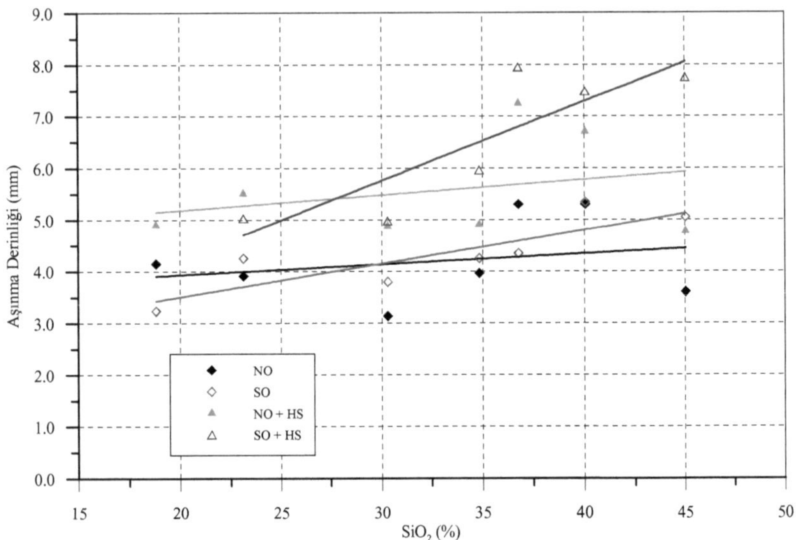

Şekil 187. 360 günlük çimento harç örneklerinin SiO_2 oranı ile aşınma derinliği arasındaki ilişki

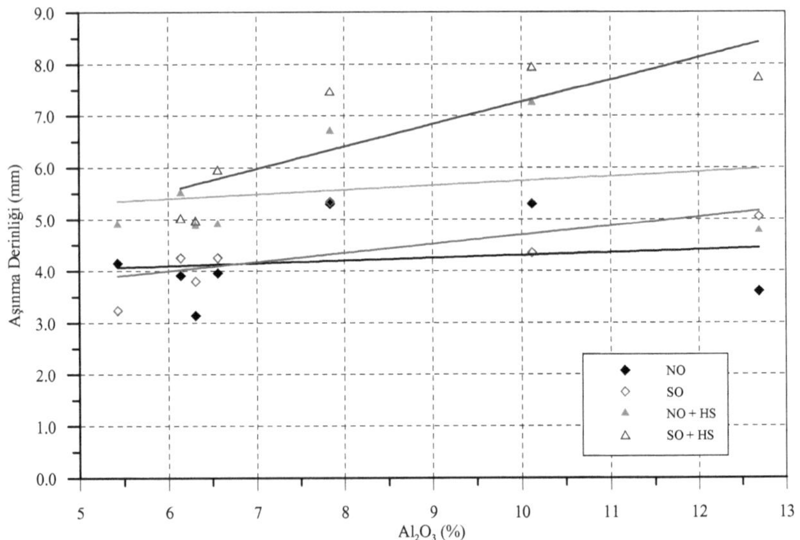

Şekil 188. 360 günlük çimento harç örneklerinin Al_2O_3 oranı ile aşınma derinliği arasındaki ilişki

Görüldüğü gibi ilk günlerde, harç numuneleri için farklı sonuçlar gösterse de nihai dayanıma erişildiği kabul edilen 360 günlük bekletme süresinde CaO bileşeni aşınma direnci üzerinde olumlu bir katkıda bulunmuştur. SiO_2 ve Al_2O_3 bileşenleri ise gerek hava sürükleyici içeren numunelerde gerekse içermeyen örneklerde aşınma direncini düşürmüş bulunmaktadır. Sülfatlı ortamda bekletilen örnekler SiO_2 ve Al_2O_3 bileşenlerinin temsil oranlarındaki artışıyla suda bekletilen örneklerden daha hızlı dayanım kaybına uğrarken, CaO bileşeninin artışıyla sülfat ortamında bekletilen örneklerin aşınma direnci kaybı daha düşük çıkmıştır. Söz konusu kimyasal bileşimlerle aşınma direnci arasındaki ilişkilerin, basınç dayanımları için de benzerlik sergilemekte olduğu görülmüştür.

4. SONUÇLAR VE ÖNERİLER

Farklı oranlarda puzolanik bileşime sahip, yedi farklı çimento ile üretilen prizmatik harç numuneleri su ortamında veya sülfatlı ortamda farklı sürelerde bekletildikten sonra basınç, eğilme ve aşınma deneylerine tabi tutulmuştur. Bu süreçte örneklerin bir kısmı hava sürükleyici katkı maddesi ile nispeten daha boşluklu hale getirilmiş ve bunların tümünün sonuçları birbiriyle karşılaştırılarak tartışılmıştır. Örneklerin özellikleri ve deneylerin sonuçları aşağıda sıralanan dört ana düşünce ve işlem kurgusuna göre hazırlanmış, incelenmiş ve irdelenmiş bulunmaktadır.

A. Çimento Harçlarının Fiziksel Özellikleri ile Mekanik Özellikleri:

Bu özellikler birbiriyle karşılaştırılırken, önce kür koşulları ve çimento bileşiminden bağımsız olarak; basınç dayanımı, eğilme dayanımı ve aşınma direnci ile sertleşmiş çimento harçlarının fiziksel özelliklerinden görünür özgül kütle, görünür boşluk oranı ve su emme oranı arasında belirgin ilişkilerin bulunduğu ve bunlardan da en güçlü ilişkinin "görünür özgül kütle" ile kurulabildiği açık bir biçimde görülmüştür. Buna göre, çimento türü, kür şartları ve harç yapısından bağımsız olarak, görünür özgül kütledeki %25 oranındaki artış, basınç dayanımı yaklaşık 4 kat, eğilme dayanımını 2 kat ve aşınma direncini ise %60 oranında artırmaktadır.

B. Sülfat Etkisine Maruz Bırakılan Çimento Harç Örnekleri:

i. Sülfat Ortamına Maruz Bırakılan Çimentolardaki Yapısal Değişimler:

Çimento harç örnekleri 360 gün boyunca sülfat ortamı etkisine maruz bırakıldığında, bu örneklerde mineralojik açıdan birçok değişim söz konusu olmakla birlikte, bu değişim birçok örnekte kolaylıkla görülebilir bir biçimde belirginleşmemiştir. Özellikle hava sürükleyici madde içeren örneklerde basınç dayanımındaki düşüşe ve boşluk oranındaki, dolayısıyla sülfatın nüfuz etme oranındaki artışa paralel olarak gözle görülebilir değişiklikler daha belirgin bir şekilde ortaya çıkmıştır.

Bunların dışında ince kesit ve XRPD incelemeleri sonucunda aşağıda sıralanan bulgulara erişilmiş bulunulmaktadır;

9. Kütlece %25 puzolanik ilave bileşen oranı etrenjit ve jips oluşumları açısından bir dönüm noktasını teşkil etmektedir. Bu orandan yüksek puzolanik ilave içeren numunelerde etrenjit oluşumu baskınken, bu oranın altında ise jips minerali oluşumu daha dikkat çekici düzeyde meydana gelmektedir.
10. Kalker bileşeninin malzemeye pişmemiş puzolanik malzeme olarak ilave edildiğinde katılım oranına bağlı olarak etrenjit ve özellikle jips oluşumunu artırdığı görülmüştür.
11. Genel olarak su ortamında kür edilen numunelerde oluşan etrenjit ve jips mineralleri, çimento bileşiminde bulunan jips kaynağından gelen sülfatın dönüşümüyle çimento hamuru içerisinde ortaya çıkmaktadır. Öte yandan, sülfatlı ortamda bekletilen numunelerde ise sülfat, daha çok kür suyu aracılığıyla yapıya girdiğinden, mineral oluşumlarının hamur yapısında ve suyun biriktiği hava boşlukları etrafında yoğunlaştığı görülmektedir.
12. Öte yandan toplam sülfatlı bileşen oranı yüksek çıkan numunelerde gözle görülebilecek düzeyde bozulmalar ortaya çıkmış bulunmaktadır. Bu sebeple değerlendirmeler yapılırken yalnız jips veya yalnız etrenjit mineralinin oluşumunun değil, iki mineralin oluşumunun birlikte değerlendirilmesi gerekmektedir.
13. Sülfatlı ortam etkisine maruz kalınmaksızın dahi, numunelerin kendi bünyelerindeki sülfat, zararlı jips ve etrenjit oluşumlarına neden olabilmektedir.
14. Genel olarak yüksek miktarda oluşan jips minerali örneklerde çatlamaya sebep olurken, etrenjit minerali ise daha çok örnek yüzeylerinde soyulma meydana getirmiştir.

15. Betonun özellikle sıkı yapılı olması, sonradan oluşan sülfatlı bileşiklerin zararlı etkilerine karşı, puzolanik malzemelerin sağlayacağı katkıdan daha etkili olabilmektedir. Çünkü sıkı yapılı beton, kendi içerisinde sülfatlı bileşikler meydana gelse bile, dayanımı yüksek olacağından bu etkilere karşı göğüs gerebilmektedir. Yine bunun yanında, sıkı yapılı betona sülfat veya diğer zararlı iyonlar daha düşük oranda nüfuz edeceği için zarar verebilecek mineraller daha düşük miktarda meydana gelecektir.

ii. Jips ve Etrenjit Bolluğuyla Mekanik Özellikler Arasındaki İlişki:

Genel olarak çok güçlü (yüksek korelasyonlu) ilişkiler kurulamasa da yoğunluğu daha yüksek olan jips minerali hamura mekanik yönden az da olsa yükseltici bir katkıda bulunurken, etrenjit mineralinin bu özelliğe düşürücü bir etkide bulunduğu gözlemlenmiştir. Ayrıca bu iki mineral aşınma derinliğini azaltıcı katkıda bulunmaktadır.

iii. Yalnız Sülfatlı Ortam Etkisinde Çimento Örneklerinin Basınç ve Eğilme Dayanımındaki Değişimler:

1. Ortamda bulunan sülfat, çimentoya dışarıdan ilave edilen jipse benzer bir işlev üstlenerek, ilk günlerde hidratasyona destek vermekte ve bu anlamda bağlayıcı kristallerin daha mükemmel oluşmasına katkıda bulunmaktadır. Bununla birlikte, hamurdaki doğal boşlukları dolduran, özellikle jips ve etrenjit mineralleri ilk zamanlarda, hamura yüksek doluluk oranı kazandırarak, dayanımının da artmasına yardımcı olmaktadır.
2. Çimento hamuru içerisindeki boşlukların sülfat ve/veya jips mineralleri tarafından dolup, hamurda iç gerilmeler oluşmaya başladığında, artık hamur dokusunda kısmi parçalanmalar meydana gelmekte ve buna bağlı olarak dayanım düşüşü ortaya çıkmaktadır. Sülfat etkisiyle, gözle görülebilecek düzeyde zarar görmüş numuneler incelendiğinde, bu

örneklerin basınç dayanımının düşük çıkması, bu gerekçenin açık bir göstergesi olmaktadır.

3. Öte yandan, puzolanik ilave bileşen oranları nispeten daha düşük (<%25) çimento numunelerinde eğilme dayanımı sülfatlı ortamda bekletilen örneklerde, suda bekletilen örneklerden daha yüksek oranda (%3-17) çıkmıştır. Ancak kütlece %25'ten daha yüksek oranda bu katkıları içeren örneklerde ise eğilme dayanımları %7 ile %20 arasında değişen oranlarda suda bekletilen numuneler lehine daha yüksek çıkmıştır. Bu sonuç jips oluşumlarının eğilme dayanımına katkı sağladığı anlamına gelmektedir. Buna göre, kütlece %25 oranından daha yüksek puzolanik ilave içeren hamurlarda etrenjit oluşumu ve beraberinde nispeten daha düşük eğilme dayanımı, diğer numunelerde ise jips oluşumu ve nispeten daha yüksek eğilme dayanımı tespit edilmiştir.
4. Boşluk oranı nispeten daha yüksek örnekler için su ortamında kür edilen örnekler, sülfat ortamında bekletilen örneklerden ortalama %2 ile %6 arasında değişen oranlarda daha yüksek basınç dayanımı göstermektedir. Öte yandan boşluk oranı daha düşük örneklerde ise bu fark daha düşük çıkmakla birlikte bazı örneklerde (CEM I, CEM II/B-M, CEM V/A) sülfat ortamında daha yüksek basınç dayanımı vermiştir.
5. Diğer taraftan, hava sürükleyici içeren örnekler, hava sürükleyici içermeyen örneklerden %50 - %70 oranında daha düşük basınç dayanımı sergilemektedir. Bu durum eğilme dayanımı için %35 ile %55 arasında değişmektedir.
6. Sülfatın dayanımla olan ilişkisinin diğer bir etkeni de geçen süredir; buna göre 6 ay süreyle sülfat ortamında bekletilen harç örneklerinde dayanım yükselişi görülürken, bu süreyi aşan örneklerin dayanımlarında düşüş gözlemlenmiştir.

iv. Çimento Örneklerine Karıştırılan Mineral Katkı Oranı ile Basınç Dayanımı Arasındaki İlişki:

1. Erken yaşlarda klinker oranı yüksek çimentolar daha yüksek bir dayanım sergilerken, ilerleyen yaşlarda puzolanik içeriğe sahip çimentoların nispeten daha yüksek dayanım sergilemesi gerekmektedir. Ancak söz konusu dayanım yükselmesinin, deney süresi olan 12 ay sonunda yalnız sınırlı (kütlece %15-30) oranda puzolanik malzemeye sahip çimentolarda gerçekleştiği görülmüştür.
2. Klinker oranı yüksek çimentoların, özellikle 6 aydan sonra dayanım kazanma hızları yavaşlarken, puzolan ağırlıklı çimentoların dayanım kazanmaya bundan sonra da devam ettikleri görülmektedir. Bu olgu puzolan içeriğinin önemli oranda ancak uzun sürede tepkimeye katılmış olduğunu göstermektedir.
3. Puzolanik malzeme oranındaki artışın puzolan çeşidine göre farklı sonuçlar doğurduğu da gözlemlenmektedir. Bunlardan kalker ve silis dumanı katkıları basınç dayanımında bir yükselme meydana getirirken, yüksek oranda karıştırılan uçucu kül, doğal puzolan ve yüksek fırın cürufu dayanımda bir düşüşe neden olmaktadır.

v. Çimento Örneklerinin Kimyasal Bileşim Oranı ile Basınç Dayanımı Arasındaki İlişki:

CaO bileşeni basınç dayanımını yükseltmekteyken, bunun tersine SiO_2 ve Al_2O_3 bileşenleri bu dayanımı düşürücü bir etkide bulunmaktadır. Hava sürükleyici içeren örneklerde ise belirgin bir artış veya azalış söz konusu olmamaktadır.

C. Yalnız Aşınma Etkisine Maruz Bırakılan Çimento Harçları:

i. Çimentoların Aşınma Direncinin Zamanla Değişimi ve Basınç ve Eğilme Dayanımları ile Arasındaki İlişkiler:

1. Numunelerin aşınma derinliği zamanla azalmaktadır.
2. Basınç dayanımı ile aşınma derinliği arasında zıt bir ilişki bulunmaktadır. Basınç dayanımı arttıkça aşınma derinliği azalmaktadır.
3. Eğilme dayanımı da aşınma direnci ile doğru orantılı bulunmaktadır.

4. Numuneler 6 ila 9 ay arasında nihai aşınma derinliklerine yaklaşmış olmaktadırlar.
5. Öte yandan hava sürükleyici içeren numuneler hava sürükleyici içermeyen numunelerden %15 ile %35 arasında değişen oranlarda daha derin aşınmaktadır.
6. Boşluk oranı daha yüksek olan numunelerde basınç dayanımı artışı aşınma derinliği yönünden kendini daha erken gösterirken, hava sürükleyici içermeyen örneklerde basınç dayanımındaki artışa bağlı olarak aşınma derinliği nispeten daha yavaş azalmaktadır. Benzer durum eğilme dayanımı için de geçerlidir.

ii. Çimentoların Aşınma Dirençleri ile Mineral Bileşimleri Arasındaki İlişki:

Hem hava sürükleyici içeren hem de içermeyen numunelerde klinker, kalker ve silis dumanı oranındaki artış bir yıl sonundaki aşınma derinliğini azaltmaktayken, yüksek fırın cürufu, doğal puzolan ve uçucu kül için ancak bunun tersini söylemek mümkündür. Bu durum basınç ve eğilme dayanımlarındaki artış derecesiyle paralellik arz etmektedir.

iii. Çimentoların Aşınma Dirençleri ile Kimyasal Bileşimleri Arasındaki İlişki:

Nihai dayanımlara erişilmek üzere olduğu kabul edilen 360 günlük örnekler için, CaO bileşeninin aşınma direnci üzerinde olumlu bir etkide bulunduğu görülmekteyken, SiO_2 ve Al_2O_3 bileşenlerinin gerek hava sürükleyici içeren gerekse içermeyen örneklerde aşınma direncini düşürdüğü görülmüştür.

D. Sülfat İçeren Ortamda Bekletilen Çimentoların Aşınma Direnci:

i. Sülfat İçeren Ortamda Bekletilen Çimentoların Aşınma Direncinin Zamanla Değişimi:

1. Sülfat etkisine maruz kalan çimento harcı örneklerinin aşınma derinliği zamanla azalmaktadır.
2. Bu çimentoların basınç dayanımı arttıkça aşınma derinliği azalmaktadır.
3. Eğilme dayanımları da aşınma derinliği ile ters orantılı olarak gelişmektedir.

4. Genel olarak, hava sürükleyici içeren harçların sülfatlı ortamda kür edilen örnekleri, suda kür edilen örneklere göre %6 ile %27 arasında değişen oranlarda daha yüksek derinlikte aşınmıştır. Yine hava sürükleyici içermeyen örnekler için de benzer bir aşınma derinliği farkı (%3-23) ortaya çıkmış bulunmaktadır. Bu da hava sürükleyici içeren ve sülfat etkisinde bulunan örneklerde oluşan aşınma derinliği farkının az da olsa daha yüksek olduğunu göstermektedir.
5. Öte yandan hava sürükleyici içeren örnekler de hava sürükleyici içermeyen örneklerden yaklaşık %22 ile %37 arasında değişen oranlarda daha derin aşınmaktadır. Böylece buradan çıkan bir diğer sonuç da boşluk oranındaki değişimin, aşınma direnci üzerinde, sülfatlı ortam etkisinden daha büyük önem arz ettiğidir.
6. Kısmen farklı sonuçlar ortaya çıksa da sülfatlı ortamda bekleyen numunelerde etrenjit oluşumu daha yüksek düzeyde görülmüştür. Bu sonucun aşınma derinliğini artıran bir etken olduğu düşünülmektedir.

ii. Sülfat İçeren Ortamda Kürlenmiş Çimentoların Aşınma Dirençleri ile Mineral Bileşimleri Arasındaki İlişki:

1. Kütlece en yüksek %25-30 oranındaki puzolanik ilave içeriği aşınma direnci yönünden sınır bir değeri teşkil etmektedir.
2. Klinker, kalker ve silis dumanı oranındaki artış bir yıl sonundaki aşınma derinliğini azaltmaktayken, yüksek fırın cürufu, doğal puzolan ve uçucu kül etkisi aynı doğrultuda değerlendirilmemektedir. Sülfat içeren ortamda bekletilen örneklerde mineral ilavelerin aşınma derinliğine olan azaltıcı veya artırıcı etkisi daha belirgin bir şekilde ortaya çıkmıştır.

iii. Sülfat İçeren Ortamda Kürlenmiş Çimentoların Aşınma Dirençleri ile Kimyasal Bileşimleri Arasındaki İlişki:

Sülfatlı ortamda bekletilen örnekler SiO_2 ve Al_2O_3 bileşenlerinin oranlarındaki artışla, suda bekletilen örneklerden daha hızlı direnç kaybına uğrarken, CaO bileşeni oranındaki artışla aynı ortamın olumsuz etkisinin düştüğü diğer bir deyişle gerek dayanım gerekse aşınma direnci kaybının azaldığı görülmüştür.

Bu çalışma sonucunda, uygulamaya dönük olarak ise çimento ve beton üreticilerine aşağıdaki öneriler sunulabilir;

1. Basınç dayanımı, eğilme dayanımı ve aşınma dirençleri birlikte değerlendirildiğinde, en uygun (optimum) puzolanik bileşen oranı kütlece %15 ile %30 arasında olmalıdır.
2. Bu orandaki bileşime sahip çimento terkibi, doğal puzolan, silis dumanı, uçucu kül, yüksek fırın cürufu ve kalker gibi mineral ilaveler aynı anda kullanılarak elde edilmelidir. Kalkerin harçların dayanımına katkı sağlamakla birlikte, sülfatlı ortamlarda dayanıklılığı düşürdüğü görülmüştür bu sebeple ikame oranı sınırlı (%5) tutulmalıdır.
3. İlk iki öneriye en uygun çimento türlerinin TS EN 197-1'de tanımlı CEM II/A-M, CEM II/B-M (Portland-Kompoze) ve CEM IV/A (Puzolanik) çimentoları olduğu anlaşılmaktadır.
4. Kütlece %25 ilave bileşen oranı ayrıca sülfatlı ortam etkisine maruz bırakılan çimento hamurları için de çok önemli bir orandır. Bu orandan daha yüksek kullanılan bu ilavelerin betonun sülfat direncine karşı beklenen katkıları sağlamadığı düşünülmektedir.
5. Harçların, mümkün olduğunca düşük boşluk oranı ya da yüksek özgül kütleye sahip olmaları hem dayanım hem de dayanıklılık açısından büyük önem arz etmektedir.

Bu çalışma ışığında daha sonra yapılacak bilimsel çalışmalar için ise aşağıdaki önerilerde bulunulabilir;

1. Farklı etkiler (asitli, sülfatlı ortamlar, çeşitli kimyasal maddelerin etkileri ve aşındırma gibi mekanik etkiler) altında yeni birleşik etki mekanizmaları geliştirilerek beton veya çimento harçları sınanabilir.
2. Doğal ortamda rastlanan etki mekanizmalarına uygunluk gösteren terkip ve düzenekler oluşturulabilir.

3. Bu çalışma çimento harçları yerine betonlarla da gerçekleştirilebilir.

5. KAYNAKLAR

Abdel-Wahab, A.I.A., 2003. The Ultra-High Lime with Aluminum Process For Removing Chloride From Recirculating Cooling Water, Doktora Tezi, Texas A&M University, Texas.

ACI, 1992. Guide to Durable Concrete, ACI 201.2R-92, American Cocrete Institute, ABD, 12 s.

ACI, 2008. Building Code Requirements for Structural Concrete and Commentary, ACI 318-08, American Cocrete Institute, ABD, 469 s.

Arslan M., 2001. Beton, Atlas Yayın Dağıtım, İstanbul, 75 s.

Aslantaş, O., 2004. A Study on Abrasion Resistance of Concrete Paving Blocks, Yüksek Lisans Tezi, Orta Doğu Teknik Üniversitesi, Fen Bilimleri Enstitüsü, Ankara.

ASTM, 1995. Standard Test Method for Potential Expansion of Portland-Cement Mortars Exposed to Sulfate, ASTM C452 - 95, American Society for Testing and Materials, ABD, 3 s.

ASTM, 2000. Standard Test Method for Abrasion Resistance of Horizontal Concrete Surfaces, ASTM C779/C779M-00, American Society for Testing and Materials, ABD, 4 s.

ASTM, 2004. Standard Specification for Expansive Hydraulic Cement, ASTM C845-04, American Society for Testing and Materials, ABD, 2 s.

ASTM, 1999. Standard Test Method for Abrasion Resistance of Concrete or Mortar Surfaces by the Rotating-Cutter Method, ASTM C944-99, American Society for Testing and Materials, ABD, 1 s.

ASTM, 1997. Standard Test Method for Abrasion Resistance of Concrete (Underwater Method), ASTM C1138-97, American Society for Testing and Materials, ABD, 2 s.

ASTM, 1995. Standard Test Method for Length Change of Hydraulic-Cement Mortars Exposed to a Sulfate Solution, ASTM C1012 - 95a, American Society for Testing and Materials, ABD, 4 s.

Atiş, C. D. ve Çelik, O. N., 2002. Relation between Abrasion Resistance and Flexural Strength of High Volume Fly Ash Concrete, Materials and Structure, 35, 5, 257-260.

Atkins, M., Damidot, D. ve Glaser, F. P., 1994. Performance of Cementitious Systems in the Repository, Materials Research Society Symposium Proceedings, 333, 315-326.

Bensted, J., 2002. A Discussion of the Review Paper "Sulfate Attack Research - Whither Now? by M. Santhanam, M. D. Cohen, and J. Olek", Cement and Concrete Research, 32, 995-1000.

Beunfeld, N. R. ve Hassanein, N. M., 1996. Neural Networks for Predicting the Deterioration of Concrete Structures, the Modelling of Microstructure and its Potential for Studying Transport Properties and Durability, Ed. Jennings, H., Kropp, J., ve Scrivener, K., Kluwer Academic Publishers, 415 s.

Biczok, I., 1967. Concrete Corrosion Concrete Protection, Chemical Publishing Company Inc., New York, 543 s.

Bonen, D. B. ve Cohen, M. D., 1992-1. Magnesium Sulfate Attack on Portland Cement Paste-I. Microstructural Analysis, Cement and Concrete Research, 22, 169-180.

Bonen, D. B. ve Cohen, M. D., 1992-2. Magnesium Sulfate Attack on Portland Cement Paste-II. Chemical and Mineralogical Analysis", Cement and Concrete Research, 22, 707-718.

Brown, P. W., 1982. An Evaluation of the Sulfate Resistance of Cements in a Controlled Environment, Sulfate Resistance of Concrete, George Verbeck Symposium, ACI Publication SP-77, 83-91.

Brown, P.W., 2002. Thaumasite Formation and Other Forms of Sulfate Attack, Cement and Concrete Composites, 24, 3, 301-303.

Brown, P. W. ve Doerr, A., 2000. Chemical Changes in Concrete due to the Ingress of Aggressive Species, Cement and Concrete Research, 30, 411-418.

Christensen, A. N., Jensen, T. R. ve Hanson, J. C., 2004. Formation of Ettringite, Ca6Al2(SO4)3(OH)12•26H2O, Aft, And Monosulfate, Ca4Al2O6(SO4)•14H2O, Afm-14, in Hydrothermal Hydration of Portland Cement and of Calcium Aluminum Oxide—Calcium Sulfate Dihydrate Mixtures Studied by in Situ Synchrotron X-Ray Powder Diffraction, Journal of Solid State Chemistry, 177, 6, 1944-1951.

Clark, B. A. ve Brown, P. W., 1999. The Formation of Calcium Sulfoaluminate Hydrate Compounds- Part I, Cement and Concrete Research, 29, 1943-1948.

Clark, B. A. ve Brown, P. W., 2000. Formation of Ettringite from Tricalcium Aluminate and Magnesium Sulfate, Advances in Cement Research, 12, 4, 137-142.

Cohen, M. D. ve Bentur, A., 1988. Durability of Portland Cement-Silica Fume Pastes in Magnesium Sulfate and Sodium Sulfate Solutions, ACI Materials Journal, 85, 3, 148-157.

Cohen, M. D. ve Mather, B., 1991. Sulfate Attack on Concrete- Research Needs, ACI Materials Journal, 88, 1, 62-69.

Çavdar A., 2004. Trabzon Yöresi Tüflerinin Çimentoda Tras Olarak Kullanılabilirliği, Çimento İnceliği ve Tras Oranının Traslı Çimentonun Özelliklerine Etkisi, Yüksek Lisans Tezi, KTÜ, Fen Bilimleri Enstitüsü, Trabzon.

Çavdar A. ve Yetgin Ş., 2007. Availability of Tuffs from Northeast of Turkey as Natural Pozzolan on Cement, Some Chemical and Mechanical Relationships, Construction and Building Materials, 21, 12, 2066-2071.

DePuy, G. W., 1994. Chemical Resistance of Concrete, Concrete and Concrete-Making Materials, ASTM STP 169C, Philadelphia, 263 s.

Dhir, R. K., Hewlett, P. C. ve Chan, Y. N., 1991. Near-Surface Characteristics of Concrete - Abrasion Resistance, Materials and Structures, 24, 140, 122-128.

Erdoğan, T.Y., 1995. Çimentolar, THBB Yayınları, Ankara, 30 s.

Ferraris, C. F., Clifton, J. R., Stutzman, P. E. ve Garboczi, E. J., 1997. Mechanisms of Degradation of Portland Cement-Based Systems by Sulfate Attack, E & FN Spon Yayınevi, ABD, 240 s.

Flatt, R. J., 2002. Salt Damage in Porous Materials: How High Supersaturations are Generated, Journal of Crystal Growth, 242, 435–454.

Fwa, T., F., 1990. Shape Characteristics of Pavement Performance Curves, Journal of Transportation Engineering-ASCE, 116, 5, 692-697.

Ghafoori, N. ve Tays, M. W., 2007. Abrasion Resistance of Early-Opening-to-Traffic Portland Cement Concrete Pavements, Journal of Materials in Civil Engineering, 19, 6, 925-935.

Gollop, R. S. ve Taylor, H. F. W., 1994. Microstructural and Microanalytical Studies of Sulfate Attack II. Sulfate-Resisting Portland Cement: Ferrite Composition and Hydration Chemistry, Cement and Concrete Research, 24, 7, 1347-1358.

Gollop, R. S. ve Taylor, H. F. W., 1995. Microstructural and Microanalytical Studies of Sulfate Attack III. Sulfate-Resisting Portland Cement: Reaction with Sodium and Magnesium Sulfate Solutions, Cement and Concrete Research, 25, 7, 1581-1590.

Gonzalez, M. A. ve Irassar, E. F., 1997. Ettringite Formation in Low C3A Portland Cement Exposed to Sodium Sulfate Solution, Cement and Concrete Research, 27, 7, 1061-1072.

Gummerson, R. J., 1980. Water Movement in Porous Building Materials-II, Hydrolic Suction and Sorptivity of Brick and Other Masonery Materials, Building and Environment, 15, 101-108.

Harboe, E. M., 1982. Longtime Studies and Field Experiences with Sulfate Attack, Sulfate Resistance of Concrete, ACI SP-77, 20 s.

Harrison, W.H., 1992. Sulphate Resistance of Buried Concrete, Building Research Establishment Report, ABD, 55 s.

Haynes, H., 2002. Sulfate Attack on Concrete: Laboratory vs. Field Experience, Concrete International, 24, 7, 234-240.

Herbert, H. U., 1964. Corrosion and Corrosion Control, ABD, 200 s.

Herold, G., 1997. Corrosion of Cementitious Materials in Acid Waters, Mechanisms of Chemical Degradation of Cement-Based Systems, Ed. Scrivener K. L., Young Inc, ABD, 98 s.

Hime, W., G. ve Mather, B., 1999. Sulfate Attack or is It?, Cement and Concrete Research, 29, 789-791.

Hime, W. G. ve Mather, B., 2000. Reply to the Discussion of the Paper -Sulfate Attack Or is It?", Cement and Concrete Research, 30, 163-164.

Hooton, R., D., 1998. Are Sulfate Resistance Standards Adequate?, Materials Science of Concrete: Sulfate Attack Mechanisms, Ed. Marchand, J. ve Skalny, J. P., 357-366.

Humpola, B., 1996. Some Aspects of CBP Quality, The Fifth International Conference on Concrete Block Paving, Tel-Aviv, Israel, 103-113.

Humpola, B., Bullen, F. ve Knapton, J., 1996. Quick Quality Control of Concrete Block Pavers in Australia, The Fifth International Conference on Concrete Block Paving, Tel-Aviv, Israel, 55-64.

Irassar, E. F., 1990. Sulfate Resistance of Blended Cement: Prediction and Relation with Flexural Strength, Cement and Concrete Research, 20, 209-218.

Jackson, N. ve Dhir, R. K., 1996. Civil Engineering Materials, Palgrave, Londra.

JCPDS, 1976. Powder Diffraction Data : From the Joint Committee on Powder Diffraction Standards, The National Bureau of Standards, USA.

Kurtis, K. E., Shomglin, K., Monteiro, P. J. M., Harvey, J. ve Roesler, J., 2001. Accelerated Tests for Measuring Resistance of Calcium Sulfoaluminate, Calcium Aluminate, and Portland Cements, Journal of Materials in Civil Engineering, 13, 3, 216-21.

Laplante, P. E., Aitcin, P. C. ve Vezina, D., 1991. Abrasion Resistance of Concrete, Journal of Materials in Civil Engineering, 3, 1, 19-28.

Lea, F. M., 1970. The Chemistry of Cement and Concrete, Chemical Publishing Inc., New York, 550 s.

Liu, T. C., 1981. Abrasion Resistance of Concrete, Journal of American Concrete Institute, 78, 5, 341–350.

Marchand, J., Beaudoin, J. J. ve Pigeon, M., 1998. Influence of Calcium Hydroxide Dissolution on The Engineering Properties of Cement-Based Materials, Materials Science of Concrete: Sulfate Attack Mechanisms, Ed. J. Marchand ve J. P. Skalny, Özel Sayı, 283-293.

Massazza, F., 1989. Puzolanlar, Puzolanlı Çimentolar ve Kullanım Alanları Semineri, Ankara, 60-75.

Mather, K., 1982. Current Research in Sulfate Resistance at the Waterways Experiment Station, Sulfate Resistance of Concrete, ACI SP-77, 63-74.

Mather, B., 1990. How to Make Concrete that will be Immune to the Effects of Freezing and Thawing, Paul Klieger Symposium on Performance of Concrete, San Diego, USA, 1-18.

Mehta, P.K., 1972. Effect of Lime on Hydration of Pastes Containing Gypsum and Calcium Aluminates or Calcium Sulfoaluminate, 74th Annual Meeting, The American Ceramic Society, ABD, 254 s.

Mehta, P. K., 1973. Mechanism of Expansion Associated with Ettringite Formation, Cement and Concrete Research, 3, 1-6.

Mehta, P. K. ve Lesnikoff, G., 1973. Hydration Characteristics and Properties of Shrinkage-Compensating Cements, Klein Symposium on Expansive Cement Concretes, ACI SP-38, 89-105.

Mehta, P. K., 1983. Mechanism of Sulfate Attack on Portland Cement Concrete-Another Look, Cement and Concrete Research, 13, 401-406.

Mehta, P. K., 2000. Sulfate Attack on Concrete: Separating Myths from Reality, Concrete International, 22, 8, 57– 61.

Mehta, P., K., 1992. Sulfate Attack on Concrete- A Critical Review, Materials Science of Concrete, Ed. J., Skalny, 3, 105-130.

Mehta, P. K. ve Monteiro, P. J. M., 1993. Concrete: Microstructure, Properties, and Materials, Second Edition, McGraw-Hill, ABD, 245 s.

Monteiro, P. J. M. ve Kurtis, M. E., 2003. Time to Failure for Concrete Exposed to Severe Sulfate Attack, Cement and Concrete Research 33, 987-993.

Moore, A. E. ve Taylor, H. F. W., 1970. Crystal Structure of Ettringite, Acta Crystalica, 26, 386-392.

Naik, N. N., 2003. Sulfate Attack on Portland Cement-Based Materials: Mechanisms of Damage and Long-Term Performance, Doktora Tezi, Georgia Institute of Technology, Georgia.

Naik, T. R., Singh, S. S. ve Hossain, M. M., 1994. Abrasion Resistance of Concrete as Influenced by Inclusion of Fly Ash, Cement and Concrete Research, 24, 303-312.

Naik, T. R., Singh, S. S. ve Ramme, B. W., 2002. Effect of Source of Fly Ash on Abrasion Resistance of Concrete, Journal of Materıals in Civil Engineering, 5 , 417-426.

Neville, A., 2004. The Confused World of Sulfate Attack on Concrete, Cement and Concrete Research, 34, 1275–1296.

Neville, A. M. ve Brooks, J. J., 1987. Concrete Technology, Longman Scientific and Technical, İngiltere, 290 s.

Papenfus, N., J., 2002. Abrasion Wear, Abrasion Resistance and Related Strength Characteristics in Concrete, with Special Reference to Concrete Pavers, Doktora Tezi, Witwatersrand University, Güney Afrika.

Perkins, R. B. ve Palmer, C. D., 1999. Solubility of Ettringite (Ca6[Al(OH)6]2(SO4)3 • 26H2O) at 5–75°C, Geochimica et Cosmochimica Acta, 63, 13, 1969-1980.

Pollmann., H., Kuzel, H. J. ve Wenda, R., 1989. Compounds with Ettringite Structure, Neues Jahrbuch fur Mineralogie-Abhandlungen,160, 2, 133-158.

Prior, M. E., 1966. Abrasion Resistance, Significance of Tests and Properties of Concrete, Concrete Making Materials, ASTM, SP 169-A, 246 s.

Rasheeduzzafar, M., 1992. Influence of Cement Composition on Concrete Durability, ACI Materials Journal, 89, 6, 574-586.

Reinhardt, H. W., 1992. Transport of Chemicals Through Concrete, Materials Science of Concrete, Ed. J., Skalny, 3, 209-241.

Ribeiro, A. B., 1998. Roller Compacted Concrete, Composition and Characteristics, Doktora Tezi, National Laboratory of Civil Engineering, Lisbon.

Santhanam, M., Cohen, M. D. ve Olek, J., 2002. Modeling the Effects of Solution Temperature and Concentration during Sulfate Attack on Cement Mortars, Cement and Concrete Research, 32, 585-592.

Santhanam, M., Cohen, M. D. ve Olek, J., 2001. Sulfate Attack Research-Whither Now?, Cement and Concrete Research, 31, 845-851.

Shaker, F. A., El-Dieb, A. S. ve Reda, M. M., 1997. Durability of Styrene-Butadiene Latex Modified Concrete, Cement and Concrete Research, 27, 5, 71 l-720.

Shilstone, J. M. ve Shilstone, J. R., 1993. High Performance Concrete Mixtures for Durability, ACI SP-140, 281-305.

Siddique, R., Prince, W. ve Kamali, S., 2007. Influence of Utilization of High-Volumes of Class F Fly Ash on the Abrasion Resistance of Concrete, Leonardo Electronic Journal of Practices and Technologies, 10, 1, 13-28.

Skalny, J. ve Marchand, J., 2001. Sulfate Attack on Concrete Revisited, Kurdowski Symposium-Science of Cement and Concrete, Ed. W., Gawlicki ve M., Gawlicki, 171-187.

Skalny, J., Odler, I. ve Marchand, J., 2001. Sulfate Attack on Concrete, Spon, London, 156 s.

Srahyo, A. H., 2002. Concrete Construction Practical Problems and Solutions, Oxford University Press, Londra, 144 s.

Tian, B. ve Cohen, M. D., 2000. Expansion of Alite Paste Caused by Gypsum Formation during Sulfate Attack, Journal of Materials in Civil Engineering, 12, 1, 24-25.

Tishmack, J. K., 1999. Characterization of High-Calcium Fly Ash and its Influence on Ettringite Formation in Portland Cement Pastes, Doktora Tezi, Purdue University, Indiana.

TR34, 1994. Concrete Industrial Ground Floors - A Guide to Their Design and Construction, Concrete Society, Technical Report 34, Camberley, 55 s.

TSE, 1981. Sertleşmiş Betonda Özgül Ağırlık, Su Emme ve Boşluk Oranı Tayin Metodu, TS 3624, Türk Standartları Enstitüsü, Ankara, 16 s.

TSE, 1987. Tabii Yapı Taşları – Muayene ve Deney Metotları, TS 699, Türk Standartları Enstitüsü, Ankara, 16 s.

TSE, 2002. Beton- Bölüm 1: Özellik, Performans, İmalat ve Uygunluk, TS EN 206-1, Türk Standartları Enstitüsü, Ankara, 15 s.

TSE, 2002. Çimento- Bölüm 1: Genel Çimentolar- Bileşim, Özellikler ve Uygunluk Kriterleri, TS EN 197-1, Türk Standartları Enstitüsü, Ankara, 6 s.

TSE, 2002. Çimento Deney Metodları-Bölüm 1: Dayanım, TS EN 196-1, Türk Standartları Enstitüsü, Ankara, 7 s.

TSE, 2002. Çimento Deney Metodları-Bölüm 2: Çimentonun Kimyasal Analizi, TS EN 196-2, Türk Standartları Enstitüsü, Ankara, 30 s.

TSE, 2002. Çimento Deney Metodları-Bölüm 3: Priz Süresi ve Hacim Genleşme Tayini, TS EN 196-3, Türk Standartları Enstitüsü, Ankara, 30 s.

URL-1, http://www.tfhrc.gov/trnsptr/apr04/index.htm US Department of Transportation, Federal Highway Administration. 22 Ocak 2008.

URL-2, http://irc.nrc-cnrc.gc.ca/pubs/ctus/8_e.html National Research Council Canada, Institute for Research in Construction. 22 Ocak 2008.

URL-3, http://www.concrete.org/FAQ/afmviewfaq.asp?faqid=46, ACI, Concrete Knowledge Center. 22 Ocak 2008.

URL-4, http://irc.nrc-cnrc.gc.ca/pubs/ctus/59_e.html National Research Council Canada, Institute for Research in Construction. 22 Ocak 2008.

URL-5, www.eng.cam.ac.uk/.../2006/bridge_strength/ University of Cambridge, Department of Engineering. 15 Kasım 2007.

URL-6, http://www.city.palo-alto.ca.us/public-works/images/sm-pcc1.JPG City of Pala Alto, Public Works. 15 Kasım 2007.

URL-7, http://min.geol.uni-erlangen.de/english/angewandte/angewandte.html Mineralogy Erlangen. 22 Ocak 2008.

URL-8, http://www.mindat.org/photo-74372.html Mineralogy Database. 22 Ocak 2008.

URL-9, http://www.fhwa.dot.gov/pavement/pccp/pubs/04150/chapt14.cfm Federal Highway Administration, Pavements. 22 Ocak 2008.

URL-10, http://webmineral.com/data/Gypsum.shtml Web Mineral Database. 22 Ocak 2008.

URL-11, http://www.mindat.org/photo-356.html Mineralogy Database. 22 Ocak 2008.

URL-12, http://pubs.usgs.gov/of/2001/ofr-01-0429/sem1/wtc01-20.sem.im2.html USGS Spectroscopy Lab. 22 Ocak 2008.

Xu, A., Shayan A. ve Baburamani, P., 1998. Test Methods for Sulphate Resistance of Concrete and Mechanism of Sulphate Attack, ARRB Transport Report, Review Report 5, ABD, 126 s.

Yeğinobalı, A. ve Ertün, T., 2007. Çimentoda Yeni Standardlar ve Mineral Katkılar (TÇMB/AR-GE/Y04.01), Dumat Ofset Matbaacılık, Ankara, 20 s.

Yetgin, Ş. ve Çavdar, A., 2006. Study of Effects of Natural Pozzolan on Properties of Cement Mortars, Journal of Materials in Civil Engineering, 18, 6, 813-816.

Printed by Books on Demand GmbH, Norderstedt / Germany